21世纪化学精编教材·化学基础课系列

无机化学习题解析

张兴晶　张　凤　编著

北京大学出版社
PEKING UNIVERSITY PRESS

图书在版编目 (CIP) 数据

无机化学习题解析 / 张兴晶，张凤编著. — 北京：北京大学出版社，2021.1
21 世纪化学精编教材 . 化学基础课系列
ISBN 978-7-301-31916-1

Ⅰ. ①无… Ⅱ. ①张… ②张… Ⅲ. ①无机化学 - 高等学校 - 教材 Ⅳ. ① O61

中国版本图书馆 CIP 数据核字 (2020) 第 255690 号

书　　名	无机化学习题解析 WUJI HUAXUE XITI JIEXI
著作责任者	张兴晶　张　凤　编著
责 任 编 辑	郑月娥　王斯宇
标 准 书 号	ISBN 978-7-301-31916-1
出 版 发 行	北京大学出版社
地　　址	北京市海淀区成府路 205 号　100871
网　　址	http: //www. pup. cn　新浪微博：@ 北京大学出版社
电 子 信 箱	zye@pup. pku. edu. cn
电　　话	邮购部 010-62752015　发行部 010-62750672　编辑部 010-62767347
印 刷 者	北京市科星印刷有限责任公司
经 销 者	新华书店
	787 毫米 × 1092 毫米　16 开本　10 印张　251 千字
	2021 年 1 月第 1 版　2021 年 1 月第 1 次印刷
定　　价	35.00 元

前　　言

要想学好一门课程，做习题是非常重要的。教材每一章课后都附有一定数量的习题，用以巩固学过的知识，检查对知识掌握的程度。《无机化学习题解析》是《无机化学》(吉林师范大学张兴晶主编，北京大学出版社出版)的配套教材。本书详细解答了教材第 2～23 章全部习题。

为了方便读者使用和阅读，本书将《无机化学》教材的习题完整列出，然后给予解答。这种做法提高了本书的独立性和适用性，使之不仅仅是配套参考书，而且还是一本知识内容较全面、习题难度适中的习题课教材。在编写本书的过程中，我们尽量给出解题的完整思路和详细步骤，以求在更大程度上帮助读者理解无机化学的基本内容。

我们建议，做习题一定要建立在学生认真学习和复习课堂讲授的知识内容基础上，再由易到难地完成习题，以检查和巩固学过的知识。这样做习题收获更大，学生对问题的理解才能更深刻。

本书由张兴晶主编。参加编写工作的人员有张兴晶(第 1、2、3、4、5、6、7、8、10、13、14、15、21、22 章)，张凤(第 9、11、12、16、17、18、19、20 章)。最后由张兴晶进行补充、修改、整理和定稿。

本教材是在北京大学出版社的大力支持下才得以顺利出版的，感谢郑月娥和王斯宇等老师为此付出的辛勤劳动。在此致以衷心的感谢。

由于水平有限，错误之处难免，敬请同行和读者赐教。

张兴晶

2020.11.30

目　录

第 1 章　气体、溶液和固体

1-1　在容积为 10.0 L 的真空钢瓶中充入氯气，当温度计为 288 K 时，测得瓶内气体的压强为 1.01×10^{7} Pa，试计算钢瓶内氯气的质量。

解：根据题设可知 $T=288$ K，$p=1.01\times10^{7}$ Pa，$V=10.0$ L$=10.0\times10^{-3}$ m^3，$M=70.9$ g·mol^{-1}

由理想气体状态方程 $pV=nRT$，可得 $n=\dfrac{pV}{RT}$

同时 $n=\dfrac{m}{M}$

因此

$$m=\frac{MpV}{RT}=\frac{70.9\ \text{g}\cdot\text{mol}^{-1}\times1.01\times10^{7}\,\text{Pa}\times10.0\times10^{-3}\,\text{m}^3}{8.314\ \text{Pa}\cdot\text{m}^3\cdot\text{mol}^{-1}\cdot\text{K}^{-1}\times288\ \text{K}}=2.99\times10^{3}\ \text{g}=2.99\ \text{kg}$$

1-2　在 373 K 和 100 kPa 压强下，UF_6 的密度是多少？是 H_2 的多少倍？

解：由理想气体状态方程的变形公式推出 $\rho=\dfrac{PM}{RT}$，则

$$\rho_{UF_6}=\frac{pM}{RT}=\frac{100\times10^{3}\,\text{Pa}\times352\times10^{-3}\ \text{kg}\cdot\text{mol}^{-1}}{8.314\ \text{Pa}\cdot\text{m}^3\cdot\text{mol}^{-1}\cdot\text{K}^{-1}\times373\ \text{K}}=11.4\ \text{kg}\cdot\text{m}^{-3}$$

$$\rho_{H_2}=\frac{pM}{RT}=\frac{100\times10^{3}\,\text{Pa}\times2.02\times10^{-3}\ \text{kg}\cdot\text{mol}^{-1}}{8.314\ \text{Pa}\cdot\text{m}^3\cdot\text{mol}^{-1}\cdot\text{K}^{-1}\times373\ \text{K}}=0.0651\ \text{kg}\cdot\text{m}^{-3}$$

$$\frac{\rho_{UF_6}}{\rho_{H_2}}=\frac{11.4}{0.0651}=175$$

1-3　在容积为 40.0 L 氧气钢瓶中充有 8.00 kg 的氧，温度为 25 ℃

（1）按理想气体状态方程计算钢瓶中氧的压强；

（2）再根据范德华方程计算氧的压强；

（3）确定两者的相对偏差。

解：（1）由理想气体状态方程的变形公式推出：

$$p_1=\frac{mRT}{MV}=\frac{8.00\times10^{3}\ \text{g}\times8.314\ \text{Pa}\cdot\text{m}^3\cdot\text{mol}^{-1}\cdot\text{K}^{-1}\times298\ \text{K}}{32.0\ \text{g}\cdot\text{mol}^{-1}\times40\times10^{-3}\,\text{m}^3}=1.55\times10^{7}\,\text{Pa}$$

（2）由范德华方程：$\left(p+a\dfrac{n^2}{V^2}\right)(V-nb)=nRT$

查得氧气的范德华常数 $a=0.1378$ Pa·m^6·mol^{-2}，$b=0.3183\times10^{-4}$ m^3·mol^{-1}

代入范德华方程得：

$$p_2=\frac{nRT}{V-nb}-a\frac{n^2}{V^2}$$

$$=\frac{\dfrac{8.00\times10^{3}\ \text{g}}{32.0\ \text{g}\cdot\text{mol}^{-1}}\times8.314\ \text{Pa}\cdot\text{m}^3\cdot\text{mol}^{-1}\cdot\text{K}^{-1}\times(273+25)\text{K}}{40\times10^{-3}\,\text{m}^3-\dfrac{8.00\times10^{3}\ \text{g}}{32.0\ \text{g}\cdot\text{mol}^{-1}}\times0.3183\times10^{-4}\,\text{m}^3\cdot\text{mol}^{-1}}$$

$$-0.1378\ \text{Pa}\cdot\text{m}^6\cdot\text{mol}^{-2}\times\left(\frac{\dfrac{8.00\times10^3\ \text{g}}{32.0\ \text{g}\cdot\text{mol}^{-1}}}{40\times10^{-3}\ \text{m}^3}\right)^2$$

$$=1.93\times10^7\ \text{Pa}$$

(3) 二者的相对偏差 d 为：

$$d=\frac{p_2-\dfrac{p_1+p_2}{2}}{\dfrac{p_1+p_2}{2}}\times100\%=\frac{p_2-p_1}{p_1+p_2}\times100\%$$

$$=\frac{1.93\times10^7\ \text{Pa}-1.55\times10^7\ \text{Pa}}{1.93\times10^7\ \text{Pa}+1.55\times10^7\ \text{Pa}}\times100\%$$

$$=10.92\%$$

1-4 不查表，确定下列气体 H_2、N_2、CH_4、C_2H_6 和 C_8H_8 中，范德华常数 b 最大的是哪一种气体。

解：范德华常数 b 是同分子自身体积相关的常数，通常摩尔质量比较大的气体，分子的体积较大，其分子间力往往较大，则 b 较大。因为 $M(C_8H_8)>M(C_2H_6)>M(N_2)>M(CH_4)>M(H_2)$，所以 C_8H_8 的范德华常数 b 最大。

1-5 比较 H_2、N_2、CH_4 和 NO_2 的范德华常数 a，预测分子间力最大的是哪一种气体。

解：范德华常数 a 是同分子间引力有关的常数，通常摩尔质量比较大的气体，分子的体积较大，其分子间力往往较大。因为 $M(NO_2)>M(N_2)>M(CH_4)>M(H_2)$，所以 NO_2 的范德华常数 a 最大。

因此 $M(NO_2)$最大，其分子间力最大。

1-6 有一个 3 dm^3 的容器，里面装有 16 g O_2 和 28 g N_2，求在温度为 300 K 时混合气体各组分的分压及总压。

解：根据题意知：O_2 的物质的量 $n_{O_2}=\dfrac{16\ \text{g}}{32\ \text{g}\cdot\text{mol}^{-1}}=0.50\ \text{mol}$

则 O_2 的分压

$$p_{O_2}=\frac{n_{O_2}RT}{V}=\frac{0.50\ \text{mol}\times8.314\text{Pa}\cdot\text{m}^3\cdot\text{mol}^{-1}\cdot\text{K}^{-1}\times300\ \text{K}}{3\times10^{-3}\ \text{m}^3}=4.16\times10^5\ \text{Pa}$$

同理，N_2 的分压

$$p_{N_2}=\frac{n_{N_2}RT}{V}=\frac{\dfrac{28\ \text{g}}{28\ \text{g}\cdot\text{mol}^{-1}}\times8.314\text{Pa}\cdot\text{m}^3\cdot\text{mol}^{-1}\cdot\text{K}^{-1}\times300\ \text{K}}{3\times10^{-3}\ \text{m}^3}=8.31\times10^5\ \text{Pa}$$

混合气体的总压 $p=p_{O_2}+p_{N_2}=(4.16\times10^5+8.31\times10^5)\text{Pa}=1.25\times10^6\ \text{Pa}$

1-7 将一定量的固体氯酸钾和二氧化锰混合物加热分解后，称得其质量减少了 0.480 g，同时测得用排水集气法收集起来的氧气的体积为 0.377 dm^3，此时的温度为 294 K，大气压强为 $9.96\times10^4\ \text{Pa}$，试计算氧气的相对分子质量。

解：根据题意知，用排水集气法收集得到氧气和水蒸气的混合气体，水的分压与该温度下水的饱和蒸气压相等，查表得 $p_{H_2O}=2.48\times10^3\ \text{Pa}$

由于 $p_{O_2}=p_t-p_{H_2O}=9.96\times10^4\ Pa-2.48\times10^3\ Pa=9.71\times10^4\ Pa$

故 $n_{O_2}=\dfrac{p_{O_2}V}{RT}=\dfrac{9.71\times10^4\ Pa\times0.377\times10^{-3}\ m^3}{8.314\ Pa\cdot m^3\cdot mol^{-1}\cdot K^{-1}\times294\ K}=0.015\ mol$

则氧气的摩尔质量　$M_{O_2}=\dfrac{m_{O_2}}{n_{O_2}}=\dfrac{0.480\ g}{0.015\ mol}=32.0\ g\cdot mol^{-1}$

O_2 的相对分子质量为 32.0。

1-8　某学生在实验室中用金属锌与盐酸反应制备氢气，所得到的氢气用排水集气法收集。温度为18 ℃时，室内气压计为 753.8 mmHg，湿氢气体积为 0.567 dm^3。用分子筛除去水分，得到干氢气，计算同温度、同压力下，干氢气的体积及氢气的物质的量。

解：设湿氢气的体积为 V_1，干氢气的体积为 V_2。

根据题意知：用排水集气法收集得到氢气和水蒸气的混合气体，水的分压与该温度下水的饱和蒸气压相等，查表得 $p_{H_2O}=15.477\ mmHg$，故湿氢气中，氢的分压为：

$$p_1=753.8\ mmHg-15.477\ mmHg=738.3\ mmHg=98.43\ kPa$$

干氢气的 $p_2=753.8\ mmHg=100.5\ kPa$

氢气干燥前后物质的量保持不变，则根据理想气体状态方程 $pV=nRT$ 得

干氢气的体积 $V_2=\dfrac{p_1V_1}{p_2}=\dfrac{98.43\ kPa\times0.567\ dm^3}{100.5\ kPa}=0.555\ dm^3$

氢气的物质的量 $n=\dfrac{p_1V_1}{RT}=\dfrac{98.43\ kPa\times0.567\ dm^3}{8.314\ kPa\cdot dm^3\cdot mol^{-1}\cdot K^{-1}\times(273+18)K}=0.023\ mol$

1-9　将氨气和氯化氢气体同时从一根 120 cm 长的玻璃管两端分别向管内自由扩散。试问两气体在管中什么位置相遇而生成氯化铵白烟。

解：设经过 t s 后，两气体在距离氨气一端 x cm 处相遇，则相遇处距离氯化氢气体一端为 $(120-x)$cm，根据气体扩散定律，

$$\frac{u_{HCl}}{u_{NH_3}}=\sqrt{\frac{M_{NH_3}}{M_{HCl}}}$$

即 $\dfrac{(120-x)cm/t\ s}{x\ cm/t\ s}=\sqrt{\dfrac{17\ g\cdot mol^{-1}}{36.5\ g\cdot mol^{-1}}}$

解得 $x=71.3$

即两气体在管中距离氨气一端 71.3 cm 处相遇而生成氯化铵白烟。

1-10　已知异戊烷 C_5H_{12} 的摩尔质量 $M=72.15\ g\cdot mol^{-1}$，在 20.3 ℃的蒸气压为 77.31 kPa。现将一难挥发性非电解质 0.0697 g 溶于 0.891 g 异戊烷中，测得该溶液的蒸气压降低了 2.32 kPa。

(1) 试求出异戊烷为溶剂时拉乌尔定律中的常数 K；

(2) 求加入的溶质的摩尔质量。

解：(1) 设溶剂的物质的量为 n_A，溶质的物质的量为 n_B

则溶质的摩尔分数 $x_B=\dfrac{n_B}{n_A+n_B}\approx\dfrac{n_B}{n_A}=\dfrac{n_B}{m_A/M_A}$

根据拉乌尔定律 $\Delta p=p^*x_B=p^*\dfrac{n_B}{m_A}M_A=p^*M_Ab_B=Kb_B$

所以 $K=p^*M_A$

对于异戊烷有

$K=p^*M_A=77.31\ \text{kPa}\times72.15\ \text{g}\cdot\text{mol}^{-1}=5578\ \text{kPa}\cdot\text{g}\cdot\text{mol}^{-1}=5.578\ \text{kPa}\cdot\text{kg}\cdot\text{mol}^{-1}$

(2) 根据拉乌尔定律有

$$\Delta p=Kb_B=K\ \frac{n_B}{m_A}=K\ \frac{m_B}{M_Bm_A}$$

则 $M_B=K\ \dfrac{m_B}{\Delta p\cdot m_A}=5.578\ \text{kPa}\cdot\text{kg}\cdot\text{mol}^{-1}\times\dfrac{0.0697\ \text{g}}{2.32\ \text{kPa}\times\dfrac{0.891}{1000}\ \text{kg}}=188\ \text{g}\cdot\text{mol}^{-1}$

1-11 已知 293 K 时水的饱和蒸气压为 2.338 kPa，将 6.840 g 蔗糖($C_{12}H_{22}O_{11}$)溶于 100.0 g水中，计算蔗糖溶液的质量摩尔浓度和蒸气压。

解：设溶剂水为 A，溶质蔗糖为 B，则蔗糖溶液的质量摩尔浓度

$$b_B=\frac{n_B}{m_A}=\frac{\dfrac{6.840\ \text{g}}{342\ \text{g}\cdot\text{mol}^{-1}}}{\dfrac{100.0\ \text{g}}{1000\ \text{g}\cdot\text{kg}^{-1}}}=0.200\ \text{mol}\cdot\text{kg}^{-1}$$

溶剂在溶液中所占有的摩尔分数

$$x_A=\frac{n_A}{n_A+n_B}=\frac{\dfrac{100.0\ \text{g}}{18.02\ \text{g}\cdot\text{mol}^{-1}}}{\dfrac{100.0\ \text{g}}{18.02\ \text{g}\cdot\text{mol}^{-1}}+\dfrac{6.840\ \text{g}}{342\ \text{g}\cdot\text{mol}^{-1}}}=\frac{5.549\ \text{mol}}{5.549\ \text{mol}+0.020\ \text{mol}}=0.9964$$

蔗糖溶液蒸气压 $p=p^*x_A=2.338\ \text{kPa}\times0.9964=2.330\ \text{kPa}$

1-12 将 0.638 g 尿素溶于 250 g 水中，测得此溶液的凝固点降低值为 0.079 K，试求尿素的相对分子质量。

解：设尿素的摩尔质量为 M_B，查表知水的凝固点降低常数 $k_f=1.86\ \text{K}\cdot\text{kg}\cdot\text{mol}^{-1}$

根据凝固点降低公式 $\Delta T_f=T_f^*-T_f=k_f\cdot b_B$

$$\Delta T_f=k_f\cdot b_B=k_f\cdot\frac{n_B}{m_A}=k_f\cdot\frac{m_B}{M_Bm_A}$$

所以 $M_B=\dfrac{k_fm_B}{\Delta T_fm_A}=\dfrac{1.86\ \text{K}\cdot\text{kg}\cdot\text{mol}^{-1}\times0.638\ \text{g}}{0.079\ \text{K}\times250\times10^{-3}\text{kg}}=60.01\ \text{g}\cdot\text{mol}^{-1}$

所以尿素的相对分子质量为 60.01。

1-13 取 0.749 g 谷氨酸溶于 50.0 g 水中，测定凝固点降低为 0.188 ℃，试求谷氨酸的摩尔质量。

解：设谷氨酸的摩尔质量为 M_B，查表知水的凝固点降低常数 $k_f=1.86\ \text{K}\cdot\text{kg}\cdot\text{mol}^{-1}$

根据凝固点降低公式 $\Delta T_f=T_f^*-T_f=k_f\cdot b_B$

$$\Delta T_f=k_f\cdot b_B=k_f\cdot\frac{n_B}{m_A}=k_f\cdot\frac{m_B}{M_Bm_A}$$

所以 $M_B=\dfrac{k_fm_B}{\Delta T_fm_A}=\dfrac{1.86\ \text{K}\cdot\text{kg}\cdot\text{mol}^{-1}\times0.749\ \text{g}}{0.188\ \text{K}\times50\times10^{-3}\text{kg}}=148\ \text{g}\cdot\text{mol}^{-1}$

1-14 测得泪水的凝固点为−0.52 ℃，求泪水在体温 37 ℃时的渗透压力。

解：先求出泪水的质量摩尔浓度 b_B，由公式 $\Delta T_f = k_f \cdot b_B$ 得

$$b_B = \frac{\Delta T_f}{k_f}$$

由题设可知 $\Delta T_f = 0.52\ K$，查表知水的凝固点降低常数 $k_f = 1.86\ K \cdot kg \cdot mol^{-1}$，故

$$b_B = \frac{\Delta T_f}{k_f} = \frac{0.52\ K}{1.86\ K \cdot kg \cdot mol^{-1}} = 0.2796\ mol \cdot kg^{-1}$$

对于稀溶液，近似有质量摩尔浓度 b_B 在数值上等于体积摩尔浓度 c，故知泪水的物质的量浓度 $c = 0.2796\ mol \cdot L^{-1}$。

依题设人的体温为 37 ℃，相当于(273+37)K，即温度 $T = 310\ K$。

由公式 $\Pi = cRT$ 得，

$\Pi = 0.2796\ mol \cdot L^{-1} \times 8.314\ kPa \cdot L \cdot mol^{-1} \cdot K^{-1} \times 310\ K = 721\ kPa$

1-15　下图是 NaCl 的一个晶胞，属于这个晶胞的 Cl^-（用○表示）和 Na^+（用●表示）各多少个？

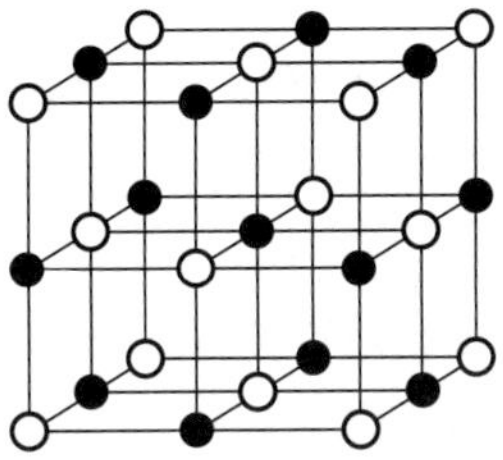

解：Cl^- 数为：$\frac{1}{8} \times 8 + \frac{1}{2} \times 6 = 4$（个）

Na^+ 数为：$1 + \frac{1}{4} \times 12 = 4$（个）

第 2 章　化学热力学初步

2-1　某温度下，一定量的理想气体，从压强 $p_1=16\times10^5$ Pa、体积 $V_1=1.0\times10^{-3}\,\mathrm{m^3}$，在恒外压 $p_{外}=1.0\times10^5$ Pa 下恒温膨胀至压强 $p_2=1.0\times10^5$ Pa、体积 $V_2=16\times10^{-3}\,\mathrm{m^3}$，求过程中体系所做的体积功 W。

解：本书规定，凡系统吸收热量，Q 为正值，系统放出热量，Q 为负值；环境对系统做功，W 为正值，系统对环境做功，W 为负值。

系统膨胀，反抗外压做功，故

$$W=-p_{外}\Delta V=-1.0\times10^5\ \mathrm{Pa}\times(16\times10^{-3}-1.0\times10^{-3})\ \mathrm{m^3}=-1.5\times10^3\ \mathrm{J}$$

2-2　一个化学反应在反应过程中放热 50 kJ，又对外做功 50 kJ，则该系统能量变化多少？若反应放热 40 kJ，则系统做功多少？

解：(1) 反应放热，则 $Q=-50$ kJ，系统对外做功，则 $W=-50$ kJ；根据热力学第一定律，环境以热的形式供给系统的能量加上环境对系统所做的功都用来增加系统的热力学能，所以

$$\Delta U=U_2-U_1=Q+W=(-50)\mathrm{kJ}+(-50)\mathrm{kJ}=-100\ \mathrm{kJ}$$

(2) 反应放热，则 $Q=-40$ kJ。根据热力学第一定律，

$$\Delta U=Q+W,\ W=\Delta U-Q=(-100)\mathrm{kJ}-(-40)\mathrm{kJ}=-60\ \mathrm{kJ}$$

2-3　联胺的燃烧反应：$N_2H_4(l)+O_2(g)=\!=\!=N_2(g)+2H_2O(g)$。在 298.15 K，101325 Pa 下，$\Delta U=-622.2$ kJ，求此反应的 Q_p。

解：依题意，系统的压力在变化过程中始终保持不变，根据热力学第一定律，其反应热 $Q_p=\Delta U-W$，

$$W=-p\Delta V=-p(V_2-V_1)=-(n_2-n_1)RT=-\Delta nRT$$

$$Q_p=\Delta U+\Delta nRT=-622.2\ \mathrm{kJ}+\frac{(3-1)\mathrm{mol}\times8.314\ \mathrm{J\cdot mol^{-1}\cdot K^{-1}}\times298.15\ \mathrm{K}}{1000}$$

$$=-617.2\ \mathrm{kJ}$$

2-4　容器内有理想气体，$n=2$ mol，$p=10p^\ominus$，$T=300$ K。求 (1) 在空气中膨胀了 1 $\mathrm{dm^3}$，做功多少？(2) 膨胀到容器内压力为 1 $p^\ominus$，做了多少功？(3) 膨胀时外压总比气体的压力小 $\mathrm{d}p$，问容器内气体压力降到 1 $p^\ominus$ 时，气体做多少功？

解：(1) 根据题意，此变化过程为恒外压的膨胀过程，且 $p_e=10^5$ Pa

$$W=-p_e\Delta V=-10^5\ \mathrm{Pa}\times1\times10^{-3}\ \mathrm{m^3}=-100\ \mathrm{J}$$

(2) 根据题意，此变化过程为恒外压的膨胀过程，且 $p_e=10^5\ \mathrm{Pa}=p^\ominus$

$$W=-p_e\Delta V=-p^\ominus(V_2-V_1)=-p^\ominus\left(\frac{nRT}{p^\ominus}-\frac{nRT}{10p^\ominus}\right)=-\frac{9}{10}nRT$$

$$=-\frac{9}{10}\times2\ \mathrm{mol}\times8.314\ \mathrm{J\cdot mol^{-1}\cdot K^{-1}}\times300\ \mathrm{K}=-4489.6\ \mathrm{J}$$

(3) 根据题意，膨胀时外压总比气体的压力小 $\mathrm{d}p$，则 $p_e=p-\mathrm{d}p\approx p=\dfrac{nRT}{V}$

$$W=-\int_{V_1}^{V_2}p_e\mathrm{d}V=-nRT\int_{V_1}^{V_2}\frac{1}{V}\mathrm{d}V=nRT\ln\frac{V_1}{V_2}=nRT\ln\frac{p_2}{p_1}$$

$$=2\ \text{mol}\times 8.314\ \text{J}\cdot\text{mol}^{-1}\cdot\text{K}^{-1}\times 300\ \text{K}\times\ln\frac{1p^{\ominus}}{10p^{\ominus}}=-11.486\ \text{kJ}$$

2-5　1 mol 理想气体在 300 K 下，由 1 dm^3 定温可逆地膨胀至 10 dm^3，求此过程的 Q、W、ΔU 及 ΔH。

解：根据题意，该过程为理想气体定温可逆膨胀，则 $\Delta U=\Delta H=0$

根据热力学第一定律 $\Delta U=Q+W$，得 $Q=-W$

所以，$Q=-W=\int_{V_1}^{V_2}p_e\mathrm{d}V=nRT\int_{V_1}^{V_2}\frac{1}{V}\mathrm{d}V=nRT\ln\frac{V_2}{V_1}$

$$=1\ \text{mol}\times 8.314\ \text{J}\cdot\text{mol}^{-1}\cdot\text{K}^{-1}\times 300\ \text{K}\times\ln\frac{10\ \text{dm}^{-3}}{1\ \text{dm}^{-3}}=5743.1\ \text{J}$$

2-6　1 mol H_2 由始态 25 ℃及 $p^{\ominus}$可逆绝热压缩至 5 dm^3，求(1) 最后温度；(2) 最后压力；(3) 过程做功。

解：(1) 设始态时温度为 T_1，压强为 p_1，体积为 V_1，终态时温度为 T_2，压强为 p_2，体积为 V_2。根据理想气体状态方程 $pV=nRT$ 得，始态的体积 V_1

$$V_1=\frac{nRT_1}{p_1}=\frac{1\ \text{mol}\times 8.314\ \text{J}\cdot\text{mol}^{-1}\cdot\text{K}^{-1}\times 298\ \text{K}}{10^5\ \text{Pa}}=24.78\ \text{dm}^3$$

$$R\ln\frac{V_2}{V_1}=-C_{V,\text{m}}\ln\frac{T_2}{T_1}$$

$$8.314\ \text{J}\cdot\text{mol}^{-1}\cdot\text{K}^{-1}\ln\frac{5\ \text{dm}^3}{24.78\ \text{dm}^3}=-\frac{5}{2}\times 8.314\ \text{J}\cdot\text{mol}^{-1}\cdot\text{K}^{-1}\ln\frac{T_2}{298\ \text{K}}$$

$$T_2=565.3\ \text{K}$$

(2) $p_2=\dfrac{nRT_2}{V_2}=\dfrac{1\ \text{mol}\times 8.314\ \text{J}\cdot\text{mol}^{-1}\cdot\text{K}^{-1}\times 565.3\ \text{K}}{5\times 10^{-3}\ \text{m}^3}=9.4\times 10^5\ \text{Pa}$

(3) $W=-\Delta U=-nC_{V,\text{m}}(T_2-T_1)=-1\ \text{mol}\times 2.5\times 8.314\ \text{J}\cdot\text{mol}^{-1}\cdot\text{K}^{-1}\times(565.3-298)\text{K}$

$=-5555.8\ \text{J}$

2-7　已知水在 100 ℃时蒸发热为 2259.4 $\text{J}\cdot\text{g}^{-1}$，则 100 ℃时蒸发 30 g 水，过程的 ΔU、ΔH、Q 和 W 为多少？(计算时可忽略液态水的体积。)

解：根据题意可知，100 ℃时，1 g 水蒸发需要吸收 2259.4 J 的热量，所以蒸发 30 g 水，吸收的热量为 $Q=2259.4\ \text{J}\cdot\text{g}^{-1}\times 30\ \text{g}=67782\ \text{J}=67.872\ \text{kJ}$

蒸发过程为等压过程，所以 $\Delta H=Q=67.872\ \text{kJ}$

因为 $n=\dfrac{30\ \text{g}}{18\ \text{g}\cdot\text{mol}^{-1}}=1.67\ \text{mol}$

所以

$W=-p(V_g-V_l)\approx -pV_g=-nRT=-1.67\ \text{mol}\times 8.314\ \text{J}\cdot\text{mol}^{-1}\cdot\text{K}^{-1}\times 373\ \text{K}$

$=-5178.9\ \text{J}$

根据热力学第一定律，$\Delta U=Q+W=62693.1\ \text{J}$

2-8　在一定温度下，4.0 mol H_2(g)与 2.0 mol O_2(g)混合，经一定时间反应后，生成了 0.6

mol $H_2O(l)$。请按下列两个不同反应式计算反应进度 ξ。

(1) $2H_2(g)+O_2(g)\!=\!=\!=2H_2O(l)$

(2) $H_2(g)+\frac{1}{2}O_2(g)\!=\!=\!=H_2O(l)$

解:(1) 根据题意可知,各物质在 $t=0$ 和 $t=t$ 时的物质的量

	$2H_2(g)$	+ $O_2(g)$	$=\!=\!=$ $2H_2O(l)$
$t=0$	4.0 mol	2.0 mol	0 mol
$t=t$	(4.0−0.6)mol	(2.0−0.3)mol	0.6 mol

由反应进度的定义可知

$$\xi=\frac{\Delta n(H_2)}{\nu(H_2)}=\frac{\Delta n(O_2)}{\nu(O_2)}=\frac{\Delta n(H_2O)}{\nu(H_2O)}$$

$$=\frac{(3.4-4.0)\text{mol}}{-2}=\frac{(1.7-2.0)\text{mol}}{-1}=\frac{(0.6-0)\text{mol}}{2}=0.3\ \text{mol}$$

(2) 同理可得

	$H_2(g)$	+ $\frac{1}{2}O_2(g)$	$=\!=\!=$ $H_2O(l)$
$t=0$	4.0 mol	2.0 mol	0 mol
$t=t$	(4.0−0.6)mol	(2.0−0.3)mol	0.6 mol

$$\xi=\frac{\Delta n(H_2)}{\nu(H_2)}=\frac{\Delta n(O_2)}{\nu(O_2)}=\frac{\Delta n(H_2O)}{\nu(H_2O)}$$

$$=\frac{(3.4-4.0)\text{mol}}{-1}=\frac{(1.7-2.0)\text{mol}}{-\frac{1}{2}}=\frac{(0.6-0)\text{mol}}{1}=0.6\ \text{mol}$$

2-9 298 K 时将 1 mol 液态苯氧化为 $CO_2(g)$和 H_2O (l) ,其定容热为−3267 kJ, 求定压反应热为多少?

解:根据题意可知

$$C_6H_6(l)+7.5O_2(g)\!=\!=\!=6CO_2(g)+3H_2O(l)$$

对于反应热效应,$\Delta_r H_m=\Delta_r U_m+\Delta\nu RT$,$\Delta\nu$ 为反应前后气体物质的化学计量数的改变量。

$$\Delta_r H_m=\Delta_r U_m+\Delta\nu RT$$
$$=-3267\ \text{kJ}+8.314\ \text{J}\cdot\text{mol}^{-1}\cdot\text{K}^{-1}\times298\ \text{K}\times(6-7.5)\text{mol}\times10^{-3}$$
$$=-3270.7\ \text{kJ}$$

故其定压反应热 $Q_p=\Delta_r H_m=-3270.7$ kJ

2-10 300 K 时 2 mol 理想气体由 1 dm^3 可逆膨胀至 10 dm^3,计算此过程的熵变。

解:由题意可知,300 K 温度下,温度不变,则热力学能变化 $\Delta U=0$

由热力学第一定律可知,$\Delta U=Q+W=0$,所以 $Q=-W$

该变化过程为可逆膨胀,所以

$$W=-\int_{V_1}^{V_2}p\,\mathrm{d}V=-nRT\int_{V_1}^{V_2}\frac{1}{V}\mathrm{d}V=-nRT\ln\frac{V_2}{V_1}$$

所以 $Q=-W=nRT\ln\frac{V_2}{V_1}$

在可逆过程中，$\Delta S=\frac{Q}{T}$

因此，$\Delta S=nR\ln\frac{V_2}{V_1}=2\ \text{mol}\times 8.314\ \text{J}\cdot\text{mol}^{-1}\cdot\text{K}^{-1}\times\ln\frac{10\ \text{dm}^3}{1\ \text{dm}^3}=38.29\ \text{J}\cdot\text{K}^{-1}$

2-11　已知反应在 298 K 时的有关数据如下

	$C_2H_4(g)$	$+\ H_2O(g)$	$=\!=\!=\ C_2H_5OH(l)$
$\Delta_f H_m^{\ominus}/(\text{kJ}\cdot\text{mol}^{-1})$	52.3	−241.8	−277.6
$C_{p,m}/(\text{J}\cdot\text{mol}^{-1}\cdot\text{K}^{-1})$	43.6	33.6	111.5

计算(1)298 K 时反应的 $\Delta_r H_m^{\ominus}$。

(2) 反应物的温度为 288 K，产物的温度为 348 K 时反应的 $\Delta_r H_m^{\ominus}$。

解：(1) 根据题意可知

$$\begin{aligned}\Delta_r H_m^{\ominus}&=\Delta_f H_m^{\ominus}(C_2H_5OH,l)-\Delta_f H_m^{\ominus}(C_2H_4,g)-\Delta_f H_m^{\ominus}(H_2O,g)\\&=-277.6\ \text{kJ}\cdot\text{mol}^{-1}-52.3\ \text{kJ}\cdot\text{mol}^{-1}+241.8\ \text{kJ}\cdot\text{mol}^{-1}\\&=-88.1\ \text{kJ}\cdot\text{mol}^{-1}\end{aligned}$$

(2) 根据题意可以设计过程如下

$$\begin{array}{cccccccc}288\ \text{K} & C_2H_4(g) & + & H_2O(g) & = \!= & C_2H_5OH(l) & 348\ \text{K}\\ & \downarrow \Delta H_1 & & \downarrow \Delta H_2 & & \uparrow \Delta H_3 & \\ 298\ \text{K} & C_2H_4(g) & + & H_2O(g) & = \!= & C_2H_5OH(l) & 298\ \text{K}\end{array}$$

从 $C_2H_4(g)(288\ \text{K})\longrightarrow C_2H_4(g)(298\ \text{K})$过程

$\Delta H_1=C_{p,m}\Delta T_1=43.6\ \text{J}\cdot\text{mol}^{-1}\cdot\text{K}^{-1}\times(298-288)\text{K}=436\ \text{J}\cdot\text{mol}^{-1}=0.436\ \text{kJ}\cdot\text{mol}^{-1}$

从 $H_2O(g)(288\ \text{K})\longrightarrow H_2O(g)(298\ \text{K})$过程

$\Delta H_2=C_{p,m}\Delta T_1=33.6\ \text{J}\cdot\text{mol}^{-1}\cdot\text{K}^{-1}\times(298-288)\text{K}=336\ \text{J}\cdot\text{mol}^{-1}=0.336\ \text{kJ}\cdot\text{mol}^{-1}$

从 $C_2H_5OH\ (l)\ (298\ \text{K})\longrightarrow C_2H_5OH\ (l)\ (348\ \text{K})$过程

$\Delta H_3=C_{p,m}\Delta T_2=111.5\ \text{J}\cdot\text{mol}^{-1}\cdot\text{K}^{-1}\times(348-298)\text{K}=5575\ \text{J}\cdot\text{mol}^{-1}=5.575\ \text{kJ}\cdot\text{mol}^{-1}$

所以反应物的温度为 288 K，产物的温度为 348 K 时

$$\begin{aligned}\Delta_r H_m^{\ominus}&=\Delta_r H_m^{\ominus}(298\ \text{K})+\Delta H_1+\Delta H_2+\Delta H_3\\&=(-88.1+0.436+0.336+5.575)\text{kJ}\cdot\text{mol}^{-1}\\&=-81.75\ \text{kJ}\cdot\text{mol}^{-1}\end{aligned}$$

2-12　计算 $3C_2H_2(g)=\!=\!=C_6H_6(g)$反应的热效应，并说明是吸热反应，还是放热反应。

解：查表得

	$3C_2H_2(g)$	$=\!=\!=C_6H_6(g)$
$\Delta_f H_m^{\ominus}/(\text{kJ}\cdot\text{mol}^{-1})$	226.73	82.93

$$\begin{aligned}\Delta_r H_m^{\ominus}&=\Delta_f H_m^{\ominus}(C_6H_6,g)-3\Delta_f H_m^{\ominus}(C_2H_2,g)\\&=82.93\ \text{kJ}\cdot\text{mol}^{-1}-3\times 226.73\ \text{kJ}\cdot\text{mol}^{-1}\\&=-597.26\ \text{kJ}\cdot\text{mol}^{-1}\end{aligned}$$

这一反应是放热反应，反应热为$-597.26\ \mathrm{kJ \cdot mol^{-1}}$。

2-13 有一种甲虫，名为投弹手，它能用由尾部喷射出来的爆炸性排泄物作为防卫措施，所涉及的化学反应是氢醌被过氧化氢氧化生成醌和水：

$$C_6H_4(OH)_2(l) + H_2O_2(l) = C_6H_4O_2(l) + 2H_2O(l)$$

根据下列热化学方程式计算该反应的$\Delta_r H_m^\ominus$。

(1) $C_6H_4(OH)_2(l) = C_6H_4O_2(l) + H_2(g)$ $\quad \Delta_r H_m^\ominus(1) = 177.4\ \mathrm{kJ \cdot mol^{-1}}$

(2) $H_2(g) + O_2(g) = H_2O_2(l)$ $\quad \Delta_r H_m^\ominus(2) = -191.2\ \mathrm{kJ \cdot mol^{-1}}$

(3) $H_2(g) + \frac{1}{2}O_2(g) = H_2O(g)$ $\quad \Delta_r H_m^\ominus(3) = -241.8\ \mathrm{kJ \cdot mol^{-1}}$

(4) $H_2O(g) = H_2O(l)$ $\quad \Delta_r H_m^\ominus(4) = -44.0\ \mathrm{kJ \cdot mol^{-1}}$

解：由题设可得

$$C_6H_4(OH)_2(l) = C_6H_4O_2(l) + H_2(g) \quad \times 1$$

$$H_2(g) + O_2(g) = H_2O_2(l) \quad \times(-1)$$

$$H_2(g) + \frac{1}{2}O_2(g) = H_2O(g) \quad \times 2$$

$$+ \quad H_2O(g) = H_2O(l) \quad \times 2$$

$$\overline{C_6H_4(OH)_2(l) + H_2O_2(l) = C_6H_4O_2(l) + 2H_2O(l)}$$

根据盖斯定律，所得化学反应的摩尔反应热为

$$\begin{aligned}\Delta_r H_m^\ominus &= \Delta H_m^\ominus(1) - \Delta H_m^\ominus(2) + 2\times[\Delta H_m^\ominus(3) + \Delta H_m^\ominus(4)] \\ &= 177.4\ \mathrm{kJ \cdot mol^{-1}} - (-191.2)\ \mathrm{kJ \cdot mol^{-1}} \\ &\quad + 2\times[(-241.8)\mathrm{kJ \cdot mol^{-1}} + (-44.0)\mathrm{kJ \cdot mol^{-1}}] \\ &= -203.0\ \mathrm{kJ \cdot mol^{-1}}\end{aligned}$$

2-14 利用附表中 298 K 时有关物质的标准生成热的数据，计算下列反应在 298 K 及标准态下的恒压热效应。

(1) $Fe_3O_4(s) + CO(g) = 3FeO(s) + CO_2(g)$

(2) $4NH_3(g) + 5O_2(g) = 4NO(g) + 6H_2O(l)$

解：(1) 查表可知

	$Fe_3O_4(s)$	+	$CO(g)$	=	$3FeO(s)$	+	$CO_2(g)$
$\Delta_f H_m^\ominus/(\mathrm{kJ \cdot mol^{-1}})$	-1118		-110.52		-272		-393.51

所以

$$\begin{aligned}\Delta_r H_m^\ominus(298\ \mathrm{K}) &= 3\Delta_f H_m^\ominus(FeO,s) + \Delta_f H_m^\ominus(CO_2,g) - \Delta_f H_m^\ominus(Fe_3O_4,s) - \Delta_f H_m^\ominus(CO,g) \\ &= 3\times(-272\ \mathrm{kJ \cdot mol^{-1}}) + (-393.51\ \mathrm{kJ \cdot mol^{-1}}) \\ &\quad - (-1118\ \mathrm{kJ \cdot mol^{-1}}) - (-110.52\ \mathrm{kJ \cdot mol^{-1}}) \\ &= 19.01\ \mathrm{kJ \cdot mol^{-1}}\end{aligned}$$

(2) 查表可知

	$4NH_3(g)$	+	$5O_2(g)$	=	$4NO(g)$	+	$6H_2O(l)$
$\Delta_f H_m^\ominus/(\mathrm{kJ \cdot mol^{-1}})$	-46.11		0		90.25		-285.83

所以

$$\begin{aligned}\Delta_r H_m^{\ominus}(298\ \text{K}) &= 4\Delta_f H_m^{\ominus}[NO(g)] + 6\Delta_f H_m^{\ominus}[H_2O(l)] - 4\Delta_f H_m^{\ominus}[NH_3(g)] - 5\Delta_f H_m^{\ominus}[O_2(g)] \\ &= 4 \times 90.25\ \text{kJ} \cdot \text{mol}^{-1} + 6 \times (-285.83\ \text{kJ} \cdot \text{mol}^{-1}) - 4 \\ &\quad \times (-46.11\ \text{kJ} \cdot \text{mol}^{-1}) - 5 \times 0 \\ &= -1169.54\ \text{kJ} \cdot \text{mol}^{-1}\end{aligned}$$

2-15　利用附表中 298 K 时的标准燃烧热的数据，计算下列反应在 298 K 时的 $\Delta_r H_m^{\ominus}$。

(1) $CH_3COOH(l) + CH_3CH_2OH(l) = CH_3COOCH_2CH_3(l) + H_2O(l)$

(2) $C_2H_4(g) + H_2(g) = C_2H_6(g)$

解：(1)查表可知

	$CH_3COOH(l)$	$+CH_3CH_2OH(l)$	$=CH_3COOCH_2CH_3(l)$	$+H_2O(l)$
$\Delta_c H_m^{\ominus}/(\text{kJ} \cdot \text{mol}^{-1})$	-874.5	-1366.8	-2254.2	0

所以

$$\begin{aligned}\Delta_r H_m^{\ominus}(298\ \text{K}) &= \Delta_c H_m^{\ominus}[CH_3COOH(l)] + \Delta_c H_m^{\ominus}[CH_3CH_2OH(l)] \\ &\quad - \Delta_c H_m^{\ominus}[CH_3COOCH_2CH_3(l)] - \Delta_c H_m^{\ominus}[H_2O(l)] \\ &= -874.5\ \text{kJ} \cdot \text{mol}^{-1} + (-1366.8\ \text{kJ} \cdot \text{mol}^{-1}) - (-2254.2\ \text{kJ} \cdot \text{mol}^{-1}) - 0 \\ &= 12.9\ \text{kJ} \cdot \text{mol}^{-1}\end{aligned}$$

(2) 查表可知

	$C_2H_4(g)$	$+\ H_2(g)$	$=\ C_2H_6(g)$
$\Delta_c H_m^{\ominus}/(\text{kJ} \cdot \text{mol}^{-1})$	-1410.0	-285.83	-1559.8

$$\begin{aligned}\Delta_r H_m^{\ominus}(298\ \text{K}) &= \Delta_c H_m^{\ominus}[C_2H_4(g)] + \Delta_c H_m^{\ominus}[H_2(g)] - \Delta_c H_m^{\ominus}[C_2H_6(g)] \\ &= -1410.0\ \text{kJ} \cdot \text{mol}^{-1} + (-285.83\ \text{kJ} \cdot \text{mol}^{-1}) - (-1559.8\ \text{kJ} \cdot \text{mol}^{-1}) \\ &= -136.03\ \text{kJ} \cdot \text{mol}^{-1}\end{aligned}$$

2-16　人体所需能量大多来源于食物在体内的氧化反应，例如葡萄糖在细胞中与氧发生氧化反应生成 CO_2 和 $H_2O(l)$，并释放出能量。通常用燃烧热去估算人们对食物的需求量，已知葡萄糖的生成热为 $-1260\ \text{kJ} \cdot \text{mol}^{-1}$，$CO_2(g)$ 和 $H_2O(l)$ 的生成热分别为 -393.51 和 $-285.83\ \text{kJ} \cdot \text{mol}^{-1}$，试计算葡萄糖的燃烧热。

解：葡萄糖的氧化反应为：

	$C_6H_{12}O_6(s)$	$+\ 6O_2(g)$	$=\ 6CO_2(g)$	$+\ 6H_2O(l)$
$\Delta_f H_m^{\ominus}/(\text{kJ} \cdot \text{mol}^{-1})$	-1260	0	-393.51	-285.83

葡萄糖的燃烧热为：

$$\begin{aligned}\Delta_c H_m^{\ominus} = \Delta_r H_m^{\ominus} &= 6\Delta_f H_m^{\ominus}(CO_2, g) + 6\Delta_f H_m^{\ominus}(H_2O, l) - \Delta_f H_m^{\ominus}(C_6H_{12}O_6, s) - 6\Delta_f H_m^{\ominus}(O_2, g) \\ &= 6 \times (-393.51\ \text{kJ} \cdot \text{mol}^{-1}) + 6 \times (-285.83\ \text{kJ} \cdot \text{mol}^{-1}) \\ &\quad - (-1260\ \text{kJ} \cdot \text{mol}^{-1}) - 6 \times 0 \\ &= -2816\ \text{kJ} \cdot \text{mol}^{-1}\end{aligned}$$

2-17　不查表，指出在一定温度下，下列反应中熵变值由大到小的顺序。

(1) $CO_2(g) = C(s) + O_2(g)$

(2) $2NH_3(g) = 3H_2(g) + N_2(g)$

(3) $2SO_3(g)$══$2SO_2(g)+O_2(g)$

答:在反应中,如果气体摩尔数越大,在相同条件下所占有的体积越大,混乱度就越大,熵值越大。故反应前后气体摩尔数的变化越大,熵变值越大。上述反应中熵变值由大到小的顺序为:(2)>(3)>(1)。

2-18 101.3 kPa 下,2 mol 甲醇在正常沸点 337.2 K 时气化,求体系和环境的熵变各为多少?已知甲醇的气化热 $\Delta H_m=35.1\ \mathrm{kJ\cdot mol^{-1}}$。

解:恒温可逆过程中,$\Delta S=\dfrac{Q_r}{T}$,$Q_r=n\Delta H_m$

$$\text{所以}\Delta S_{体系}=\frac{n\Delta H_m}{T}=\frac{2\ \mathrm{mol}\times 35.1\times 10^3\ \mathrm{J\cdot mol^{-1}}}{337.2\ \mathrm{K}}=208.2\ \mathrm{J\cdot K^{-1}}$$

$$\Delta S_{环境}=\frac{-n\Delta H_m}{T_{环境}}=-\frac{2\ \mathrm{mol}\times 35.1\times 10^3\ \mathrm{J\cdot mol^{-1}}}{337.2\ \mathrm{K}}=-208.2\ \mathrm{J\cdot K^{-1}}$$

2-19 绝热瓶中有 373 K 的热水,因绝热瓶绝热稍差,有 4000 J 的热量流入温度为 298 K 的空气中,求(1)绝热瓶的 $\Delta S_{体}$;(2)环境的 $\Delta S_{环}$;(3)总熵变 $\Delta S_{总}$。

解:根据题意,可近似认为传热过程是可逆过程。

恒温可逆过程中,$\Delta S=\dfrac{Q_r}{T}$

$$\Delta S_{体}=-\frac{4000\ \mathrm{J}}{373\ \mathrm{K}}=-10.72\ \mathrm{J\cdot K^{-1}}$$

$$\Delta S_{环}=\frac{4000\ \mathrm{J}}{298\ \mathrm{K}}=13.42\ \mathrm{J\cdot K^{-1}}$$

$$\Delta S_{总}=\Delta S_{体}+\Delta S_{环}=-10.72\ \mathrm{J\cdot K^{-1}}+13.42\ \mathrm{J\cdot K^{-1}}=2.70\ \mathrm{J\cdot K^{-1}}$$

2-20 在 110 ℃、10^5 Pa 下使 1 mol $H_2O(l)$ 蒸发为水蒸气,计算这一过程体系和环境的熵变。已知 $H_2O(g)$和 $H_2O(l)$的热容分别为 $1.866\ \mathrm{J\cdot g^{-1}\cdot K^{-1}}$和 $4.184\ \mathrm{J\cdot g^{-1}\cdot K^{-1}}$,在 100 ℃、$10^5$ Pa 下 $H_2O(l)$的气化热为 $2255.176\ \mathrm{J\cdot g^{-1}}$。

解:根据题意,可设计过程如下

1 mol H_2O(l,110 ℃,10^5 Pa) ⟶ 1 mol H_2O(g,110 ℃,10^5 Pa)

↓ΔH_1, ΔS_1 ↑ΔH_3,ΔS_3

1 mol H_2O(l,100 ℃,10^5 Pa) ⟶ 1 mol H_2O(g,100 ℃,10^5 Pa)

ΔH_2,ΔS_2

所以

$$\begin{aligned}\Delta H_{体}&=\Delta H_1+\Delta H_2+\Delta H_3\\&=mC_{p,1}\Delta T_1+\Delta H_2+mC_{p,2}\Delta T_2\\&=18\ \mathrm{g}\times 4.184\ \mathrm{J\cdot g^{-1}\cdot K^{-1}}\times(373\ \mathrm{K}-383\ \mathrm{K})+18\ \mathrm{g}\times 2255.176\ \mathrm{J\cdot g^{-1}}\\&\quad+18\ \mathrm{g}\times 1.866\ \mathrm{J\cdot g^{-1}\cdot K^{-1}}\times(383\ \mathrm{K}-373\ \mathrm{K})\\&=40.176\ \mathrm{kJ}\end{aligned}$$

过程不等温时，$\Delta S = mC_p \ln \frac{T_{末}}{T_{初}}$

$$\Delta S_{体} = \Delta S_1 + \Delta S_2 + \Delta S_3$$
$$= mC_{p,1} \ln \frac{T_2}{T_1} + \Delta S_2 + mC_{p,2} \ln \frac{T_1}{T_2}$$
$$= 18\ \text{g} \times 4.184\ \text{J}\cdot\text{g}^{-1}\cdot\text{K}^{-1} \times \ln \frac{373\ \text{K}}{383\ \text{K}} + 18\ \text{g} \times \frac{2255.176\ \text{J}\cdot\text{g}^{-1}}{373\ \text{K}}$$
$$+ 18\ \text{g} \times 1.866\ \text{J}\cdot\text{g}^{-1}\cdot\text{K}^{-1} \times \ln \frac{383\ \text{K}}{373\ \text{K}}$$
$$= 107.7\ \text{J}\cdot\text{K}^{-1}$$
$$\Delta S_{环境} = \frac{Q_{环境}}{T_{环境}} = -\frac{Q_{体系}}{T_{环境}} = -\frac{\Delta H_{体系}}{T_{环境}} = -\frac{40176\ \text{J}}{383\ \text{K}} = -104.9\ \text{J}\cdot\text{K}^{-1}$$

2-21　标准态下，计算反应 C(石墨)+CO_2(g)══2CO(g)在 298 K 时能否自发进行？

解：标准态下，查表得各物质的 $\Delta_f H_m^\ominus$、$\Delta_f G_m^\ominus$ 和 $S_m^\ominus$ 的值。

	C(石墨)	+	CO_2(g)	══	2CO(g)
$\Delta_f H_m^\ominus/(\text{kJ}\cdot\text{mol}^{-1})$	0		−393.5		−110.5
$\Delta_f G_m^\ominus/(\text{kJ}\cdot\text{mol}^{-1})$	0		−394.4		−137.15
$S_m^\ominus/(\text{J}\cdot\text{mol}^{-1}\cdot\text{K}^{-1})$	5.74		213.64		197.56

$$\Delta_r G_m^\ominus(298\ \text{K}) = 2\Delta_f G_m^\ominus(\text{CO,g}) - \Delta_f G_m^\ominus[\text{C(石墨),s}] - \Delta_f G_m^\ominus(\text{CO}_2,\text{g})$$
$$= 2\times(-137.15\ \text{kJ}\cdot\text{mol}^{-1}) - 0 - (-394.4\ \text{kJ}\cdot\text{mol}^{-1})$$
$$= 120.1\ \text{kJ}\cdot\text{mol}^{-1}$$
$$\Delta_r H_m^\ominus(298\ \text{K}) = 2\Delta_f H_m^\ominus(\text{CO,g}) - \Delta_f H_m^\ominus[\text{C(石墨),s}] - \Delta_f H_m^\ominus(\text{CO}_2,\text{g})$$
$$= 2\times(-110.5\ \text{kJ}\cdot\text{mol}^{-1}) - 0 - (-393.5\ \text{kJ}\cdot\text{mol}^{-1})$$
$$= 172.5\ \text{kJ}\cdot\text{mol}^{-1}$$
$$\Delta_r S_m^\ominus(298\ \text{K}) = 2S_m^\ominus(\text{CO,g}) - S_m^\ominus[\text{C(石墨),s}] - S_m^\ominus(\text{CO}_2,\text{g})$$
$$= 2\times 197.56\ \text{J}\cdot\text{mol}^{-1}\cdot\text{K}^{-1} - 213.64\ \text{J}\cdot\text{mol}^{-1}\cdot\text{K}^{-1} - 5.74\ \text{J}\cdot\text{mol}^{-1}\cdot\text{K}^{-1}$$
$$= 175.74\ \text{J}\cdot\text{mol}^{-1}\cdot\text{K}^{-1}$$

由于 $\Delta_r G_m^\ominus(T) = \Delta_r H_m^\ominus(T) - T\Delta_r S_m^\ominus(T)$

所以 $\Delta_r G_m^\ominus(298\ \text{K}) = \Delta_r H_m^\ominus(298\ \text{K}) - T\Delta_r S_m^\ominus(298\ \text{K})$

$$= 172.5\ \text{kJ}\cdot\text{mol}^{-1} - 298\ \text{K} \times 175.74\ \text{J}\cdot\text{mol}^{-1}\cdot\text{K}^{-1}\times 10^{-3}$$
$$= 120.1\ \text{kJ}\cdot\text{mol}^{-1}$$

$\Delta_r G_m^\ominus$(298 K)大于 0，反应不能自发进行。

2-22　对于反应 $2NH_3$(g)══N_2(g)+$3H_2$(g)，计算(1) 298.15 K 时，$\Delta_r G_m^\ominus$ 为多少？(2)在标准态下，反应达极限的温度？

解：查表得各物质的 $\Delta_f H_m^\ominus$、$\Delta_f G_m^\ominus$ 和 $S_m^\ominus$ 的值。

	$2NH_3$(g)	══	N_2(g)	+	$3H_2$(g)
$\Delta_f G_m^\ominus/(\text{kJ}\cdot\text{mol}^{-1})$	−16.45		0		0
$\Delta_f H_m^\ominus/(\text{kJ}\cdot\text{mol}^{-1})$	−46.11		0		0
$S_m^\ominus/(\text{J}\cdot\text{mol}^{-1}\cdot\text{K}^{-1})$	192.45		191.61		130.684

(1) $\Delta_r G_m^\ominus(298.15\ K) = 3\Delta_f G_m^\ominus(H_2, g) + \Delta_f G_m^\ominus(N_2, g) - 2\Delta_f G_m^\ominus(NH_3, g)$

$= 0 - 0 - 2 \times (-16.45\ kJ \cdot mol^{-1})$

$= 32.90\ kJ \cdot mol^{-1}$

(2) 根据题意，在标准态下，反应达极限，即 $\Delta_r G_m^\ominus = 0$

因为 $\Delta_r G_m^\ominus(T) = \Delta_r H_m^\ominus(T) - T\Delta_r S_m^\ominus(T) \approx \Delta_r H_m^\ominus(298.15\ K) - T\Delta_r S_m^\ominus(298.15\ K) = 0$

所以 $T = \Delta_r H_m^\ominus(298.15\ K) / \Delta_r S_m^\ominus(298.15\ K)$

$\Delta_r H_m^\ominus(298.15\ K) = 3\Delta_f H_m^\ominus(H_2, g) + \Delta_f H_m^\ominus(N_2, g) - 2\Delta_f H_m^\ominus(NH_3, g)$

$= 0 - 0 - 2 \times (-46.11\ kJ \cdot mol^{-1})$

$= 92.22\ kJ \cdot mol^{-1}$

$\Delta_r S_m^\ominus(298.15\ K) = 3S_m^\ominus(H_2, g) + S_m^\ominus(N_2, g) - 2S_m^\ominus(NH_3, g)$

$= 3 \times (130.684\ J \cdot mol^{-1} \cdot K^{-1}) + 191.61\ J \cdot mol^{-1} \cdot K^{-1}$

$- 2 \times (192.45\ J \cdot mol^{-1} \cdot K^{-1})$

$= 198.762\ J \cdot mol^{-1} \cdot K^{-1}$

所以 $T = \dfrac{\Delta_r H_m^\ominus(298.15\ K)}{\Delta_r S_m^\ominus(298.15\ K)}$

$= \dfrac{92.22\ kJ \cdot mol^{-1} \times 10^3}{198.762\ J \cdot mol^{-1} \cdot K^{-1}}$

$= 463.97\ K$

2-23 计算反应 $CuS(s) + H_2(g) \xlongequal{\quad} Cu(s) + H_2S(g)$ 可以发生的最低温度。已知：

	$CuS(s)$	+	$H_2(g)$	$\longrightarrow$	$Cu(s)$	+	$H_2S(g)$
$\Delta_f H_m^\ominus/(kJ \cdot mol^{-1})$	−53.1		0		0		−20.6
$S_m^\ominus/(J \cdot mol^{-1} \cdot K^{-1})$	66.5		130.57		33.15		205.7

解：由已知数据可求出 $\Delta_r H_m^\ominus$ 和 $\Delta_r S_m^\ominus$

$\Delta_r H_m^\ominus = \Delta_f H_m^\ominus(H_2S, g) + \Delta_f H_m^\ominus(Cu, s) - \Delta_f H_m^\ominus(H_2, g) - \Delta_f H_m^\ominus(CuS, s)$

$= [-20.6 + 0 - 0 - (-53.1)]\ kJ \cdot mol^{-1}$

$= 32.5\ kJ \cdot mol^{-1}$

$\Delta_r S_m^\ominus = S_m^\ominus(Cu, s) + S_m^\ominus(H_2S, g) - S_m^\ominus(H_2, g) - S_m^\ominus(CuS, s)$

$= [(33.15 + 205.7) - (130.57 + 66.5)]\ J \cdot mol^{-1} \cdot K^{-1}$

$= 41.8\ J \cdot mol^{-1} \cdot K^{-1}$

使反应可以发生，需 $\Delta_r G_m^\ominus < 0$，而 $\Delta_r G_m^\ominus = \Delta_r H_m^\ominus - T\Delta_r S_m^\ominus$，

所以 $\Delta_r H_m^\ominus - T\Delta_r S_m^\ominus < 0$

$$T > \frac{\Delta_r H_m^\ominus}{\Delta_r S_m^\ominus} = \frac{32.5 \times 10^3\ J \cdot mol^{-1}}{41.8\ J \cdot mol^{-1} \cdot K^{-1}} = 778\ K$$

当 $T > 778\ K$ 时，反应即可发生。

2-24 对生命起源问题，有人提出最初植物或动物的复杂分子是由简单分子自动形成的。例如尿素(NH_2CONH_2)的生成可用反应方程式表示如下：

$$CO_2(g) + 2NH_3(g) \xlongequal{\quad} (NH_2)_2CO(s) + H_2O(l)$$

(1) 利用附表数据计算 298.15 K 时的 $\Delta_r G_m^\ominus$，并说明该反应在此温度和标准态下能否自发；

(2) 在标准态下最高温度为何值时,反应就不再自发进行了?

解:(1) 查表得各物质的 $\Delta_f H_m^\ominus$ 和 $S_m^\ominus$ 的值。

	$CO_2(g)$	+	$2NH_3(g)$	══	$(NH_2)_2CO(s)$	+	$H_2O(l)$
$\Delta_f H_m^\ominus/(kJ\cdot mol^{-1})$	−393.509		−46.11		−333.19		−285.83
$S_m^\ominus/(J\cdot mol^{-1}\cdot K^{-1})$	213.74		192.45		104.60		69.91

$$\begin{aligned}\Delta_r H_m^\ominus(298\ K) &= \Delta_f H_m^\ominus[(NH_2)_2CO(s),298\ K]+\Delta_f H_m^\ominus[H_2O(l),298\ K]\\&\quad-\Delta_f H_m^\ominus[CO_2(g),298\ K]-2\Delta_f H_m^\ominus[NH_3(g),298\ K]\\&=-333.19\ kJ\cdot mol^{-1}+(-285.83\ kJ\cdot mol^{-1})-(-393.509\ kJ\cdot mol^{-1})\\&\quad-2\times(-46.11\ kJ\cdot mol^{-1})\\&=-133.29\ kJ\cdot mol^{-1}\end{aligned}$$

$$\begin{aligned}\Delta_r S_m^\ominus(298\ K) &= \Delta S_m^\ominus[(NH_2)_2CO(s),298\ K]+\Delta S_m^\ominus[H_2O(l),298\ K]\\&\quad-\Delta S_m^\ominus[CO_2(g),298\ K]-2\Delta S_m^\ominus[NH_3(g),298\ K]\\&=104.60\ J\cdot mol^{-1}\cdot K^{-1}+69.91\ J\cdot mol^{-1}\cdot K^{-1}-213.74\ J\cdot mol^{-1}\cdot K^{-1}\\&\quad-2\times(192.45\ J\cdot mol^{-1}\cdot K^{-1})\\&=-424.13\ J\cdot mol^{-1}\cdot K^{-1}\end{aligned}$$

根据 $\Delta_r G_m^\ominus=\Delta_r H_m^\ominus-T\Delta_r S_m^\ominus$

$\Delta_r G_m^\ominus(298\ K)=\Delta_r H_m^\ominus(298\ K)-T\Delta_r S_m^\ominus(298\ K)$

故 $\Delta_r G_m^\ominus(298\ K)=-133.29\ kJ\cdot mol^{-1}-298.15\ K\times(-424.13)\times10^{-3}kJ\cdot mol^{-1}\cdot K^{-1}$

$\qquad=-6.84\ kJ\cdot mol^{-1}<0$

正向反应在此温度和标准态下自发。

(2) 若使 $\Delta_r G_m^\ominus(T)=\Delta_r H_m^\ominus(T)-T\Delta_r S_m^\ominus(T)<0$,则正向自发。

又因为 $\Delta_r H_m^\ominus$、$\Delta_r S_m^\ominus$ 随温度变化不大,即

$$\Delta_r G_m^\ominus(T)\approx\Delta_r H_m^\ominus(298\ K)-T\Delta_r S_m^\ominus(298\ K)<0$$

则 $T<(-133.29)kJ\cdot mol^{-1}/(-424.13)\times10^{-3}\ kJ\cdot mol^{-1}\cdot K^{-1}=314.3\ K$

故最高反应温度为 314.3 K。

2-25　已知 298 K 时,$NH_4HCO_3(s)$══$NH_3(g)+CO_2(g)+H_2O(g)$的相关热力学数据如下:

	$NH_4HCO_3(s)$	$NH_3(g)$	$CO_2(g)$	$H_2O(g)$
$\Delta_f G_m^\ominus/(kJ\cdot mol^{-1})$	−670	−17	−394	−229
$\Delta_f H_m^\ominus/(kJ\cdot mol^{-1})$	−850	−40	−390	−240
$S_m^\ominus/(J\cdot mol^{-1}\cdot K^{-1})$	130	180	210	190

试计算:(1) 298 K、标准态下 $NH_4HCO_3(s)$能否发生分解反应?

(2) 在标准态下 $NH_4HCO_3(s)$分解的最低温度。

解:(1)
$$\begin{aligned}\Delta_r G_m^\ominus(298\ K)&=\Delta_f G_m^\ominus(NH_3,g)+\Delta_f G_m^\ominus(CO_2,g)+\Delta_f G_m^\ominus(H_2O,g)\\&\quad-\Delta_f G_m^\ominus(NH_4HCO_3,s)\\&=-17\ kJ\cdot mol^{-1}-394\ kJ\cdot mol^{-1}-229\ kJ\cdot mol^{-1}-(-670)kJ\cdot mol^{-1}\\&=30\ kJ\cdot mol^{-1}>0\end{aligned}$$

故 298 K 标准态下 NH_4HCO_3 不能发生分解反应。

(2) 根据题意：

$$\begin{aligned}\Delta_r H_m^\ominus(298\ \text{K}) &= \Delta_f H_m^\ominus(NH_3,g) + \Delta_f H_m^\ominus(CO_2,g) + \Delta_f H_m^\ominus(H_2O,g) - \Delta_f H_m^\ominus(NH_4HCO_3,s)\\ &= -40\ \text{kJ}\cdot\text{mol}^{-1} - 390\ \text{kJ}\cdot\text{mol}^{-1} - 240\ \text{kJ}\cdot\text{mol}^{-1} - (-850)\text{kJ}\cdot\text{mol}^{-1}\\ &= 180\ \text{kJ}\cdot\text{mol}^{-1}\end{aligned}$$

$$\begin{aligned}\Delta_r S_m^\ominus(298\ \text{K}) &= S_m^\ominus(NH_3,g) + S_m^\ominus(CO_2,g) + S_m^\ominus(H_2O,g) - S_m^\ominus(NH_4HCO_3,s)\\ &= 180\ \text{J}\cdot\text{mol}^{-1}\cdot\text{K}^{-1} + 210\ \text{J}\cdot\text{mol}^{-1}\cdot\text{K}^{-1} + 190\ \text{J}\cdot\text{mol}^{-1}\cdot\text{K}^{-1}\\ &\quad - 130\ \text{J}\cdot\text{mol}^{-1}\cdot\text{K}^{-1}\\ &= 450\ \text{J}\cdot\text{mol}^{-1}\cdot\text{K}^{-1}\end{aligned}$$

$$\begin{aligned}\Delta_r G_m^\ominus &= \Delta_r H_m^\ominus - T\,\Delta_r S_m^\ominus = \Delta_r H_m^\ominus(298\ \text{K}) - T\,\Delta_r S_m^\ominus(298\ \text{K})\\ &= 180\ \text{kJ}\cdot\text{mol}^{-1} - 450\ \text{J}\cdot\text{mol}^{-1}\cdot\text{K}^{-1}\times 10^{-3}\ T \leqslant 0\end{aligned}$$

则 $T \geqslant 400$ K

所以在标准态下 $NH_4HCO_3(s)$分解的最低温度为 400 K。

2-26 已知合成氨的反应在 298.15 K、$p^\ominus$下，$\Delta_r H_m^\ominus = -92.38\ \text{kJ}\cdot\text{mol}^{-1}$，$\Delta_r G_m^\ominus = -33.26\ \text{kJ}\cdot\text{mol}^{-1}$，求 500 K 下 $\Delta_r G_m^\ominus$，说明升温对反应有利还是不利。

解：根据 $\Delta_r G_m^\ominus = \Delta_r H_m^\ominus - T\Delta_r S_m^\ominus$

则
$$\begin{aligned}\Delta_r S_m^\ominus(298.15\ \text{K}) &= [\Delta_r H_m^\ominus(298.15\ \text{K}) - \Delta_r G_m^\ominus(298.15\ \text{K})]/T\\ &= [-92.38\ \text{kJ}\cdot\text{mol}^{-1} - (-33.26\ \text{kJ}\cdot\text{mol}^{-1})]\times 10^3/298.15\ \text{K}\\ &= -198.3\ \text{J}\cdot\text{mol}^{-1}\cdot\text{K}^{-1}\end{aligned}$$

因为 $\Delta_r H_m^\ominus$、$\Delta_r S_m^\ominus$ 随温度变化不大，

故
$$\begin{aligned}\Delta_r G_m^\ominus(500\ \text{K}) &= \Delta_r H_m^\ominus(500\ \text{K}) - T\Delta_r S_m^\ominus(500\ \text{K}) \approx \Delta_r H_m^\ominus(298.15\ \text{K}) - T\Delta_r S_m^\ominus(298.15\ \text{K})\\ &= -92.38\ \text{kJ}\cdot\text{mol}^{-1} - 500\ \text{K}\times(-198.3\ \text{J}\cdot\text{mol}^{-1}\cdot\text{K}^{-1})\times 10^{-3}\\ &= 6.77\ \text{kJ}\cdot\text{mol}^{-1} > 0\end{aligned}$$

计算结果表明，升温对反应不利。

2-27 已知 $\Delta_f H_m^\ominus[C_6H_6(l),298\ \text{K}] = 49.10\ \text{kJ}\cdot\text{mol}^{-1}$，$\Delta_f H_m^\ominus[C_2H_2(g),298\ \text{K}] = 226.73\ \text{kJ}\cdot\text{mol}^{-1}$；$S_m^\ominus[C_6H_6(l),298\ \text{K}] = 173.40\ \text{J}\cdot\text{mol}^{-1}\cdot\text{K}^{-1}$，$S_m^\ominus[C_2H_2(g),298\ \text{K}] = 200.94\ \text{J}\cdot\text{mol}^{-1}\cdot\text{K}^{-1}$。试判断 $C_6H_6(l) \!=\!=\!= 3\,C_2H_2(g)$在 298.15 K，标准态下正向能否自发，并估算最低反应温度。

解：根据已知条件

$$\begin{aligned}\Delta_r H_m^\ominus(298\ \text{K}) &= 3\Delta_f H_m^\ominus[C_2H_2(g),298\ \text{K}] - \Delta_f H_m^\ominus[C_6H_6(l),298\ \text{K}]\\ &= 3\times 226.73\ \text{kJ}\cdot\text{mol}^{-1} - 1\times 49.10\ \text{kJ}\cdot\text{mol}^{-1}\\ &= 631.09\ \text{kJ}\cdot\text{mol}^{-1}\end{aligned}$$

$$\begin{aligned}\Delta_r S_m^\ominus(298\ \text{K}) &= 3S_m^\ominus[C_2H_2(g),298\ \text{K}] - S_m^\ominus[C_6H_6(l),298\ \text{K}]\\ &= 3\times 200.94\ \text{J}\cdot\text{mol}^{-1}\cdot\text{K}^{-1} - 1\times 173.40\ \text{J}\cdot\text{mol}^{-1}\cdot\text{K}^{-1}\\ &= 429.42\ \text{J}\cdot\text{mol}^{-1}\cdot\text{K}^{-1}\end{aligned}$$

根据吉布斯-亥姆霍兹公式

$$\Delta_r G_m^\ominus(298\ \text{K}) = \Delta_r H_m^\ominus(298\ \text{K}) - T\Delta_r S_m^\ominus(298\ \text{K})$$

故 $\Delta_r G_m^\ominus(298\ \text{K})=631.09\ \text{kJ}\cdot\text{mol}^{-1}-298.15\ \text{K}\times429.42\times10^{-3}\ \text{kJ}\cdot\text{mol}^{-1}\cdot\text{K}^{-1}$

$$=503.06\ \text{kJ}\cdot\text{mol}^{-1}>0$$

正向反应不自发。

若使 $\Delta_r G_m^\ominus(T)=\Delta_r H_m^\ominus(T)-T\Delta_r S_m^\ominus(T)<0$，则正向反应自发。

又因为 $\Delta_r H_m^\ominus$、$\Delta_r S_m^\ominus$ 随温度变化不大，即

$$\Delta_r G_m^\ominus(T)\approx\Delta_r H_m^\ominus(298\ \text{K})-T\Delta_r S_m^\ominus(298\ \text{K})<0$$

则 $$T>631.09\ \text{kJ}\cdot\text{mol}^{-1}/(429.42\times10^{-3}\ \text{kJ}\cdot\text{mol}^{-1}\cdot\text{K}^{-1})=1469.6\ \text{K}$$

故最低反应温度为 1469.6 K。

2-28　已知乙醇在 298.15 K 和 101.325 kPa 下的蒸发热为 42.55 $\text{kJ}\cdot\text{mol}^{-1}$，蒸发熵变为 121.6 $\text{J}\cdot\text{mol}^{-1}\cdot\text{K}^{-1}$，试估算乙醇的正常沸点(℃)。

解：根据吉布斯-亥姆霍兹公式，正常沸点的相平衡相当于可逆过程，其吉布斯自由能变为零：

$$\Delta G_{T,p}(T)=\Delta H_{\text{蒸发}}(T)-T\Delta S_{\text{蒸发}}(T)$$
$$\approx\Delta H_{\text{蒸发}}(298\text{K})-T\Delta S_{\text{蒸发}}(298\ \text{K})=0$$

则　$T\approx42.55\ \text{kJ}\cdot\text{mol}^{-1}/(121.6\times10^{-3}\ \text{kJ}\cdot\text{mol}^{-1}\cdot\text{K}^{-1})=349.9\ \text{K}=76.8\ ℃$

故乙醇的正常沸点约为 76.8 ℃。

2-29　已知二氯甲烷 CH_2Cl_2 在 298.15 K 和 101.325 kPa 下的蒸发热为 28.97 $\text{kJ}\cdot\text{mol}^{-1}$，蒸发熵变为 92.38 $\text{J}\cdot\text{mol}^{-1}\cdot\text{K}^{-1}$，试估算二氯甲烷的正常沸点(℃)。

解：根据吉布斯-亥姆霍兹公式，正常沸点的相平衡相当于可逆过程，其吉布斯自由能变为零：

$$\Delta G_{T,p}(T)=\Delta H_{\text{蒸发}}(T)-T\Delta S_{\text{蒸发}}(T)$$
$$\approx\Delta H_{\text{蒸发}}(298\text{K})-T\Delta S_{\text{蒸发}}(298\text{K})=0$$

则　$T\approx28.97\ \text{kJ}\cdot\text{mol}^{-1}/(92.38\times10^{-3}\ \text{kJ}\cdot\text{mol}^{-1}\cdot\text{K}^{-1})=313.6\ \text{K}=40.4\ ℃$

故二氯甲烷的正常沸点约为 40.4 ℃。

2-30　电子工业用 HF 清洗硅片上的 $SiO_2(s)$：

$$SiO_2(s)+4HF(s)=\!=\!=SiF_4(g)+2H_2O(g)$$
$$\Delta_r H_m^\ominus(298.15\ \text{K})=-94.0\ \text{kJ}\cdot\text{mol}^{-1}$$
$$\Delta_r S_m^\ominus(298.15\ \text{K})=-75.8\ \text{J}\cdot\text{mol}^{-1}\cdot\text{K}^{-1}$$

设 $\Delta_r H_m^\ominus$、$\Delta_r S_m^\ominus$ 不随温度而变，试求此反应自发进行的温度条件。有人提出用 HCl 代替 HF，试通过计算判断此建议是否可行？

解：要使反应能够自发进行，$\Delta_r G_m^\ominus=\Delta_r H_m^\ominus-T\Delta_r S_m^\ominus<0$

即 $-94.0\ \text{kJ}\cdot\text{mol}^{-1}-T\times(-75.8\ \text{J}\cdot\text{mol}^{-1}\cdot\text{K}^{-1})\times10^{-3}<0$

$$T<1.24\times10^3\ \text{K}$$

当用 HCl 代替 HF(g)时，反应为

	$SiO_2(s)$ +	$4HCl(l)$ ══	$SiCl_4(g)$ +	$2H_2O(g)$
$\Delta_f H_m^\ominus/(\text{kJ}\cdot\text{mol}^{-1})$	−910.9	−92.31	−657.0	−241.8
$S_m^\ominus/(\text{J}\cdot\text{mol}^{-1}\cdot\text{K}^{-1})$	41.84	186.9	330.7	188.8

计算可得：

$$\begin{aligned}\Delta_r H_m^\ominus(298.15\ K) &= \Delta_f H_m^\ominus[SiCl_4(g),298.15\ K]+2\Delta_f H_m^\ominus[H_2O(g),298.15\ K]\\&\quad-\Delta_f H_m^\ominus[SiO_2(s),298.15\ K]-4\Delta_f H_m^\ominus[HCl(l),298.15\ K]\\&=-657.0\ kJ\cdot mol^{-1}+2\times(-241.8\ kJ\cdot mol^{-1})-(-910.9\ kJ\cdot mol^{-1})\\&\quad-4\times(-92.31\ kJ\cdot mol^{-1})\\&=139.54\ kJ\cdot mol^{-1}\end{aligned}$$

$$\begin{aligned}\Delta_r S_m^\ominus(298.15\ K) &= S_m^\ominus[SiCl_4(g),298.15\ K]+2\ S_m^\ominus[H_2O(g),298.15\ K]\\&\quad-S_m^\ominus[SiO_2(s),298.15\ K]-4\ S_m^\ominus[HCl(l),298.15\ K]\\&=330.7\ J\cdot mol^{-1}\cdot K^{-1}+2\times188.8\ J\cdot mol^{-1}\cdot K^{-1}\\&\quad-41.84\ J\cdot mol^{-1}\cdot K^{-1}-4\times186.9\ J\cdot mol^{-1}\cdot K^{-1}\\&=-81.14\ J\cdot mol^{-1}\cdot K^{-1}\end{aligned}$$

所以 $\Delta_r G_m^\ominus=\Delta_r H_m^\ominus-T\Delta_r S_m^\ominus\approx139.54\ kJ\cdot mol^{-1}+81.14\ J\cdot mol^{-1}\cdot K^{-1}\times10^{-3}T$

可见，无论 T 为多少，$\Delta_r G_m^\ominus(T)$恒大于零，反应不能自发进行。因此该建议不可行。

2-31 氮化硼是优良的耐高温绝缘材料，可用下列反应制取。

$$B_2O_3(s)+2NH_3(g)=\!=\!=2BN(s)+3H_2O(g)$$

试用热化学数据，通过计算回答：

(1) 反应的 $\Delta_r H_m^\ominus$ 和 $\Delta_r S_m^\ominus$ 是多少？

(2) 反应的 $\Delta_r G_m^\ominus(298.15\ K)$=？298.15 K 是否自发？

(3) 正反应自发进行的温度条件。

解：

	$B_2O_3(s)$	+ $2NH_3(g)$	═ $2BN(s)$	+ $3H_2O(g)$
$\Delta_f H_m^\ominus/(kJ\cdot mol^{-1})$	−1264	−46.11	−254.4	−241.8
$S_m^\ominus/(J\cdot mol^{-1}\cdot K^{-1})$	54.02	192.34	14.81	188.72

(1) 计算可得：

$$\begin{aligned}\Delta_r H_m^\ominus &=2\Delta_f H_m^\ominus(BN,s)+3\Delta_f H_m^\ominus(H_2O,g)-\Delta_f H_m^\ominus(B_2O_3,s)\\&\quad-2\Delta_f H_m^\ominus(NH_3,g)\\&=-2\times254.4\ kJ\cdot mol^{-1}+3\times(-241.8\ kJ\cdot mol^{-1})\\&\quad-(-1264\ kJ\cdot mol^{-1})-2\times(-46.11\ kJ\cdot mol^{-1})\\&=122.02\ kJ\cdot mol^{-1}\end{aligned}$$

$$\begin{aligned}\Delta_r S_m^\ominus &=2S_m^\ominus(BN,s)+3S_m^\ominus(H_2O,g)-S_m^\ominus(B_2O_3,s)-2\ S_m^\ominus(NH_3,g)\\&=2\times14.81\ J\cdot mol^{-1}\cdot K^{-1}+3\times188.72\ J\cdot mol^{-1}\cdot K^{-1}\\&\quad-54.02\ J\cdot mol^{-1}\cdot K^{-1}-2\times192.34\ J\cdot mol^{-1}\cdot K^{-1}\\&=157.08\ J\cdot mol^{-1}\cdot K^{-1}\end{aligned}$$

(2)

$$\begin{aligned}\Delta_r G_m^\ominus &=\Delta_r H_m^\ominus-T\Delta_r S_m^\ominus\\&=122.02\ kJ\cdot mol^{-1}-298.15\ K\times157.08\ J\cdot mol^{-1}\cdot K^{-1}\times10^{-3}\\&=75.19\ kJ\cdot mol^{-1}>0\end{aligned}$$

所以，反应非自发。

(3) $\Delta_r G_m^\ominus = \Delta_r H_m^\ominus - T\Delta_r S_m^\ominus < 0$ 时反应自发

即　$122.02\ \text{kJ} \cdot \text{mol}^{-1} - 157.08\ \text{J} \cdot \text{mol}^{-1} \cdot \text{K}^{-1} \times 10^{-3} T < 0$

$$T > 777\ \text{K}$$

所以当 $T > 777$ K 时，正反应自发进行。

第 3 章　化学动力学基础

3-1　对于反应 $2H_2(g)+O_2(g) = 2H_2O(g)$，以反应中不同物质浓度变化计算化学反应速率时，各反应速率之间有什么关系？

解：在同一时间，用不同物质的浓度的改变来表示的瞬时速率，其数值是不相同的。且对于一般的化学反应 $aA+bB = gG+hH$，

有
$$\frac{1}{a}v(A)=\frac{1}{b}v(B)=\frac{1}{g}v(G)=\frac{1}{h}v(H)$$

所以对于反应 $2H_2(g)+O_2(g) = 2H_2O(g)$ 来说，

反应速率的关系为：$\dfrac{v(H_2)}{2}=\dfrac{v(O_2)}{1}=\dfrac{v(H_2O)}{2}$

3-2　已知 $(CH_3)_2O$ 的分解反应 $(CH_3)_2O(g) = CH_4(g)+CO(g)+H_2(g)$，其分解速率测定实验数据如下表：

t/s	0	200	400	600	800
$c[(CH_3)_2O]/(mol\cdot dm^{-3})$	0.01000	0.00916	0.00839	0.00768	0.00703

试求：(1)反应开始后，前 400s 和后 200s 的平均速率；

(2)用作图法求 400s 时的瞬时速率。

解：(1) 由表中数据可得，

在 $t=0\sim400$s 这段时间内，反应的平均速率为：

$$\bar{v}_1=-\frac{\Delta c_1[(CH_3)_2O]}{\Delta t_1}=-\frac{(0.00839-0.01000)\,mol\cdot dm^{-3}}{(400-0)\,s}$$
$$=4.03\times10^{-6}\ mol\cdot dm^{-3}\cdot s^{-1}$$

在 $t=600\sim800$s 这段时间内，反应的平均速率为：

$$\bar{v}_2=-\frac{\Delta c_2[(CH_3)_2O]}{\Delta t_2}=-\frac{(0.00703-0.00768)\,mol\cdot dm^{-3}}{(800-600)\,s}$$
$$=3.25\times10^{-6}\ mol\cdot dm^{-3}\cdot s^{-1}$$

(2) 根据题设中给出的数据，作 c-t 图，如图 3-1 所示。

在曲线上 $t=800$s 处作曲线的切线 l，求出 l 的斜率。

$$l\ 的斜率=\frac{(9.65-7.03)\ mol\cdot dm^{-3}}{(8-0)\times10^2\ s}=3.28\times10^{-3}\ mol\cdot dm^{-3}\cdot s^{-1}$$

即 $t=800$ s 时，反应速率为 $3.28\times10^{-3}\ mol\cdot dm^{-3}\cdot s^{-1}$。

3-3　反应级数与速率常数单位之间满足什么对应关系？

解：如果反应速率是以 $mol\cdot dm^{-3}\cdot s^{-1}$ 为单位的，则速率方程中速率常数与反应物浓度的一定次方的幂的乘积的单位必将是 $mol\cdot dm^{-3}\cdot s^{-1}$。于是速率常数的单位与反应级数有关，一

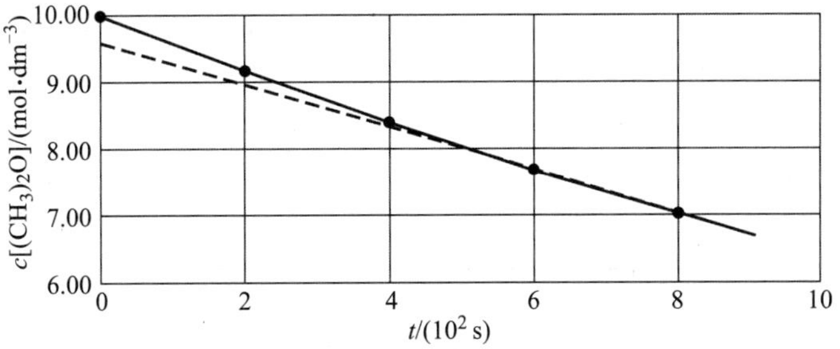

图 3-1　题设反应的 c-t 图

级反应的速率常数的单位为 s^{-1}，二级反应的速率常数的单位为 $mol^{-1}·dm^3·s^{-1}$，而 n 级反应的速率常数的单位是 $mol^{-(n-1)}·dm^{3(n-1)}·s^{-1}$。因此，由给出的反应速率常数的单位，可以判断出反应的级数。

3-4　什么是反应级数？什么是反应分子数？两者有何区别和联系？

答：(1) 某化学反应

$$aA+bB \xlongequal{} gG+hH$$

若其速率方程的形式为　$v=k[c(A)]^m[c(B)]^n$

则该反应的级数为 $m+n$，即速率方程中幂指数之和，或者说该反应为 $m+n$ 级反应。反应级数也可以针对某反应物而言，例如上述反应对反应物 A 是 m 级反应，对反应物 B 是 n 级反应。总之反应级数体现的是反应速率与反应物浓度的多少次幂成正比。

(2) 基元反应或复杂反应的基元步骤中，发生反应所需要的粒子(分子、原子、离子或自由基)的数目一般称为反应的分子数。

(3) 反应的分子数只能对基元反应或复杂反应的基元步骤而言，非基元反应不能谈反应分子数。既不能认为反应方程式中反应物的化学计量数之和就是反应的分子数，也不能认为速率方程中反应物浓度的幂指数之和就是反应的分子数。反应的分子数是一个微观概念，要将其与反应级数这个宏观概念相区别。

3-5　若某化合物在 100 min 内被消耗掉 25%，已知该反应是零级反应，则 200 min 时，该物质被消耗了多少？

解：零级反应的特点是，反应速率与反应物浓度的 0 次幂成正比，即 $v=k$。

速率方程为
$$-\frac{dc}{dt}=k$$

所以
$$\frac{c_0-c}{t}=k\text{，即 }c_0-c=kt$$

$$\frac{(c_0-c)_{100min}}{(c_0-c)_{200min}}=\frac{t_{100min}}{t_{200min}}\qquad\frac{0.25c_0}{(c_0-c)_{200min}}=\frac{100\ min}{200\ min}$$

得 $c_0-c=0.5c_0=50\%c_0$

因此，该物质被消耗了 50%。

3-6　295 K 时，反应 $2NO(g)+Cl_2(g) \xlongequal{} 2NOCl(g)$，其反应物浓度与反应速率关系的数据如下：

实验编号	$c(NO)/(mol \cdot dm^{-3})$	$c(Cl_2)/(mol \cdot dm^{-3})$	$v(Cl_2)/(mol \cdot dm^{-3} \cdot s^{-1})$
①	0.100	0.100	8.0×10^{-3}
②	0.500	0.100	2.0×10^{-1}
③	0.100	0.500	4.0×10^{-2}

问：(1)反应对不同的反应物反应级数各是多少？

(2) 写出反应的速率方程。

(3) 反应的速率常数是多少？

解：(1) 比较实验①和实验②，$c(Cl_2)$不变时，$c(NO)$扩大 5 倍，$v(Cl_2)$扩大 25 倍，故 $v\propto[c(NO)]^2$，反应对于反应物 NO 的反应级数为二级。

比较实验①和实验③，$c(NO)$不变时，$c(Cl_2)$扩大 5 倍，$v(Cl_2)$扩大 5 倍，故 $v\propto c(Cl_2)$，反应对于反应物 Cl_2 的反应级数为一级。

(2) 反应 $2NO(g)+Cl_2(g) = 2NOCl(g)$的速率方程为

$$v=k[c(NO)]^2c(Cl_2)$$

(3)将实验①的数据代入其中得

$$\begin{aligned}k&=\frac{v}{[c(NO)]^2c(Cl_2)}\\&=\frac{8.0\times10^{-3}\ mol\cdot dm^{-3}\cdot s^{-1}}{(0.100\ mol\cdot dm^{-3})^2\times0.100\ mol\cdot dm^{-3}}\\&=8.0\ mol^{-2}\cdot dm^6\cdot s^{-1}\end{aligned}$$

3-7 某温度下反应 $2NO(g)+O_2(g) = 2NO_2(g)$的速率常数 $k=8.8\times10^{-2}\ mol^{-2}\cdot dm^6\cdot s^{-1}$，已知该反应对于 O_2 来说是一级反应。

(1) 试判断 NO 的反应级数。

(2) 确定该反应的速率方程。

(3) 计算当反应物浓度都是 $0.05\ mol\cdot dm^{-3}$时的反应速率。

解：(1) 反应速率常数的单位，可以判断出反应的级数。对于 n 级反应的速率常数的单位是 $mol^{-(n-1)}\cdot dm^{3(n-1)}\cdot s^{-1}$，因此，对于 $k=8.8\times10^{-2}\ mol^{-2}\cdot dm^6\cdot s^{-1}$而言，反应级数为三级。根据已知条件，反应对于 O_2 来说是一级反应，所以对于 NO 来说反应级数为 3－1＝2 级。

(2) 反应对于 O_2 来说是一级反应，对于 NO 来说是二级反应。

所以该反应的速率方程为

$$v=k[c(NO)]^2c(O_2)$$

(3) 当反应物浓度都是 $0.05\ mol\cdot dm^{-3}$时，反应速率

$$\begin{aligned}v&=k[c(NO)]^2c(O_2)\\&=8.8\times10^{-2}\ mol^{-2}\cdot dm^6\cdot s^{-1}\times(0.05\ mol\cdot dm^{-3})^2\times0.05\ mol\cdot dm^{-3}\\&=1.1\times10^{-5}\ mol\cdot dm^{-3}\cdot s^{-1}\end{aligned}$$

3-8 已知各基元反应的活化能如下表：

序　号	A	B	C	D	E
正反应活化能 $E_a/(kJ \cdot mol^{-1})$	70	16	40	20	20
逆反应活化能 $E'_a/(kJ \cdot mol^{-1})$	20	35	45	80	30

由此判断在相同的温度和指前因子下，

(1) 哪个反应的正反应是吸热反应？

(2) 哪个反应放热最多？

(3) 哪个反应的正反应速率常数最大？

(4) 哪个反应的可逆程度最大？

(5) 哪个反应的正反应速率常数随温度变化最大？

解：(1) 正反应的活化能 E_a 与逆反应的活化能 E'_a 之差可以体现化学反应的摩尔反应热。当 $E_a > E'_a$ 时，$\Delta_r H_m > 0$，反应吸热；当 $E_a < E'_a$ 时，$\Delta_r H_m < 0$，反应放热。

所以，只有 A 反应 $E_a > E'_a$，A 反应是吸热反应。

(2) 当 $E_a < E'_a$ 时，$\Delta_r H_m < 0$，反应放热。反应 B、C、D、E 都是放热反应，D 反应放热最多。

(3) 阿伦尼乌斯指出反应速率常数和温度的定量关系为

$$k = A e^{-\frac{E_a}{RT}}$$

根据已知条件，温度 T 和指前因子 A 不变，E_a 越小，正反应速率常数越大。所以 B 反应的正反应速率常数最大。

(4) 同一温度下，正逆反应速率越接近，反应可逆程度越大。显然，活化能越接近化学反应速率就越接近，C 反应正逆反应的活化能最接近。因此 C 反应可逆程度最大。

(5) 反应速率常数与温度的关系为

$$k = A e^{-\frac{E_a}{RT}}$$

温度越高，活化能越大，反应速率常数越大，所以 A 反应的正反应速率常数随温度变化最大。

3-9　一氧化碳与氯气在高温下反应生成光气：$CO(g) + Cl_2(g) = COCl_2(g)$，实验测得反应的速率方程为 $v = kc(CO)[c(Cl_2)]^{\frac{3}{2}}$，当改变下列条件时，试判断初始速率受何影响。

(1) 升高温度；

(2) 其他条件不变，将容器的体积扩大至原来的 2 倍；

(3) 容器体积不变，将 CO 浓度增加到原来的 2 倍；

(4) 容器体积不变，向体系中充入一定量 N_2；

(5) 保持体系压强不变，向体系中充入一定量 N_2；

(6) 加入催化剂。

答：(1) 反应速率常数与温度的关系为

$$k = A e^{-\frac{E_a}{RT}}$$

升高温度,反应速率常数 k 增大,所以升高温度可以加快反应速率。

(2) 其他条件不变,容器的体积扩大,相当于反应物浓度降低,即 $c(CO)$减小,$c(Cl_2)$减小,所以根据 $v=kc(CO)[c(Cl_2)]^{\frac{3}{2}}$,化学反应速率减慢。

(3) 因为 $v=kc(CO)[c(Cl_2)]^{\frac{3}{2}}$,所以将 CO 浓度增加,会加快化学反应速率。

(4) 容器体积不变,向体系中充入一定量 N_2,N_2 的充入,对反应速率常数和反应物浓度均无影响,所以化学反应速率不变。

(5) 保持体系压强不变,向体系中充入一定量 N_2,即体系体积需要增大;体积增大,则反应物浓度减小,所以化学反应速率减慢。

(6) 因为 $k=Ae^{-\frac{E_a}{RT}}$,加入催化剂,E_a 减小,所以 k 增大;因此,加入催化剂,可以加快反应速率。

3-10 反应 $2NOCl(g)=\!=\!=2NO(g)+Cl_2(g)$,350 K 时,$k_1=9.3\times10^{-6}\ s^{-1}$;400 K 时,$k_2=6.9\times10^{-4}\ s^{-1}$。计算该反应的活化能 E_a(假设温度变化时 E_a 近似不变)以及 500 K 时的反应速率常数 k_3。

解:根据题意 $k_1=Ae^{-\frac{E_a}{RT_1}}$,$k_2=Ae^{-\frac{E_a}{RT_2}}$

所以 $\ln\frac{k_1}{k_2}=\frac{E_a}{R}\left(\frac{1}{T_2}-\frac{1}{T_1}\right)$

得

$$\begin{aligned}E_a&=R\left(\frac{T_1T_2}{T_1-T_2}\right)\ln\frac{k_1}{k_2}\\&=8.314\ J\cdot mol^{-1}\cdot K^{-1}\times\left(\frac{350\ K\times400\ K}{350\ K-400\ K}\right)\ln\frac{9.3\times10^{-6}\ s^{-1}}{6.9\times10^{-4}\ s^{-1}}\\&=100\ kJ\cdot mol^{-1}\end{aligned}$$

同理

$$\begin{aligned}\ln\frac{k_3}{k_1}&=\frac{E_a}{R}\left(\frac{1}{T_1}-\frac{1}{T_3}\right)\\&=\frac{100\ kJ\cdot mol^{-1}\times10^3}{8.314\ J\cdot mol^{-1}\cdot K^{-1}}\left(\frac{1}{350\ K}-\frac{1}{500\ K}\right)=10.31\end{aligned}$$

得 $\frac{k_3}{k_1}=3.00\times10^4$

$$k_3=3.00\times10^4\times9.3\times10^{-6}\ s^{-1}=0.28\ s^{-1}$$

3-11 已知反应 $CH_3CHO(g)=\!=\!=CH_4(g)+CO(g)$的活化能 $E_a=188.3\ kJ\cdot mol^{-1}$,什么温度时反应的速率常数 k 的值是 298 K 时的 10 倍?

解:根据题意 $k_1=Ae^{-\frac{E_a}{RT_1}}$,$k_2=Ae^{-\frac{E_a}{RT_2}}$

所以 $\ln\frac{k_2}{k_1}=\frac{E_a}{R}\left(\frac{1}{T_1}-\frac{1}{T_2}\right)$

$$\ln10=\frac{188.3\ kJ\cdot mol^{-1}\times10^3}{8.314\ J\cdot mol^{-1}\cdot K^{-1}}\times\left(\frac{1}{298\ K}-\frac{1}{T_2}\right)$$

解得 $T_2=307\ K$

所以温度 $T_2=307$ K 时，反应的速率常数 k 的值是 298 K 时的 10 倍。

3-12 已知在 298 K 时，H_2O_2 分解反应 $2H_2O_2(l)=\!=\!=2H_2O(l)+O_2(g)$ 的活化能 $E_a=71$ kJ·mol^{-1}，该反应在过氧化氢酶的催化下，其速率将提高 9.4×10^{10} 倍，试计算加入过氧化氢酶后反应的活化能。

解：由题意知：$\dfrac{v_2}{v_1}=\dfrac{k_2}{k_1}=9.4\times10^{10}$

$$k_1=A\mathrm{e}^{-\frac{E_{a1}}{RT_1}}$$

$$k_2=A\mathrm{e}^{-\frac{E_{a2}}{RT_2}}$$

所以

$$\ln\frac{k_2}{k_1}=-\frac{E_{a2}-E_{a1}}{RT}$$

即 $\ln 9.4\times10^{10}=-\dfrac{(E_{a2}-71\ \mathrm{kJ\cdot mol^{-1}})\times10^3}{8.314\ \mathrm{J\cdot mol^{-1}\cdot K^{-1}}\times298\ \mathrm{K}}$

解得 $E_a=8.4$ kJ·mol^{-1}

所以加入过氧化氢酶后反应的活化能为 8.4 kJ·mol^{-1}。

3-13 实验测得某二级反应在不同温度下的速率常数如下表所示

t/℃	190	210	230	250
k/(mol^{-1}·dm^3·s^{-1})	2.61×10^{-5}	1.33×10^{-4}	5.96×10^{-4}	2.82×10^{-3}

(1) 画出 $\ln k$-$\dfrac{1}{T}$ 曲线。

(2) 分别以 190 ℃、230 ℃和 210 ℃、250 ℃两组数据计算阿伦尼乌斯公式中的指前因子 A 和活化能 E_a 的平均值。

(3) 求出该反应 300 ℃时的反应速率常数。

解：(1) 由 $k=A\mathrm{e}^{-\frac{E_a}{RT}}$ 得 $\ln k=-\dfrac{E_a}{RT}+\ln A$。

可知 $\ln k$ 对 $\dfrac{1}{T}$ 作图，可得一条直线，直线的斜率为 $-\dfrac{E_a}{R}$，见图 3-2。

下表给出直线上各点的横坐标、纵坐标及其相关的数值：

t/℃	190	210	230	250
T/K	463	483	503	523
$T^{-1}\times10^3$/K^{-1}	2.16	2.07	1.99	1.91
k/(mol^{-1}·dm^3·s^{-1})	2.61×10^{-5}	1.33×10^{-4}	5.96×10^{-4}	2.82×10^{-3}
$\ln k$/(mol^{-1}·dm^3·s^{-1})	−10.55	−8.93	−7.43	−5.87

根据表中数据作 $\ln k$-$\dfrac{1}{T}$ 图

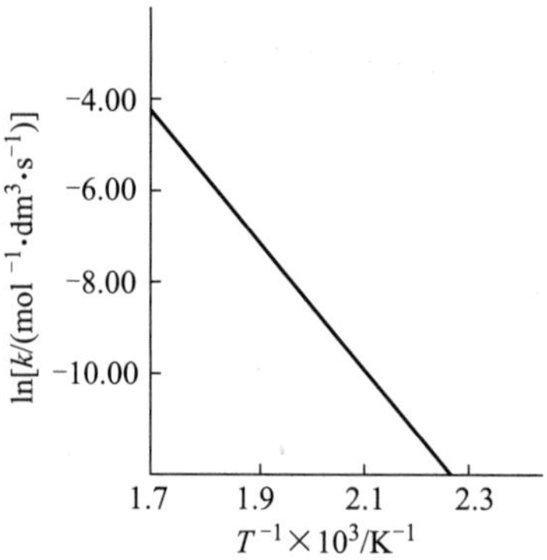

图 3-2 $\ln k$-$\frac{1}{T}$图

(2) 取 190 ℃、230 ℃和 210 ℃、250 ℃的数据分别代入下式：

$$\ln\frac{k_2}{k_1}=\frac{E_a}{R}\left(\frac{T_2-T_1}{T_1T_2}\right)$$

$$\ln\frac{5.96\times10^{-4}\,\mathrm{mol^{-1}\cdot dm^3\cdot s^{-1}}}{2.61\times10^{-5}\,\mathrm{mol^{-1}\cdot dm^3\cdot s^{-1}}}=\frac{E_{a1}}{8.314\ \mathrm{J\cdot mol^{-1}\cdot K^{-1}}}\times\left(\frac{503-463}{503\times463}\right)\mathrm{K}$$

$$\ln\frac{2.82\times10^{-3}\,\mathrm{mol^{-1}\cdot dm^3\cdot s^{-1}}}{1.33\times10^{-4}\,\mathrm{mol^{-1}\cdot dm^3\cdot s^{-1}}}=\frac{E_{a2}}{8.314\ \mathrm{J\cdot mol^{-1}\cdot K^{-1}}}\times\left(\frac{523-483}{523\times483}\right)\mathrm{K}$$

解得 $E_{a1}=151.4\ \mathrm{kJ\cdot mol^{-1}}$，$E_{a2}=160.4\ \mathrm{kJ\cdot mol^{-1}}$

$$E_a=\frac{E_{a1}+E_{a2}}{2}=156\ \mathrm{kJ\cdot mol^{-1}}$$

将每组 T、k 和 E_a 代入下式：

$$\ln k=-\frac{E_a}{RT}+\ln A$$

得

$$\ln2.61\times10^{-5}=-\frac{156\times10^3\ \mathrm{J\cdot mol^{-1}}}{8.314\ \mathrm{J\cdot mol^{-1}\cdot K^{-1}}\times463\ \mathrm{K}}+\ln A_1$$

$$\ln1.33\times10^{-4}=-\frac{156\times10^3\ \mathrm{J\cdot mol^{-1}}}{8.314\ \mathrm{J\cdot mol^{-1}\cdot K^{-1}}\times483\ \mathrm{K}}+\ln A_2$$

$$\ln5.96\times10^{-4}=-\frac{156\times10^3\ \mathrm{J\cdot mol^{-1}}}{8.314\ \mathrm{J\cdot mol^{-1}\cdot K^{-1}}\times503\ \mathrm{K}}+\ln A_3$$

$$\ln2.82\times10^{-3}=-\frac{156\times10^3\ \mathrm{J\cdot mol^{-1}}}{8.314\ \mathrm{J\cdot mol^{-1}\cdot K^{-1}}\times523\ \mathrm{K}}+\ln A_4$$

得：$A_1=1.01\times10^{13}\ \mathrm{mol^{-1}\cdot dm^3\cdot s^{-1}}$

$A_2=9.65\times10^{12}\ \mathrm{mol^{-1}\cdot dm^3\cdot s^{-1}}$

$A_3=9.23\times10^{12}\ \mathrm{mol^{-1}\cdot dm^3\cdot s^{-1}}$

$A_4=1.05\times10^{13}\ \mathrm{mol^{-1}\cdot dm^3\cdot s^{-1}}$

取平均值得：$A=9.87\times10^{12}\ \mathrm{mol^{-1}\cdot dm^3\cdot s^{-1}}$

(3) 将 $E_a=156\ \text{kJ}\cdot\text{mol}^{-1}$，$A=9.87\times10^{12}\ \text{mol}^{-1}\cdot\text{dm}^3\cdot\text{s}^{-1}$，$T=(300+273)\text{K}=573\ \text{K}$

代入式 $k=Ae^{-\frac{E_a}{RT}}$

得：$k=5.9\times10^{-2}\text{mol}^{-1}\cdot\text{dm}^3\cdot\text{s}^{-1}$

3-14　已知某反应的 $E_{a(正)}=325\ \text{kJ}\cdot\text{mol}^{-1}$，$E_{a(逆)}=201\ \text{kJ}\cdot\text{mol}^{-1}$，该反应的反应热是多少？试画出该反应的能量与反应历程图，并将 $E_{a(正)}$、$E_{a(逆)}$ 和反应热 ΔH 标在相应的位置上。

解：正反应的活化能 $E_{a(正)}$ 与逆反应的活化能 $E_{a(逆)}$ 之差可以体现化学反应的摩尔反应热。

$$\Delta_r H_m=E_{a(正)}-E_{a(逆)}=325\ \text{kJ}\cdot\text{mol}^{-1}-201\ \text{kJ}\cdot\text{mol}^{-1}=124\ \text{kJ}\cdot\text{mol}^{-1}$$

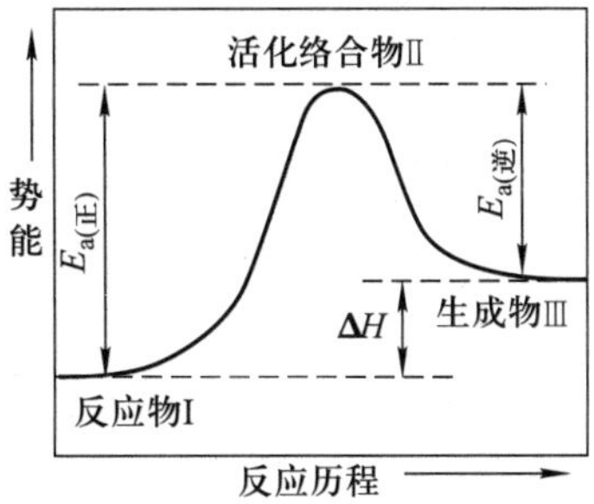

图 3-3　反应的能量与反应历程图

3-15　已知在 1.013×10^5 Pa 和 298 K 条件下，反应 $H_2(g)+Cl_2(g)=\!=\!=2HCl(g)$ 的活化能 E_a 为 $113\ \text{kJ}\cdot\text{mol}^{-1}$，标准摩尔反应热为 $-92.31\ \text{kJ}\cdot\text{mol}^{-1}$，试计算其逆反应的活化能。

解：正反应的活化能 $E_{a(正)}$ 与逆反应的活化能 $E_{a(逆)}$ 之差可以体现化学反应的摩尔反应热。

$$\Delta_r H^{\ominus}_{m,298\ \text{K}}=E_{a(正)}-E_{a(逆)}$$
$$=-92.31\ \text{kJ}\cdot\text{mol}^{-1}=113\ \text{kJ}\cdot\text{mol}^{-1}-E_{a(逆)}$$

解得 $E_a(逆)=205.31\ \text{kJ}\cdot\text{mol}^{-1}$

3-16　已知某可逆反应，$E_{a(正)}=2E_{a(逆)}=268\ \text{kJ}\cdot\text{mol}^{-1}$。

问：(1) 当温度从 300 K 升高到 310 K 时，计算 $k_{(正)}$ 增大了多少倍？$k_{(逆)}$ 增大了多少倍？

(2) 温度从 300 K 升高到 310 K 时，$k_{(正)}$ 增大的倍数是从 400 K 升高到 410 K 时增大倍数的多少倍？

(3) 在 298 K 时，加入催化剂，正逆反应活化能都减少了 $20\ \text{kJ}\cdot\text{mol}^{-1}$，计算 $k_{(正)}$ 增大了多少倍？$k_{(逆)}$ 增大了多少倍？

解：(1) 由 $k=Ae^{-\frac{E_a}{RT}}$ 得

$$k_{(正)}=Ae^{-\frac{E_{a(正)}}{RT}}$$

所以 $$n_{(正)}=\frac{k_{2(正)}}{k_{1(正)}}=\frac{Ae^{-\frac{E_{a(正)}}{RT_2}}}{Ae^{-\frac{E_{a(正)}}{RT_1}}}=e^{\frac{-E_{a(正)}}{R}\left(\frac{1}{T_2}-\frac{1}{T_1}\right)}$$

$$=e^{-\frac{268\ \text{kJ}\cdot\text{mol}^{-1}}{8.314\ \text{J}\cdot\text{mol}^{-1}\cdot\text{K}^{-1}}\left(\frac{1}{310\ \text{K}}-\frac{1}{300\ \text{K}}\right)}=32$$

$$k_{(逆)}=Ae^{-\frac{E_{a(逆)}}{RT}}$$

所以 $n_{(逆)}=\dfrac{k_{2(逆)}}{k_{1(逆)}}=\dfrac{A\mathrm{e}^{-\frac{E_{a(逆)}}{RT_2}}}{A\mathrm{e}^{-\frac{E_{a(逆)}}{RT_1}}}=\mathrm{e}^{-\frac{E_{a(逆)}}{R}\left(\frac{1}{T_2}-\frac{1}{T_1}\right)}$

$$=\mathrm{e}^{-\frac{134\ \mathrm{kJ\cdot mol^{-1}}}{8.314\ \mathrm{J\cdot mol^{-1}\cdot K^{-1}}}\left(\frac{1}{310\ \mathrm{K}}-\frac{1}{300\ \mathrm{K}}\right)}=5.7$$

(2) 温度从 400 K 升高到 410 K 时：

$$n'_{(正)}=\frac{k_{2(正)}}{k_{1(正)}}=\mathrm{e}^{-\frac{E_{a(正)}}{R}\left(\frac{1}{T_2}-\frac{1}{T_1}\right)}$$

$$=\mathrm{e}^{-\frac{268\ \mathrm{kJ\cdot mol^{-1}}}{8.314\ \mathrm{J\cdot mol^{-1}\cdot K^{-1}}}\left(\frac{1}{410\ \mathrm{K}}-\frac{1}{400\ \mathrm{K}}\right)}=7.1$$

$$\frac{n_{(正)}}{n'_{(正)}}=\frac{32}{7.1}=4.5$$

(3) $n_{(正)}=\dfrac{k_{2(正)}}{k_{1(正)}}=\dfrac{A\mathrm{e}^{-\frac{E_{a(正)2}}{RT}}}{A\mathrm{e}^{-\frac{E_{a(正)1}}{RT}}}=\mathrm{e}^{-\frac{1}{RT}[E_{a(正)2}-E_{a(正)1}]}$

$$=\mathrm{e}^{-\frac{1}{8.314\ \mathrm{J\cdot mol^{-1}\cdot K^{-1}}\times 298\ \mathrm{K}}(-20\times10^3\ \mathrm{J\cdot mol^{-1}})}=3.2\times10^3$$

$n_{逆}=\dfrac{k_{2(逆)}}{k_{1(逆)}}=\dfrac{A\mathrm{e}^{-\frac{E_{a(逆)2}}{RT}}}{A\mathrm{e}^{-\frac{E_{a(逆)1}}{RT}}}=\mathrm{e}^{-\frac{1}{RT}[E_{a(逆)2}-E_{a(逆)1}]}$

$$=\mathrm{e}^{-\frac{1}{8.314\ \mathrm{J\cdot mol^{-1}\cdot K^{-1}}\times 298\ \mathrm{K}}(-20\times10^3\ \mathrm{J\cdot mol^{-1}})}=3.2\times10^3$$

3-17　已知 Ce^{4+} 氧化 Tl^{+} 的反应速率很小。但在 Mn^{2+} 的催化作用下，反应速率显著提高，其催化反应机理被认定为：

① $Ce^{4+}(aq)+Mn^{2+}(aq)=\!=\!=Ce^{3+}(aq)+Mn^{3+}(aq)$　（慢）

② $Ce^{4+}(aq)+Mn^{3+}(aq)=\!=\!=Ce^{3+}(aq)+Mn^{4+}(aq)$　（快）

③ $Mn^{4+}(aq)+Tl^{+}(aq)=\!=\!=Mn^{2+}(aq)+Tl^{3+}(aq)$　（快）

(1) 由以上反应步骤写出 Ce^{4+} 氧化 Tl^{+} 的反应方程式。

(2) 写出各基元步骤的速率方程。

(3) 试判断该反应的控制步骤，其对应的反应分子数是多少？

(4) 确定该反应的中间产物有哪几种？

(5) 试判断该反应是均相催化还是多相催化？

解：(1) 由①＋②＋③得出 Ce^{4+} 氧化 Tl^{+} 的反应方程式为

$$2Ce^{4+}(aq)+Tl^{+}(aq)=\!=\!=2Ce^{3+}(aq)+Tl^{3+}(aq)$$

(2) 根据已知条件，各步反应都为基元反应，基元反应的级数即为方程式系数，所以

① $v=kc(Ce^{4+})c(Mn^{2+})$

② $v=kc(Ce^{4+})c(Mn^{3+})$

③ $v=kc(Mn^{4+})c(Tl^{+})$

(3) 反应最慢的①是控制步骤，其反应分子数为 2。

(4) 除了反应物，生成物和催化剂，各步反应的其他物种都是中间产物，即 Mn^{3+}，Mn^{4+}。

(5) 该反应是水溶液中的反应，所以是均相催化。

3-18　下列说法是否正确？请简述理由。

(1) 若某化学反应为二级反应，则其速率常数的单位是 $mol\cdot dm^{-3}\cdot s^{-1}$。

（2）反应活化能越小，反应速率越大。

（3）溶液中的反应一定比气相中的反应速率大。

（4）增大系统压力，反应速率一定增大。

（5）反应速率系数既是浓度的函数，也是温度的函数。

（6）催化剂不能改变 ΔG，但是能改变 ΔH、ΔS、ΔU。

答：

（1）×

原因：对于二级反应，$v=kc^2$，反应速率单位为 $\mathrm{mol \cdot dm^{-3} \cdot s^{-1}}$，浓度单位为 $\mathrm{mol \cdot dm^{-3}}$，所以速率常数的单位为 $\mathrm{dm^3 \cdot mol^{-1} \cdot s^{-1}}$。

（2）√

原因：活化能是反应发生的壁垒，越过壁垒越容易，反应速率越快。因此活化能越小，反应速率越大。

（3）×

原因：浓度、温度、压力或有无催化剂等因素都会影响反应速率，不能说溶液中的反应一定比气相中的反应速率大。

（4）×

原因：如恒容条件下，在化学反应中加入不参与反应的气体，系统压强增大，但化学反应速率不变。

（5）×

原因：根据阿伦尼乌斯方程式 $k=A\mathrm{e}^{-\frac{E_a}{RT}}$ 知，反应速率常数只是温度的函数。同时还与反应活化能有关，催化剂的加入可降低活化能，使反应速率加快。

（6）×

原因：催化剂只改变反应速率和活化能的大小，无论是否加入催化剂，ΔH 不变。

第4章　化学平衡

4-1　如何理解化学平衡？化学平衡有什么特征？

答：(1) 化学平衡是可逆反应在一定的宏观条件下正、逆反应速率相等的状态；

(2) 化学平衡的特征主要有：

① 一定条件下，可逆反应达到平衡状态时，平衡组成不再随时间发生变化；

② 化学平衡是动态平衡，从微观上正、逆反应仍在进行，只是速率相等而已；

③ 相同条件下，只要初始时各物质的量相同，平衡组成与达到平衡途径无关；

④ 化学平衡是在一定条件下建立的，一旦条件改变，平衡将发生移动。

4-2　气相反应的实验平衡常数 K_c 与 K_p 之间存在什么关系？

答：对于任一可逆反应

$$a\mathrm{A(g)}+b\mathrm{B(g)} \rightleftharpoons y\mathrm{Y(g)}+z\mathrm{Z(g)}$$

在一定温度下，达到平衡时，体系中各物质的浓度有如下关系：

$$K_c=\frac{[c(\mathrm{Y})]^y[c(\mathrm{Z})]^z}{[c(\mathrm{A})]^a[c(\mathrm{B})]^b}$$

K_c 为浓度平衡常数，由平衡浓度算得。

根据已知条件，该化学反应是气相反应；对于气相反应，平衡常数既可以用平衡时各物质的浓度算得，也可以用平衡时各物质的分压算得。达到平衡时，不仅各种物质的浓度不再改变，而且其分压也不再改变，于是有

$$K_p=\frac{[p(\mathrm{Y})]^y[p(\mathrm{Z})]^z}{[p(\mathrm{A})]^a[p(\mathrm{B})]^b}$$

因为 $pV=nRT$，所以 $p=\frac{n}{V}RT=cRT$

$$\begin{aligned}K_p&=\frac{[p(\mathrm{Y})]^y[p(\mathrm{Z})]^z}{[p(\mathrm{A})]^a[p(\mathrm{B})]^b}=\frac{[c(\mathrm{Y})RT]^y[c(\mathrm{Z})RT]^z}{[c(\mathrm{A})RT]^a[c(\mathrm{B})RT]^b}\\&=\frac{[c(\mathrm{Y})]^y[c(\mathrm{Z})]^z}{[c(\mathrm{A})]^a[c(\mathrm{B})]^b}\cdot(RT)^{(y+z)-(a+b)}\\&=K_c\cdot(RT)^{(y+z)-(a+b)}\\&=K_c\cdot(RT)^{\sum\nu}\end{aligned}$$

式中 $\sum\nu=(y+z)-(a+b)$，表示反应前后气体分子数的变化值。

所以气相反应的实验平衡常数 K_c 与 K_p 之间的关系为 $K_p=K_c\cdot(RT)^{\sum\nu}$。

4-3　实验平衡常数与标准平衡常数有何区别？

答：对于任一可逆反应

$$a\mathrm{A}+b\mathrm{B} \rightleftharpoons y\mathrm{Y}+z\mathrm{Z}$$

当反应达到平衡时，实验平衡常数可表示为 $K_c=\frac{[c(\mathrm{Y})]^y[c(\mathrm{Z})]^z}{[c(\mathrm{A})]^a[c(\mathrm{B})]^b}$；若该反应为气相反应，

实验平衡常数还可表示为 $K_p=\dfrac{[p(\mathrm{Y})]^y[p(\mathrm{Z})]^z}{[p(\mathrm{A})]^a[p(\mathrm{B})]^b}$。

浓度一般是以 $\mathrm{mol\cdot dm^{-3}}$($\mathrm{mol\cdot L^{-1}}$)为单位的物理量,若把浓度除以标准浓度,即除以 $c^\ominus$($c^\ominus=1\ \mathrm{mol\cdot dm^{-3}}$或 $1\ \mathrm{mol\cdot L^{-1}}$),得到一个比值,这个比值就是相对浓度。对于气相物质,将其分压除以标准压强 $p^\ominus$($p^\ominus=10^5\ \mathrm{Pa}$),则得到相对分压。

将实验平衡常数中的浓度或分压分别用相对浓度或相对分压取代,则得到标准平衡常数。标准平衡常数是无量纲的量,通常不区分 $K_c^\ominus$ 或 $K_p^\ominus$。

标准平衡常数可表示为

$$K^\ominus=\frac{\left[\dfrac{c(\mathrm{Y})}{c^\ominus}\right]^y\left[\dfrac{c(\mathrm{Z})}{c^\ominus}\right]^z}{\left[\dfrac{c(\mathrm{A})}{c^\ominus}\right]^a\left[\dfrac{c(\mathrm{B})}{c^\ominus}\right]^b}\ \text{或}\ K^\ominus=\frac{\left[\dfrac{p(\mathrm{Y})}{p^\ominus}\right]^y\left[\dfrac{p(\mathrm{Z})}{p^\ominus}\right]^z}{\left[\dfrac{p(\mathrm{A})}{p^\ominus}\right]^a\left[\dfrac{p(\mathrm{B})}{p^\ominus}\right]^b}$$

4-4　写出下列反应的标准平衡常数 $K^\ominus$ 的表达式:

(1) $\mathrm{NH_4HCO_3(g)\rightleftharpoons NH_3(g)+CO_2(g)+H_2O(g)}$

(2) $\mathrm{MgSO_4(s)\rightleftharpoons SO_3(g)+MgO(s)}$

(3) $\mathrm{CO_2(g)+Zn(s)\rightleftharpoons CO(g)+ZnO(s)}$

(4) $\mathrm{CH_4(g)+2O_2(g)\rightleftharpoons CO_2(g)+2H_2O(l)}$

(5) $\mathrm{Cl_2(g)+H_2O(l)\rightleftharpoons H^+(aq)+Cl^-(aq)+HClO(aq)}$

(6) $\mathrm{2MnO_4^-(aq)+5H_2O_2(aq)+6H^+(aq)\rightleftharpoons 2Mn^{2+}(aq)+5O_2(g)+8H_2O(l)}$

答:对于溶液相反应和气相反应,其标准平衡常数是通过相对浓度和相对分压定义的。相对浓度是将浓度除以其标准态($c^\ominus=1\ \mathrm{mol\cdot dm^{-3}}$),相对分压是将分压除以其标准态($p^\ominus=10^5\ \mathrm{Pa}$)。对于纯固体、纯液体,浓度看作常数 1,不写入平衡常数表达式。

(1) $$K^\ominus=\frac{\left[\dfrac{p(\mathrm{NH_3})}{p^\ominus}\right]\left[\dfrac{p(\mathrm{CO_2})}{p^\ominus}\right]\left[\dfrac{p(\mathrm{H_2O})}{p^\ominus}\right]}{\dfrac{p(\mathrm{NH_4HCO_3})}{p^\ominus}}$$

(2) $$K^\ominus=\frac{p(\mathrm{SO_3})}{p^\ominus}$$

(3) $$K^\ominus=\frac{\dfrac{p(\mathrm{CO})}{p^\ominus}}{\dfrac{p(\mathrm{CO_2})}{p^\ominus}}$$

(4) $$K^\ominus=\frac{\dfrac{p(\mathrm{CO_2})}{p^\ominus}}{\left[\dfrac{p(\mathrm{CH_4})}{p^\ominus}\right]\left[\dfrac{p(\mathrm{O_2})}{p^\ominus}\right]^2}$$

(5) $$K^\ominus=\frac{\left[\dfrac{c(\mathrm{H^+})}{c^\ominus}\right]\left[\dfrac{c(\mathrm{Cl^-})}{c^\ominus}\right]\left[\dfrac{c(\mathrm{HClO})}{c^\ominus}\right]}{\dfrac{p(\mathrm{Cl_2})}{p^\ominus}}$$

(6) $K^\ominus=\dfrac{\left[\dfrac{c(Mn^{2+})}{c^\ominus}\right]^2\left[\dfrac{p(O_2)}{p^\ominus}\right]^5}{\left[\dfrac{c(MnO_4^-)}{c^\ominus}\right]^2\left[\dfrac{c(H_2O_2)}{c^\ominus}\right]^5\left[\dfrac{c(H^+)}{c^\ominus}\right]^6}$

4-5 已知反应 $N_2(g)+3H_2(g)\rightleftharpoons 2NH_3(g)$ 在 427 K 时的平衡常数为 $K^\ominus=2.6\times10^{-4}$，试计算下列反应的平衡常数：

(1) $\frac{1}{2}N_2(g)+\frac{3}{2}H_2(g)\rightleftharpoons NH_3(g)$

(2) $NH_3(g)\rightleftharpoons\frac{1}{2}N_2(g)+\frac{3}{2}H_2(g)$

解：(1) 根据已知条件 $K^\ominus=\dfrac{\left[\dfrac{p(NH_3)}{p^\ominus}\right]^2}{\left[\dfrac{p(N_2)}{p^\ominus}\right]\left[\dfrac{p(H_2)}{p^\ominus}\right]^3}=2.6\times10^{-4}$

所以 $K_1^\ominus=\dfrac{\left[\dfrac{p(NH_3)}{p^\ominus}\right]}{\left[\dfrac{p(N_2)}{p^\ominus}\right]^{\frac{1}{2}}\left[\dfrac{p(H_2)}{p^\ominus}\right]^{\frac{3}{2}}}=\sqrt{K^\ominus}=\sqrt{2.6\times10^{-4}}=1.6\times10^{-2}$

(2) $K_2^\ominus=\dfrac{\left[\dfrac{p(N_2)}{p^\ominus}\right]^{\frac{1}{2}}\left[\dfrac{p(H_2)}{p^\ominus}\right]^{\frac{3}{2}}}{\left[\dfrac{p(NH_3)}{p^\ominus}\right]}=\dfrac{1}{K_1^\ominus}=\dfrac{1}{1.6\times10^{-2}}=62$

4-6 已知下列反应在 298 K 时的平衡常数 $K^\ominus$：

① $A+B\rightleftharpoons C+D$ $\qquad K_1^\ominus=6.0\times10^{-3}$

② $2C+2D\rightleftharpoons E$ $\qquad K_2^\ominus=1.3\times10^{14}$

试计算反应③ $E\rightleftharpoons 2A+2B$ 在 298 K 时的平衡常数。

解：根据已知条件，将①×2+②得 $2A+2B\rightleftharpoons E$

所以

$$K_3^\ominus=\frac{1}{(K_1^\ominus)^2K_2^\ominus}=\frac{1}{(6.0\times10^{-3})^2\times1.3\times10^{14}}=2.1\times10^{-10}$$

4-7 实验测得 1000 K 时，SO_2 与 O_2 的反应 $2SO_2(g)+O_2(g)\rightleftharpoons 2SO_3(g)$，各物质的平衡分压分别为：$p(SO_3)=32.9$ kPa，$p(SO_2)=27.7$ kPa，$p(O_2)=40.7$ kPa，求此温度下该反应的压力平衡常数 K_p，浓度平衡常数 K_c 以及标准平衡常数 $K^\ominus$。

解：$K_p=\dfrac{[p(SO_3)]^2}{[p(SO_2)]^2p(O_2)}=\dfrac{(32.9\ \text{kPa})^2}{(27.7\ \text{kPa})^2\times40.7\ \text{kPa}}=3.47\times10^{-2}\ \text{kPa}^{-1}$

$$K_c=\frac{K_p}{(RT)^{\sum\nu}}=\frac{3.47\times10^{-2}\ \text{kPa}^{-1}}{(8.314\ \text{kPa}\cdot\text{dm}^3\cdot\text{mol}^{-1}\cdot\text{K}^{-1}\times1000\ \text{K})^{-1}}$$

$$=2.88\times10^2\ \text{dm}^3\cdot\text{mol}^{-1}$$

$$K^{\ominus}=\frac{\left[\frac{p(SO_3)}{p^{\ominus}}\right]^2}{\left[\frac{p(SO_2)}{p^{\ominus}}\right]^2\left[\frac{p(O_2)}{p^{\ominus}}\right]}=\frac{\left(\frac{32.9\ \text{kPa}}{100\ \text{kPa}}\right)^2}{\left(\frac{27.7\ \text{kPa}}{100\ \text{kPa}}\right)^2\times\left(\frac{40.7\ \text{kPa}}{100\ \text{kPa}}\right)}=3.47$$

4-8　已知反应 $3H_2(g)+N_2(g)\rightleftharpoons 2NH_3(g)$，各物质在 700 K 时的热力学函数如下表：

	$H_2(g)$	$N_2(g)$	$NH_3(g)$
$\Delta_f H_m/\text{kJ}\cdot\text{mol}^{-1}$	0	0	−45.22
$S_m^{\ominus}/\text{J}\cdot\text{mol}^{-1}\cdot\text{K}^{-1}$	155.9	217.0	243.5

在该温度下，往一密闭容器中充入一定量的 H_2 和 N_2，达到平衡时测得两种气体浓度分别为 $c(N_2)=1.75\ \text{mol}\cdot\text{dm}^{-3}$，$c(H_2)=2.87\ \text{mol}\cdot\text{dm}^{-3}$，求 NH_3 的平衡浓度。

解：利用 Gibbs-Helmholtz 方程式计算反应的 $\Delta_r G_m^{\ominus}(700\ \text{K})$

$$\begin{aligned}\Delta_r G_m^{\ominus}(700\ \text{K})&=\Delta_r H_m^{\ominus}(298\ \text{K})-T\cdot\Delta_r S_m^{\ominus}(298\ \text{K})\\&=[2\times(-45.22\ \text{kJ}\cdot\text{mol}^{-1})-0-0]-700\ \text{K}\times[(2\times 243.5)\\&\quad-217.0-3\times 155.9]\text{J}\cdot\text{mol}^{-1}\cdot\text{K}^{-1}\\&=48\ \text{kJ}\cdot\text{mol}^{-1}\end{aligned}$$

由 $\Delta_r G_m^{\ominus}=-RT\ln K^{\ominus}$ 可得，$\ln K^{\ominus}=-\dfrac{\Delta_r G_m^{\ominus}}{RT}$

代入数据得　$$\ln K^{\ominus}=-\frac{48\times 10^3\ \text{J}\cdot\text{mol}^{-1}}{8.314\ \text{J}\cdot\text{mol}^{-1}\cdot\text{K}^{-1}\times 700\ \text{K}}=-8.25$$

故 $K^{\ominus}=2.6\times 10^{-4}$

$$\begin{aligned}K_c=K^{\ominus}\cdot\left(\frac{p^{\ominus}}{RT}\right)^{\Sigma\nu}&=2.6\times 10^{-4}\times\left(\frac{1.0\times 10^2\ \text{kPa}}{8.314\ \text{kPa}\cdot\text{dm}^3\cdot\text{mol}^{-1}\cdot\text{K}^{-1}\times 700\ \text{K}}\right)^{-2}\\&=0.88\ \text{dm}^6\cdot\text{mol}^{-2}\end{aligned}$$

由于 $K_c=\dfrac{[c(NH_3)]^2}{c(N_2)[c(H_2)]^3}$

$$\begin{aligned}c(NH_3)&=\sqrt{K_c\cdot c(N_2)\cdot[c(H_2)]^3}\\&=\sqrt{0.88\ \text{mol}^{-2}\cdot\text{dm}^6\times 1.75\ \text{mol}\cdot\text{dm}^{-3}\times(2.87\ \text{mol}\cdot\text{dm}^{-3})^3}\\&=6.03\ \text{mol}\cdot\text{dm}^{-3}\end{aligned}$$

4-9　平衡转化率与平衡常数的概念一致吗？若不相同，简述平衡常数和平衡转化率的异同点。

答：两个概念不相同。平衡常数和平衡转化率都能表示反应进行的程度，它们既有联系又有区别。通常平衡转化率需通过平衡常数表达式进行计算而得出。但平衡常数 $K^{\ominus}$ 只是温度的函数，不随浓度改变而改变。而平衡转化率 α 则随反应物浓度改变而改变。所以平衡转化率只能表示在指定浓度条件下的反应进行程度，平衡常数则更能从本质上反映出反应进行的程度。

4-10　已知在 308 K 时，反应 $N_2O_4(g)\rightleftharpoons 2NO_2(g)$ 的 $K^{\ominus}=0.32$。将 18.4 g $N_2O_4(g)$ 充

入容器中发生以上反应，试计算在 308 K、100 kPa 下达平衡时的总体积，并计算此时 $N_2O_4(g)$的转化率。

解：设 N_2O_4 起始浓度为 $1.0\ mol \cdot dm^{-3}$，解离度为 α，则

$$\begin{array}{lcc} & N_2O_4(g) \rightleftharpoons & 2NO_2(g) \\ c(\text{平衡})/(mol \cdot dm^{-3}) & 1.0-\alpha & 2\alpha \end{array}$$

反应达平衡时

$$p(N_2O_4)=\frac{1-\alpha}{1+\alpha}p_{总} \quad p(NO_2)=\frac{2\alpha}{1+\alpha}p_{总}$$

$$K^{\ominus}=\frac{[p(NO_2)/p^{\ominus}]^2}{p(N_2O_4)/p^{\ominus}}$$

$$=\frac{\left(\frac{2\alpha}{1+\alpha}\cdot\frac{p_{总}}{p^{\ominus}}\right)^2}{\frac{1-\alpha}{1+\alpha}\cdot\frac{p_{总}}{p^{\ominus}}}=\frac{\left(\frac{2\alpha}{1+\alpha}\cdot\frac{100\ kPa}{100\ kPa}\right)^2}{\frac{1-\alpha}{1+\alpha}\cdot\frac{100\ kPa}{100\ kPa}}=0.32$$

解得 $\alpha=27.2\%$

此时

$$n(N_2O_4)=(1-\alpha)\times\frac{m(N_2O_4)}{M(N_2O_4)}=(1-27.2\%)\times\frac{18.4\ g}{92\ g\cdot mol^{-1}}=0.146\ mol$$

$$p(N_2O_4)=\frac{1-\alpha}{1+\alpha}p_{总}=\frac{1-27.2\%}{1+27.2\%}\times 100\ kPa=57.2\ kPa$$

由 $pV=nRT$ 得

$$V=\frac{nRT}{p}=\frac{0.146\ mol\times 8.314\ Pa\cdot m^3\cdot mol^{-1}\cdot K^{-1}\times 308\ K}{57.2\times 10^3\ Pa}=6.5\times 10^{-3}\ m^3$$

4-11 100 ℃时，光气的分解反应为 $COCl_2(g) \rightleftharpoons CO(g)+Cl_2(g)$，$\Delta_r S_m^{\ominus}=125.5\ J\cdot mol^{-1}\cdot K^{-1}$，$\Delta_r H_m^{\ominus}=104.6\ kJ\cdot mol^{-1}$。(1) 试计算该反应在 100 ℃时的 $K^{\ominus}$。(2) 若在 100 ℃反应达平衡时，$p_{总}=200\ kPa$，试计算此时 $COCl_2$ 的解离度；若 $p_{总}=100\ kPa$，$COCl_2$ 的解离度又为多少？并由此分析压强对此平衡的影响。

解：(1) 利用 Gibbs-Helmholtz 方程式计算反应的 $\Delta_r G_m^{\ominus}(373\ K)$

$$\begin{aligned}\Delta_r G_m^{\ominus}(373\ K) &= \Delta_r H_m^{\ominus}(298\ K)-T\cdot\Delta_r S_m^{\ominus}(298\ K)\\ &=104.6\times 10^3\ J\cdot mol^{-1}-373\ K\times 125.5\ J\cdot mol^{-1}\cdot K^{-1}\\ &=5.8\times 10^4\ J\cdot mol^{-1}\end{aligned}$$

由 $\Delta_r G_m^{\ominus}=-RT\ln K^{\ominus}$ 可得，$\ln K^{\ominus}=-\frac{\Delta_r G_m^{\ominus}}{RT}$

代入数据得 $\ln K^{\ominus}=-\frac{5.8\times 10^4\ J\cdot mol^{-1}}{8.314\ J\cdot mol^{-1}\cdot K^{-1}\times 373\ K}=-18.7$

故 $K^{\ominus}=7.6\times 10^{-9}$

(2) 设 $COCl_2$ 起始浓度为 $1.0\ mol\cdot dm^{-3}$，解离度为 α，则

$$\begin{array}{llll} & COCl_2(g) & \rightleftharpoons CO(g) & + \; Cl_2(g) \\ c(\text{平衡})/(mol\cdot dm^{-3}) & 1.0-\alpha & \alpha & \alpha \end{array}$$

$$p(COCl_2)=\frac{1-\alpha}{1+\alpha}p_{总}$$

$$p(CO)=p(Cl_2)=\frac{\alpha}{1+\alpha}p_{总}$$

反应达平衡时

$$K^{\ominus}=\frac{\left[\frac{p(CO)}{p^{\ominus}}\right]\left[\frac{p(Cl_2)}{p^{\ominus}}\right]}{\frac{p(COCl_2)}{p^{\ominus}}}=\frac{\left(\frac{\alpha}{1+\alpha}\cdot\frac{p_{总}}{p^{\ominus}}\right)^2}{\frac{1-\alpha}{1+\alpha}\cdot\frac{p_{总}}{p^{\ominus}}}$$

$$=\frac{\left(\frac{\alpha}{1+\alpha}\cdot\frac{2.0\times10^5\ Pa}{1.0\times10^5\ Pa}\right)^2}{\frac{1-\alpha}{1+\alpha}\cdot\frac{2.0\times10^5\ Pa}{1.0\times10^5\ Pa}}=7.6\times10^{-9}$$

解得 $\alpha=6.16\times10^{-3}\%$

$p_{总}=100$ kPa 时 $COCl_2$ 的解离度解法同(2)

解得 $\alpha'=8.72\times10^{-3}\%$

此反应是气体分子数增加的反应，减小体系压强，平衡将右移，增大 $COCl_2$ 的解离度。

4-12　由二氧化硫制备三氧化硫的反应 $2SO_2(g)+O_2(g)\rightleftharpoons 2SO_3(g)$，是工业上制备硫酸的重要反应，已知：

	$SO_2(g)$	$SO_3(g)$
$\Delta_f H_m^{\ominus}(298\ K)/(kJ\cdot mol^{-1})$	-296.8	-396.7
$\Delta_f G_m^{\ominus}(298\ K)/(kJ\cdot mol^{-1})$	-300.2	-371.1

分别计算反应在 298 K 和 500 ℃下的标准平衡常数 $K^{\ominus}$。

解：利用各物质 298 K 时的 $\Delta_f G_m^{\ominus}$ 求得反应的 $\Delta_r G_m^{\ominus}(298\ K)$

$$\begin{aligned}\Delta_r G_m^{\ominus}(298\ K)&=2\Delta_f G_m^{\ominus}(SO_3,298\ K)-2\Delta_f G_m^{\ominus}(SO_2,298\ K)-\Delta_f G_m^{\ominus}(O_2,298\ K)\\&=2\times(-371.1\ kJ\cdot mol^{-1})-2\times(-300.2\ kJ\cdot mol^{-1})-0\\&=-141.8\ kJ\cdot mol^{-1}\end{aligned}$$

由式 $\Delta_r G_m^{\ominus}=-RT\ln K^{\ominus}$ 可得，$\ln K^{\ominus}=-\dfrac{\Delta_r G_m^{\ominus}}{RT}$

代入数据得　$\ln K^{\ominus}(298\ K)=-\dfrac{-141.8\times10^3\ J\cdot mol^{-1}}{8.314\ J\cdot mol^{-1}\cdot K^{-1}\times298\ K}=57.2$

故　$K^{\ominus}(298\ K)=6.9\times10^{24}$

又因为 $\Delta_r G_m^{\ominus}(298\ K)=\Delta_r H_m^{\ominus}(298\ K)-T\cdot\Delta_r S_m^{\ominus}(298\ K)$

$$\begin{aligned}\Delta_r H_m^{\ominus}(298\ K)&=2\Delta_f H_m^{\ominus}(SO_3,298\ K)-2\Delta_f H_m^{\ominus}(SO_2,298\ K)-\Delta_f H_m^{\ominus}(O_2,298\ K)\\&=2\times(-396.7\ kJ\cdot mol^{-1})-2\times(-296.8\ kJ\cdot mol^{-1})-0\\&=-199.8\ kJ\cdot mol^{-1}\end{aligned}$$

$$\Delta_r S_m^{\ominus}(298\ K)=\frac{\Delta_r H_m^{\ominus}(298\ K)-\Delta_r G_m^{\ominus}(298\ K)}{T}$$

$$=\frac{-199.8\ \text{kJ}\cdot\text{mol}^{-1}-(-141.8\ \text{kJ}\cdot\text{mol}^{-1})}{298\ \text{K}}$$

$$=-0.195\ \text{kJ}\cdot\text{mol}^{-1}\cdot\text{K}^{-1}$$

$$\Delta_r G_m^{\ominus}(773\ \text{K})=\Delta_r H_m^{\ominus}(298\ \text{K})-773\text{K}\times\Delta_r S_m^{\ominus}(298\ \text{K})$$

$$=-199.8\ \text{kJ}\cdot\text{mol}^{-1}-773\ \text{K}\times(-0.195\ \text{kJ}\cdot\text{mol}^{-1})$$

$$=-49.1\ \text{kJ}\cdot\text{mol}^{-1}$$

代入得 $\ln K^{\ominus}=-\frac{\Delta_r G_m^{\ominus}}{RT}=-\frac{-49.1\times10^{3}\ \text{J}\cdot\text{mol}^{-1}}{8.314\ \text{J}\cdot\text{mol}^{-1}\cdot\text{K}^{-1}\times773\ \text{K}}=7.6$

故 $K^{\ominus}(773\ \text{K})=2.0\times10^{3}$

4-13 高温条件下,汽车汽缸内的氮气和氧气通过电火花放电发生反应 $N_2(g)+O_2(g)\rightleftharpoons 2NO(g)$,这是汽车尾气中 NO 的主要来源。已知:$\Delta_f H_m^{\ominus}(\text{NO,g},298\ \text{K})=90.25\ \text{kJ}\cdot\text{mol}^{-1}$,298 K 时的 $K^{\ominus}=4.39\times10^{-31}$。汽车内燃机内汽油的燃烧温度可达 1570 K。

(1) 试通过计算说明该温度是否有利于 NO 的生成?

(2) 1570 K 时,在容积为 1.0 L 的密闭容器中通入 2.0 mol N_2 和 2.0 mol O_2,计算达到平衡时 NO 的浓度。(此温度下不考虑 O_2 与 NO 的反应。)

解:(1) 因为

$$\Delta_r H_m^{\ominus}(298\ \text{K})=2\Delta_f H_m^{\ominus}(\text{NO},298\ \text{K})-\Delta_f H_m^{\ominus}(\text{N}_2,298\ \text{K})-\Delta_f H_m^{\ominus}(\text{O}_2,298\ \text{K})$$

$$=2\times90.25\ \text{kJ}\cdot\text{mol}^{-1}-0-0$$

$$=180.5\ \text{kJ}\cdot\text{mol}^{-1}$$

该反应是吸热反应,升高温度,平衡右移,有利于 NO 生成。

(2) 由式 $\Delta_r G_m^{\ominus}=-RT\ln K^{\ominus}$,代入数据得

$$\Delta_r G_m^{\ominus}(298\text{K})=-8.314\ \text{J}\cdot\text{mol}^{-1}\cdot\text{K}^{-1}\times298\ \text{K}\times\ln(4.39\times10^{-31})=173.1\ \text{kJ}\cdot\text{mol}^{-1}$$

$$\Delta_r S_m^{\ominus}(298\ \text{K})=\frac{\Delta_r H_m^{\ominus}(298\ \text{K})-\Delta_r G_m^{\ominus}(298\ \text{K})}{T}$$

$$=\frac{180.5\ \text{kJ}\cdot\text{mol}^{-1}-173.1\ \text{kJ}\cdot\text{mol}^{-1}}{298\ \text{K}}$$

$$=24.8\ \text{J}\cdot\text{mol}^{-1}\cdot\text{K}^{-1}$$

又因为 $\Delta_r G_m^{\ominus}=\Delta_r H_m^{\ominus}(298\ \text{K})-T\cdot\Delta_r S_m^{\ominus}(298\ \text{K})$

所以,$\Delta_r G_m^{\ominus}(1570\ \text{K})=\Delta_r H_m^{\ominus}(298\ \text{K})-1570\ \text{K}\times\Delta_r S_m^{\ominus}(298\ \text{K})$

$$=180.5\ \text{kJ}\cdot\text{mol}^{-1}-1570\ \text{K}\times24.8\times10^{-3}\text{kJ}\cdot\text{mol}^{-1}\cdot\text{K}^{-1}$$

$$=141.6\ \text{kJ}\cdot\text{mol}^{-1}$$

由 $\ln K^{\ominus}(1570\ \text{K})=-\frac{\Delta_r G_m^{\ominus}}{RT}=-\frac{141.6\times10^{3}\ \text{J}\cdot\text{mol}^{-1}}{8.314\ \text{J}\cdot\text{mol}^{-1}\cdot\text{K}^{-1}\times1570\ \text{K}}=-10.8$

解得 $K^{\ominus}(1570\ \text{K})=2.04\times10^{-5}$

初始时:

$$c(\text{N}_2)=c(\text{O}_2)=\frac{2.0\ \text{mol}}{1\ \text{dm}^3}=2.0\ \text{mol}\cdot\text{dm}^{-3}$$

设达到平衡时,N_2 转换了 $x\ \text{mol}\cdot\text{dm}^{-3}$,则

$$\begin{array}{lccc} & N_2(g) \quad + & O_2(g) \rightleftharpoons & 2NO(g) \\ c(\text{平衡})/(\text{mol}\cdot\text{dm}^{-3}) & 2.0-x & 2.0-x & 2x \end{array}$$

反应达平衡时，

$$K^\ominus=\frac{\left[\frac{c(NO)}{c^\ominus}\right]^2}{\left[\frac{c(N_2)}{c^\ominus}\right]\left[\frac{c(O_2)}{c^\ominus}\right]}=\frac{\left(\frac{2x\ \text{mol}\cdot\text{dm}^{-3}}{1\ \text{mol}\cdot\text{dm}^{-3}}\right)^2}{\left[\frac{(2.0-x)\text{mol}\cdot\text{dm}^{-3}}{1\ \text{mol}\cdot\text{dm}^{-3}}\right]\left[\frac{(2.0-x)\text{mol}\cdot\text{dm}^{-3}}{1\ \text{mol}\cdot\text{dm}^{-3}}\right]}$$

$$=2.04\times10^{-5}$$

解得　$x=4.52\times10^{-3}$

$$c(NO)=2\times4.52\times10^{-3}\text{mol}\cdot\text{dm}^{-3}=9.04\times10^{-3}\text{mol}\cdot\text{dm}^{-3}$$

4-14　Ag_2CO_3 遇热易分解：$Ag_2CO_3(s)$══$Ag_2O(s)+CO_2(g)$，已知 $\Delta_rG_m^\ominus(383\ \text{K})=14.8\ \text{kJ}\cdot\text{mol}^{-1}$。在 110 ℃烘干时，空气中掺入一定量的 CO_2 就可避免 Ag_2CO_3 的分解，试计算当空气中 CO_2 含量达到 3.0%时，能否避免 Ag_2CO_3 的分解。

解：由 $\ln K^\ominus=-\frac{\Delta_rG_m^\ominus}{RT}=-\frac{14.8\times10^3\ \text{J}\cdot\text{mol}^{-1}}{8.314\ \text{J}\cdot\text{mol}^{-1}\cdot\text{K}^{-1}\times383\ \text{K}}=-4.6$

得 $K^\ominus=0.01$，即 $K^\ominus=\frac{p(CO_2)}{p^\ominus}=0.01$

当空气中 CO_2 含量达到 3.0%时，

$$Q=\frac{p(CO_2)}{p^\ominus}=\frac{3\%p_{\text{总}}}{p^\ominus}=0.03$$

由于 $Q>K^\ominus$，平衡左移，所以能避免 Ag_2CO_3 的自行分解。

4-15　已知在 298 K 时，反应 $H_2O(g)+CO(g)\rightleftharpoons H_2(g)+CO_2(g)$，$K^\ominus=0.034$。若反应开始时，往 1.00 L 容器中充入 0.0200 mol CO(g)、0.0200 mol $H_2O(g)$、0.0100 mol $H_2(g)$、0.0100 mol $CO_2(g)$。通过计算判断反应方向，并计算达平衡时各物质的分压力。

解：根据已知条件可得各物质的浓度

$$c(CO)=\frac{n(CO)}{V}=\frac{0.0200\ \text{mol}}{1\ \text{dm}^3}=0.0200\ \text{mol}\cdot\text{dm}^{-3}$$

$$c(H_2O)=\frac{n(H_2O)}{V}=\frac{0.0200\ \text{mol}}{1\ \text{dm}^3}=0.0200\ \text{mol}\cdot\text{dm}^{-3}$$

$$c(H_2)=\frac{n(H_2)}{V}=\frac{0.0100\ \text{mol}}{1\ \text{dm}^3}=0.0100\ \text{mol}\cdot\text{dm}^{-3}$$

$$c(CO_2)=\frac{n(CO_2)}{V}=\frac{0.0100\ \text{mol}}{1\ \text{dm}^3}=0.0100\ \text{mol}\cdot\text{dm}^{-3}$$

$$Q=\frac{\left[\frac{c(H_2)}{c^\ominus}\right]\left[\frac{c(CO_2)}{c^\ominus}\right]}{\left[\frac{c(H_2O)}{c^\ominus}\right]\left[\frac{c(CO)}{c^\ominus}\right]}=\frac{\left[\frac{0.0100\ \text{mol}\cdot\text{dm}^{-3}}{1\ \text{mol}\cdot\text{dm}^{-3}}\right]\left[\frac{0.0100\ \text{mol}\cdot\text{dm}^{-3}}{1\ \text{mol}\cdot\text{dm}^{-3}}\right]}{\left[\frac{0.0200\ \text{mol}\cdot\text{dm}^{-3}}{1\ \text{mol}\cdot\text{dm}^{-3}}\right]\left[\frac{0.0200\ \text{mol}\cdot\text{dm}^{-3}}{1\ \text{mol}\cdot\text{dm}^{-3}}\right]}=0.25$$

因为 $Q>K^\ominus$，所以平衡左移。

设达到平衡时，H_2 转换了 $x\ \text{mol}\cdot\text{dm}^{-3}$，则

$$\begin{array}{lcccc} & H_2O(g) & + \ CO(g) & \rightleftharpoons \ H_2(g) & + \ CO_2(g) \\ c(\text{初始})/(mol\cdot dm^{-3}) & 0.0200 & 0.0200 & 0.0100 & 0.0100 \\ c(\text{平衡})/(mol\cdot dm^{-3}) & 0.0200+x & 0.0200+x & 0.0100-x & 0.0100-x \end{array}$$

反应达平衡时

$$K^\ominus = \frac{\left[\frac{c(H_2)}{c^\ominus}\right]\left[\frac{c(CO_2)}{c^\ominus}\right]}{\left[\frac{c(H_2O)}{c^\ominus}\right]\left[\frac{c(CO)}{c^\ominus}\right]} = \frac{\left(\frac{0.0100-x}{1}\right)\left(\frac{0.0100-x}{1}\right)}{\left(\frac{0.0200+x}{1}\right)\left(\frac{0.0200+x}{1}\right)} = 0.034$$

解得 $x=5.34\times10^{-3}$

$$c(H_2O)=c(CO)=0.0200\ mol\cdot dm^{-3}+5.34\times10^{-3}\,mol\cdot dm^{-3}=2.53\times10^{-2}\,mol\cdot dm^{-3}$$

$$c(H_2)=c(CO_2)=0.0100\ mol\cdot dm^{-3}-5.34\times10^{-3}\,mol\cdot dm^{-3}=4.66\times10^{-3}\,mol\cdot dm^{-3}$$

又由 $pV=nRT$ 得 $p=cRT$

$$p(H_2O)=p(CO)=2.53\times10^{-2}\,mol\cdot dm^{-3}\times8.314\ kPa\cdot dm^3\cdot mol^{-1}\cdot K^{-1}\times298\ K =62.7\ kPa$$

$$p(H_2)=p(CO_2)=4.66\times10^{-3}\,mol\cdot dm^{-3}\times8.314\ kPa\cdot dm^3\cdot mol^{-1}\cdot K^{-1}\times298\ K =11.5\ kPa$$

4-16 高温条件下,甲烷与水蒸气将发生如下反应:

$$CH_4(g)+H_2O(g) \rightleftharpoons CO(g)+3H_2(g)$$

已知该反应的 $\Delta_r H_m^\ominus>0$,根据勒夏特列(Le Châtelier)原理,试判断当反应达到平衡时,改变以下反应条件,将对相应的物质的量有何影响?

(1) 恒温恒容条件下,充入一定量 N_2,$n(CH_4)$如何变化?

(2) 恒温恒压条件下,充入一定量 N_2,$n(CO)$如何变化?

(3) 恒温恒容条件下,充入一定量 CH_4,$n(CH_4)$和 $n(H_2O)$如何变化?

(4) 恒温条件下,压缩体积至原来的$\frac{1}{2}$,$n(CO)$如何变化?

(5) 恒容条件下,升高温度,$n(H_2)$如何变化?

(6) 恒温恒容条件下,加入催化剂,$n(CH_4)$如何变化?

答:各种外界条件影响化学平衡的一般规律是,如果对平衡体系施加外部影响,平衡将向着减小该影响的方向移动。这就是勒夏特列原理。

(1) 不变

原因:恒温恒容条件下,充入一定量 N_2,各物质浓度均无变化,化学平衡不移动,$n(CH_4)$不变。

(2) 增加

原因:恒温恒压条件下,充入一定量 N_2,相当于增大体积,各物质浓度减小,平衡向增大浓度的方向移动,即向右移动,所以 $n(CO)$增加。

(3) 增加,减少

原因:恒温恒容条件下,充入一定量 CH_4,平衡向减少 CH_4 的方向移动,即向右移动,加入的 CH_4 的量比因平衡移动反应的 CH_4 的量多,所以 $n(CH_4)$增加,$n(H_2O)$减少。

(4) 减少

原因:恒温条件下,压缩体积至原来的$\frac{1}{2}$,体积缩小,相当于增大浓度,平衡向减小浓度的方向移动,即向左移动,所以 $n(CO)$减小。

(5) 增加

原因:恒容条件下,升高温度,因为 $\Delta_r H_m^\ominus > 0$,反应吸热,平衡向右移动,所以 $n(H_2)$增加。

(6) 不变

原因:恒温恒容条件下,加入催化剂,催化剂不改变化学平衡,所以 $n(CH_4)$不变。

4-17 已知在 373 K 时,反应 $2H_2O_2(g) \rightleftharpoons O_2(g) + 2H_2O(g)$的 $\Delta_r H_m^\ominus$ 为$-210.9\ kJ \cdot mol^{-1}$,$\Delta_r S_m^\ominus$ 为 $131.8\ J \cdot mol^{-1} \cdot K^{-1}$,试计算当温度为多少时该反应的平衡常数是 373 K 时的 10 倍。(设 $\Delta_r H_m^\ominus$ 和 $\Delta_r S_m^\ominus$ 与温度无关。)

解:由 $\ln K^\ominus = -\frac{\Delta_r H_m^\ominus}{RT} + \frac{\Delta_r S_m^\ominus}{R}$得

$$\ln K^\ominus = -\frac{-210.9 \times 10^3\ J \cdot mol^{-1}}{8.314\ J \cdot mol^{-1} \cdot K^{-1} \times 373\ K} + \frac{131.8\ J \cdot mol^{-1} \cdot K^{-1}}{8.314\ J \cdot mol^{-1} \cdot K^{-1}} = 83.86$$

解得 $K^\ominus = 2.6 \times 10^{36}$

由 $\ln(2.6 \times 10^{36} \times 10) = -\frac{-210.9 \times 10^3\ J \cdot mol^{-1} \cdot K^{-1}}{8.314\ J \cdot mol^{-1} \cdot K^{-1} \times T} + \frac{131.8\ J \cdot mol^{-1} \cdot K^{-1}}{8.314\ J \cdot mol^{-1} \cdot K^{-1}}$

解得 $T = 361\ K$

4-18 HgO 的分解反应为 $2HgO(s) \rightleftharpoons O_2(g) + 2Hg(g)$,已知该反应是吸热反应,$\Delta_r H_m^\ominus$ 为 $154\ kJ \cdot mol^{-1}$。若把一定量固体 HgO 放在一真空密闭容器中,在 693 K 达到平衡时总压为 5.16×10^4 Pa,试计算在 723 K 时该反应达平衡时 O_2 的平衡分压。

解:当 $T_1 = 693$ K 时

$$p(Hg) = \frac{2}{3} \times 5.16 \times 10^4\ Pa = 3.44 \times 10^4\ Pa$$

$$p(O_2) = \frac{1}{3} \times 5.16 \times 10^4\ Pa = 1.72 \times 10^4\ Pa$$

$$K_1^\ominus = \left[\frac{p(Hg)}{p^\ominus}\right]^2 \left[\frac{p(O_2)}{p^\ominus}\right] = \left(\frac{3.44 \times 10^4\ Pa}{10^5\ Pa}\right)^2 \left(\frac{1.72 \times 10^4\ Pa}{10^5\ Pa}\right) = 0.02$$

由 $\ln \frac{K_2^\ominus}{K_1^\ominus} = \frac{\Delta_f H_m^\ominus}{R}\left(\frac{1}{T_1} - \frac{1}{T_2}\right)$得

$$\ln \frac{K_2^\ominus}{0.02} = \frac{154 \times 10^3\ J \cdot mol^{-1}}{8.314\ J \cdot mol^{-1} \cdot K^{-1}} \times \left(\frac{1}{693\ K} - \frac{1}{723\ K}\right)$$

解得 $K_2^\ominus = 0.06$

$$K_2^\ominus = \left[\frac{p'(Hg)}{p^\ominus}\right]^2 \left[\frac{p'(O_2)}{p^\ominus}\right] = \left(2 \times \frac{p'(O_2)}{p^\ominus}\right)^2 \left(\frac{p'(O_2)}{p^\ominus}\right) = 0.06$$

解得　　$p'(O_2)=2.47\times10^4$ Pa

4-19　已知下列反应在两个不同温度下的标准平衡常数：

① $Fe(s)+CO_2(g)\rightleftharpoons FeO(s)+CO(g)$　$K_1^\ominus(1173\ K)=2.15, K_1^\ominus(1273\ K)=2.48$

② $Fe(s)+H_2O(g)\rightleftharpoons FeO(s)+H_2(g)$　$K_2^\ominus(1173\ K)=1.67, K_2^\ominus(1273\ K)=1.49$

(1) 计算反应③ $CO_2(g)+H_2(g)\rightleftharpoons CO(g)+H_2O(g)$的 $K_3^\ominus(1173\ K)$和 $K_3^\ominus(1273\ K)$。

(2) 判断反应③是吸热反应还是放热反应？

(3) 计算反应③的反应热 $\Delta_r H_m^\ominus$。

解：(1) 因为③=①－②，所以 $K_3^\ominus=\dfrac{K_1^\ominus}{K_2^\ominus}$

$$K_3^\ominus(1173\ K)=\frac{2.15}{1.67}=1.29$$

$$K_3^\ominus(1273\ K)=\frac{2.48}{1.49}=1.66$$

(2) 因为 $K_3^\ominus(1273\ K)>K_3^\ominus(1173\ K)$，即升高温度，平衡右移，所以是吸热反应。

(3) 由 $\ln\dfrac{K_3^\ominus(1273\ K)}{K_3^\ominus(1173\ K)}=\dfrac{\Delta_r H_m^\ominus}{R}\left(\dfrac{1}{T(1173\ K)}-\dfrac{1}{T(1273\ K)}\right)$，代入数据得

$$\ln\frac{1.66}{1.29}=\frac{\Delta_r H_m^\ominus}{8.314\ J\cdot mol^{-1}\cdot K^{-1}}\left(\frac{1}{1173\ K}-\frac{1}{1273\ K}\right)$$

所以 $\Delta_r H_m^\ominus=31.3\ kJ\cdot mol^{-1}$

4-20　已知某温度时反应：$2Cl_2(g)+2H_2O(g)\rightleftharpoons O_2(g)+4HCl(g)$，$\Delta_r H_m^\ominus<0$。改变以下反应条件，相应的物理量将如何变化？

答：

条件改变	反应速率 v	速率常数 k	活化能 E_a	平衡常数 $K^\ominus$	平衡移动方向
恒温恒容下增加 $Cl_2(g)$	增大	不变	不变	不变	向右
恒温下压缩体积	增大	不变	不变	不变	向左
恒容下升高温度	增大	增大	基本不变	降低	向左
恒温恒压下加催化剂	增大	增大	降低	不变	不移动

4-21　下列说法是否正确，并简述理由。

(1) 若在恒温条件下增加某一反应物浓度，该反应物的转化率随之增大。

(2) 催化剂使正、逆反应速率系数增大相同的倍数，而不改变平衡常数。

(3) 在一定条件下，某气相反应达到了平衡，若保持温度不变，压缩反应系统的体积，系统的总压增大，各物种的分压也增大相同倍数，平衡必定移动。

(4) 在平衡移动过程中，平衡常数 $K^\ominus$ 总是保持不变。

(5) 对放热反应，温度升高，标准平衡常数 $K^\ominus$ 变小，正反应速率系数变小，逆反应速率系数变大。

答:(1) ×

原因:增加某一反应物的浓度,平衡向右移动,更多的反应物转化为产物,其他反应物因总量不变,故转化率升高。然而对于增加的这一种物质,虽然向右反应了一部分,但总量却增大的多,转化率反而变小了。

(2) √

原因:催化剂既会加快正反应速率,也将以同样的倍数加快逆反应的速率,因而不改变化学平衡。

(3) ×

原因:若 $\sum_{B}\nu_{B}=0$,则平衡不移动。

(4) √

原因:平衡常数是温度的函数,平衡移动过程中,保持不变。

(5) ×

原因:根据阿伦尼乌斯方程式 $k=A\mathrm{e}^{-\frac{E_a}{RT}}$知,反应速率常数是温度的函数,反应活化能为正,温度升高时正逆反应速率常数均变大。

第 5 章　酸碱电离平衡

5-1　根据酸碱质子理论，下列物质哪些是酸？哪些是碱？

$[Fe(H_2O)_6]^{3+}$，NO_2^-，$[Cr(H_2O)_5(OH)]^{2+}$，CO_3^{2-}，HSO_4^-，$H_2PO_4^-$，HPO_4^{2-}，NH_4^+，NH_3，Ac^-，OH^-，H_2O，S^{2-}，H_2S，HS^-

答：酸碱质子理论将能给出质子(H^+)的分子或离子定义为酸；能接受质子的分子或离子定义为碱。

酸：$[Fe(H_2O)_6]^{3+}$，$[Cr(H_2O)_5(OH)]^{2+}$，HSO_4^-，$H_2PO_4^-$，HPO_4^{2-}，NH_4^+，H_2O，H_2S，HS^-

$$[Fe(H_2O)_6]^{3+} \rightleftharpoons [Fe(H_2O)_5(OH)]^{2+} + H^+$$

$$[Cr(H_2O)_5(OH)]^{2+} \rightleftharpoons [Cr(H_2O)_4(OH)_2]^+ + H^+$$

$$HSO_4^- \rightleftharpoons SO_4^{2-} + H^+$$

$$H_2PO_4^- \rightleftharpoons HPO_4^{2-} + H^+$$

$$HPO_4^{2-} \rightleftharpoons PO_4^{3-} + H^+$$

$$NH_4^+ \rightleftharpoons NH_3 + H^+$$

$$H_2O \rightleftharpoons H^+ + OH^-$$

$$H_2S \rightleftharpoons H^+ + HS^-$$

$$HS^- \rightleftharpoons S^{2-} + H^+$$

碱：NO_2^-，$[Cr(H_2O)_5(OH)]^{2+}$，CO_3^{2-}，HPO_4^{2-}，NH_3，Ac^-，OH^-，H_2O，S^{2-}，HS^-

$$NO_2^- + H^+ \rightleftharpoons HNO_2$$

$$[Cr(H_2O)_5(OH)]^{2+} + H^+ \rightleftharpoons [Cr(H_2O)_6]^{3+}$$

$$CO_3^{2-} + H^+ \rightleftharpoons HCO_3^-$$

$$HPO_4^{2-} + H^+ \rightleftharpoons H_2PO_4^-$$

$$NH_3 + H^+ \rightleftharpoons NH_4^+$$

$$Ac^- + H^+ \rightleftharpoons HAc$$

$$OH^- + H^+ \rightleftharpoons H_2O$$

$$H_2O + H^+ \rightleftharpoons H_3O^+$$

$$S^{2-} + H^+ \rightleftharpoons HS^-$$

$$HS^- + H^+ \rightleftharpoons H_2S$$

5-2　将 300 mL 0.20 $mol \cdot L^{-1}$ HAc 溶液稀释到什么体积才能使解离度增加一倍？已知 $K_a^\ominus(HAc) = 1.75 \times 10^{-5}$。

解：根据已知条件可知，$c_0 = 0.20\ mol \cdot L^{-1}$

设稀释到体积为 V，稀释后 $c = \dfrac{0.20\ mol \cdot L^{-1} \times 300\ mL}{V}$，稀释前解离度为 α，则稀释后的解离度为 2α。

稀释前		HAc	$\rightleftharpoons$	H^+ +	Ac^-
	$t=0$	c_0		0	0
	$t=t$	$c_0(1-\alpha)$		$c_0\alpha$	$c_0\alpha$
稀释后		HAc	$\rightleftharpoons$	H^+ +	Ac^-
	$t=0$	c		0	0
	$t=t$	$(1-2\alpha)c$		$2\alpha c$	$2\alpha c$

因为 $K_a^\ominus$ 只与温度有关，稀释前后不变，所以

$$K_a^\ominus=\frac{(c_0\alpha)^2}{c_0(1-\alpha)}=\frac{(2\alpha c)^2}{c(1-2\alpha)}$$

$$K_a^\ominus=\frac{0.20\alpha^2}{1-\alpha}=\frac{0.20\times300\times(2\alpha)^2}{V(1-2\alpha)}$$

因为 $K_a^\ominus=1.74\times10^{-5}$，$c_0=0.20\ mol\cdot L^{-1}$，显然 $c_0>400K_a^\ominus$

所以 $\alpha=\sqrt{\frac{K_a^\ominus}{c_0}}=\sqrt{\frac{1.74\times10^{-5}mol\cdot L^{-1}}{0.20\ mol\cdot L^{-1}}}=0.93\%$

将 $\alpha=0.93\%$代入$\frac{0.20\alpha^2}{1-\alpha}=\frac{0.20\times300\times(2\alpha)^2}{V(1-2\alpha)}$

得 $V=1.2\ L$

5-3　缓冲溶液中有 1.00 $mol\cdot L^{-1}$的 HCN 和 1.00 $mol\cdot L^{-1}$的 NaCN，计算将 10.0 mL 1.00 $mol\cdot L^{-1}$ NaOH 溶液加入到 1.0 L 该缓冲溶液中引起的 pH 变化。已知 $K_a^\ominus(HCN)=6.2\times10^{-10}$。

解：对于原缓冲溶液，根据 $pH=pK_a^\ominus-\lg\frac{c_酸}{c_盐}$

$$pH=-\lg(6.2\times10^{-10})-\lg\frac{1.00\ mol\cdot L^{-1}}{1.00\ mol\cdot L^{-1}}=9.21$$

在 1.0 L 缓冲溶液中，含 HCN 和 NaCN 各 1.00 mol，加入的 NaOH 溶液相当于 0.01 mol OH^-，它将消耗 0.01 mol 的 HCN 并生成 0.01 mol CN^-，而溶液体积变为 1.01 L。故有

	HCN	$\rightleftharpoons$	CN^-	+ H^+
平衡相对浓度/($mol\cdot L^{-1}$)	$\frac{1.00-0.01}{1.01}$		$\frac{1.00+0.01}{1.01}$	

根据
$$pH=pK_a^\ominus-\lg\frac{c_酸}{c_盐}$$

$$pH=-\lg(6.2\times10^{-10})-\lg\frac{\frac{(1.00-0.01)}{1.01}}{\frac{(1.00+0.01)}{1.01}}$$

$$=-\lg(6.2\times10^{-10})-\lg\frac{0.98}{1.01}=9.22$$

所以，加入 10.0 mL 1.00 $mol\cdot L^{-1}$NaOH 溶液后，缓冲溶液的 pH 几乎没有变化。

5-4　在 25 ℃标准压力下的二氧化碳气体在水中的溶解度为 0.034 $mol\cdot L^{-1}$，求该溶液的

碳酸根浓度和 pH。已知 $K_{a1}^{\ominus}(H_2CO_3)=4.5\times10^{-7}$，$K_{a2}^{\ominus}(H_2CO_3)=4.7\times10^{-11}$。

解：设碳酸平衡时溶液中的氢离子浓度为 x，则有

$$H_2CO_3 \rightleftharpoons H^+ + HCO_3^-$$

平衡浓度　$0.034\ mol\cdot L^{-1}$　　x　　x

所以　$K_{a1}^{\ominus}=\dfrac{c(H^+)c(HCO_3^-)}{c(H_2CO_3)}=\dfrac{x^2}{0.034}=4.5\times10^{-7}$

得　$x=1.24\times10^{-4}\ mol\cdot L^{-1}$

即　$c(H^+)=c(HCO_3^-)=1.24\times10^{-4}\ mol\cdot L^{-1}$

第二步电离平衡　$HCO_3^- \rightleftharpoons H^+ + CO_3^{2-}$

得　$K_{a2}^{\ominus}=\dfrac{c(H^+)c(CO_3^{2-})}{c(HCO_3^-)}$

又　$c(H^+)\approx c(HCO_3^-)$

所以　$c(CO_3^{2-})=K_{a2}^{\ominus}=4.7\times10^{-11}\ mol\cdot L^{-1}$

$$pH=-\lg c(H^+)=-\lg(1.24\times10^{-4})=3.91$$

5-5　某一元弱酸在 $0.015\ mol\cdot L^{-1}$ 时电离度为 0.80%，则当浓度为 $0.10\ mol\cdot L^{-1}$ 时电离度变成多少？

解：

	HA	$\rightleftharpoons$	H^+	+	A^-
初始浓度/($mol\cdot L^{-1}$)	0.015		0		0
平衡浓度/($mol\cdot L^{-1}$)	$0.015\times(1-0.008)$		0.015×0.008		0.015×0.008

电离达平衡时 $K_a^{\ominus}=\dfrac{c(H^+)c(A^-)}{c(HA)}=\dfrac{(0.015\ mol\cdot L^{-1}\times0.008)^2}{0.015\ mol\cdot L^{-1}\times(1-0.008)}=9.68\times10^{-7}$

浓度为 $0.10\ mol\cdot L^{-1}$ 时，设平衡时电离度为 α

	HA	$\rightleftharpoons$	H^+	+	A^-
初始浓度/($mol\cdot L^{-1}$)	0.10		0		0
平衡浓度/($mol\cdot L^{-1}$)	$0.10\times(1-\alpha)$		0.10α		0.10α

当浓度为 $0.10\ mol\cdot L^{-1}$ 时，$K_a^{\ominus}=\dfrac{c'(H^+)c'(A^-)}{c'(HA)}=\dfrac{(0.10\alpha)^2}{0.10\times(1-\alpha)}=9.68\times10^{-7}$

因为 $\dfrac{c_0}{K_a^{\ominus}}>400$

所以　$\alpha=\dfrac{c'(H^+)}{c_0}=\sqrt{\dfrac{K_a^{\ominus}}{c_0}}=\sqrt{\dfrac{9.68\times10^{-7}}{0.10}}=0.31\%$

5-6　H_3PO_4 的 $K_{a1}^{\ominus}(H_3PO_4)=7.1\times10^{-3}$，$K_{a2}^{\ominus}(H_3PO_4)=6.3\times10^{-8}$，$K_{a3}^{\ominus}(H_3PO_4)=4.8\times10^{-13}$。$H_3PO_4$ 的共轭碱 $H_2PO_4^-$ 的 $K_b^{\ominus}$ 为多少？

解：H_3PO_4 的电离过程如下：

$$H_3PO_4 \rightleftharpoons H^+ + H_2PO_4^- \quad K_{a1}^\ominus=\frac{c(H^+)c(H_2PO_4^-)}{c(H_3PO_4)}$$

$$H_2PO_4^- \rightleftharpoons H^+ + HPO_4^{2-} \quad K_{a2}^\ominus=\frac{c(H^+)c(HPO_4^{2-})}{c(H_2PO_4^-)}$$

$$HPO_4^{2-} \rightleftharpoons H^+ + PO_4^{3-} \quad K_{a3}^\ominus=\frac{c(H^+)c(PO_4^{3-})}{c(HPO_4^{2-})}$$

H_3PO_4 的共轭碱 $H_2PO_4^-$ 水解平衡过程如下：

$$H_2PO_4^- + H_2O \rightleftharpoons H_3PO_4 + OH^- \quad K_b^\ominus=\frac{c(H_3PO_4)c(OH^-)}{c(H_2PO_4^-)}$$

所以 $K_{a1}^\ominus \cdot K_b^\ominus=\frac{c(H^+)c(H_2PO_4^-)}{c(H_3PO_4)}\cdot\frac{c(H_3PO_4)c(OH^-)}{c(H_2PO_4^-)}=c(H^+)c(OH^-)=K_w^\ominus$

$$K_b^\ominus=\frac{K_w^\ominus}{K_{a1}^\ominus}=\frac{10^{-14}}{7.1\times10^{-3}}=1.4\times10^{-12}$$

5-7　计算含 0.10 $mol\cdot L^{-1}$ HCl 和 0.10 $mol\cdot L^{-1}$ H_2S 的混合溶液中的 $c(S^{2-})$。已知 $K_{a1}^\ominus(H_2S)=1.07\times10^{-7}$，$K_{a2}^\ominus(H_2S)=1.26\times10^{-13}$。

解：H_2S 的电离过程如下：

$$H_2S \rightleftharpoons H^+ + HS^- \quad K_{a1}^\ominus=\frac{c(H^+)c(HS^-)}{c(H_2S)}$$

$$HS^- \rightleftharpoons H^+ + S^{2-} \quad K_{a2}^\ominus=\frac{c(H^+)c(S^{2-})}{c(HS^-)}$$

所以 $H_2S \rightleftharpoons 2H^+ + S^{2-} \quad K_{a1}^\ominus K_{a2}^\ominus=\frac{c(H^+)c(H^+)c(HS^-)c(S^{2-})}{c(HS^-)c(H_2S)}=\frac{[c(H^+)]^2c(S^{2-})}{c(H_2S)}$

将 $c(H^+)=0.10\ mol\cdot L^{-1}$ 和 $c(H_2S)=0.10\ mol\cdot L^{-1}$ 代入，得：

$$c(S^{2-})=\frac{K_{a1}^\ominus K_{a2}^\ominus c(H_2S)}{[c(H^+)]^2}=\frac{1.07\times10^{-7}\times1.26\times10^{-13}\times0.10}{(0.10)^2}\ mol\cdot L^{-1}$$

$$=1.35\times10^{-19}\ mol\cdot L^{-1}$$

5-8　计算 0.01 $mol\cdot L^{-1}$ 的硫酸溶液中各离子的浓度。已知 $K_{a2}^\ominus(H_2SO_4)=1.2\times10^{-2}$。

解：设 HSO_4^- 电离出 SO_4^{2-} 的浓度为 $x\ mol\cdot L^{-1}$。

H_2SO_4 的电离过程如下：

	H_2SO_4	$=\!=$	H^+	+	HSO_4^-
	0.01		0.01		0.01
	HSO_4^-	$\rightleftharpoons$	H^+	+	SO_4^{2-}
$t=0$	0.01		0.01		0
$t=t$	$0.01-x$		$0.01+x$		x

当电离平衡时

$$K_{a2}^\ominus=\frac{c(H^+)c(SO_4^{2-})}{c(HSO_4^-)}=\frac{(0.01+x)x}{0.01-x}=1.2\times10^{-2}$$

$c(SO_4^{2-})=4.52\times10^{-3}\ mol\cdot L^{-1}$

$c(H^+)=1.45\times10^{-2}\ mol\cdot L^{-1}$

$$c(HSO_4^-)=5.48\times10^{-3}\ mol\cdot L^{-1}$$

5-9　有一混酸溶液，其中 HF 的浓度为 1.0 mol·L^{-1}，HAc 的浓度为 0.10 mol·L^{-1}，求溶液中 H^+，F^-，Ac^-，HF，HAc 的浓度。已知 $K_a^\ominus(HF)=6.6\times10^{-4}$，$K_a^\ominus(HAc)=1.8\times10^{-5}$。

解：设电离平衡时，$c(H^+)$为 x mol·L^{-1}，$c(F^-)$为 y mol·L^{-1}，$c(AC^-)$为 z mol·L^{-1}。

根据题意，HF 和 HAc 的电离过程如下：

$$\begin{array}{cccc} HF & \rightleftharpoons & H^+ & + & F^- \\ 1.0 & & x & & y \\ HAc & \rightleftharpoons & H^+ & + & Ac^- \\ 0.10 & & x & & z \end{array}$$

电离平衡时，$K_a^\ominus(HF)=\dfrac{c(H^+)c(F^-)}{c(HF)}=\dfrac{xy}{1.0\ mol\cdot L^{-1}}=6.6\times10^{-4}$

$$K_a^\ominus(HAc)=\frac{c(H^+)c(Ac^-)}{c(HAc)}=\frac{xz}{0.10\ mol\cdot L^{-1}}=1.8\times10^{-5}$$

由此得$\dfrac{y}{z}=\dfrac{66}{1.8}$

又 $x=y+z$（电荷守恒）

解得 $x=0.026$，$y=0.0253$，$z=0.69\times10^{-3}$

所以 $c(H^+)=0.026\ mol\cdot L^{-1}$

$c(F^-)=0.0253\ mol\cdot L^{-1}$

$c(AC^-)=0.69\times10^{-3}\ mol\cdot L^{-1}$

$c(HAc)\approx0.10\ mol\cdot L^{-1}$

$c(HF)=1.0-0.0253=0.9747\ mol\cdot L^{-1}$

5-10　欲配置 pH=5.0 的缓冲溶液，需称取多少克 $NaAc\cdot3H_2O$ 固体溶于 300 mL 0.5 mol·L^{-1}的 HAc 溶液中？已知 $K_a^\ominus(HAc)=1.76\times10^{-5}$。

解：根据题意可知

$$HAc \rightleftharpoons H^+ + Ac^-$$

由 pH=5.0 可知，$c(H^+)=10^{-5}\ mol\cdot L^{-1}$

又　$K_a^\ominus=\dfrac{c(H^+)c(Ac^-)}{c(HAc)}$

所以 $c(H^+)=\dfrac{K_a^\ominus c(HAc)}{c(Ac^-)}=\dfrac{1.76\times10^{-5}\times0.5}{c(Ac^-)}mol\cdot L^{-1}=10^{-5}mol\cdot L^{-1}$

解得 $c(Ac^-)=0.88\ mol\cdot L^{-1}$

已知 $M(NaAc\cdot3H_2O)=136\ g\cdot mol^{-1}$，称取固体 $NaAc\cdot3H_2O$ 的质量为

$m=0.88\ mol\cdot L^{-1}\times136\ g\cdot mol^{-1}\times0.30\ L=36\ g$

5-11　将 0.10 L 0.20 mol·L^{-1} HAc 和 0.050 L 0.20 mol·L^{-1} NaOH 溶液混合，求混合溶液的 pH。$K_a^\ominus(HAc)=1.8\times10^{-5}$。

解：根据题意，$n(HAc)=0.20\ mol\cdot L^{-1}\times0.10\ L=0.02\ mol$

$$n(NaOH)=0.20\ mol\cdot L^{-1}\times0.050\ L=0.01\ mol$$

	HAc	+	OH^-	$=\!=\!=$	Ac^-	+	H_2O
$t=0$	0.02		0.01		0		0
$t=t$	0.01		0		0.01		0.01

反应后，形成 HAc 和 Ac^- 的缓冲溶液，并且 $c(HAc)=c(Ac^-)$

所以溶液的 pH 为　　$pH=pK_a-\lg\frac{c_{酸}}{c_{盐}}=-\lg(1.8\times10^{-5})=4.74$

5-12　欲配 0.50 L，pH 为 9，其中 $c(NH_4^+)=1.0\ mol\cdot L^{-1}$ 的缓冲溶液，需要密度为 0.904 $g\cdot cm^{-3}$、含氨质量分数为 26.0% 的浓氨水的体积为多少？固体氯化铵多少克？已知 $K_b^\ominus(NH_3\cdot H_2O)=1.76\times10^{-5}$。

解：由题意可知，溶液为 NH_4^+ 和 $NH_3\cdot H_2O$ 的缓冲溶液。设 $c(NH_3\cdot H_2O)$ 为 $x\ mol\cdot L^{-1}$。

由公式 $pOH=pK_b-\lg\frac{c_{碱}}{c_{盐}}$，得 $14-9=-\lg(1.76\times10^{-5})-\lg\frac{x}{1}$

解得 $x=0.56$

又 $0.56\ mol\cdot L^{-1}\times0.5\ L\times17\ g\cdot mol^{-1}=0.904\ g\cdot cm^{-3}\times10^3\times V\times26.0\%$

解得 $V=0.02$ L，即需浓氨水的体积为 0.20 L。

$m(NH_4Cl)=1.0\ mol\cdot L^{-1}\times0.5\ L\times53.5\ g\cdot mol^{-1}=26.75\ g$

5-13　将 $1.0\ mol\cdot L^{-1}\ Na_3PO_4$ 和 $2.0\ mol\cdot L^{-1}$ HCl 等体积混合，求溶液的 pH。已知 $K_{a1}^\ominus(H_3PO_4)=7.6\times10^{-3}$，$K_{a2}^\ominus(H_3PO_4)=6.3\times10^{-8}$，$K_{a3}^\ominus(H_3PO_4)=4.8\times10^{-13}$。

解：根据已知条件可知

	PO_4^{3-}	+	$2H^+$	$=\!=\!=$	$H_2PO_4^-$
$t=0$	0.05		0.1		0
$t=t$	0		0		0.05

$$H_2PO_4^- \rightleftharpoons HPO_4^{2-} + H^+$$

因 $K_{a2}^\ominus c_0\gg K_w$

所以用最简式 $c(H^+)=\sqrt{K_1^\ominus K_2^\ominus}=\sqrt{7.6\times10^{-3}\times6.3\times10^{-8}}\ mol\cdot L^{-1}=2.19\times10^{-5}\ mol\cdot L^{-1}$

所以 pH=4.66。

第 6 章　沉淀溶解平衡

6-1　(1) 已知 25 ℃ 时 PbI_2 在纯水中溶解度为 $1.29\times10^{-3}\ mol\cdot L^{-1}$，求 PbI_2 的溶度积。

(2) 已知 25 ℃ 时 $BaCrO_4$ 在纯水中溶解度为 $2.91\times10^{-3}\ g\cdot L^{-1}$，求 $BaCrO_4$ 的溶度积。

解：(1) 根据已知条件，PbI_2 的溶解度为 $1.29\times10^{-3}mol\cdot L^{-1}$，则：

$$c(Pb^{2+})=1.29\times10^{-3}mol\cdot L^{-1},c(I^-)=2.58\times10^{-3}mol\cdot L^{-1}$$

$$PbI_2 \rightleftharpoons Pb^{2+} + 2I^-$$

平衡相对浓度/(mol · L^{-1})　　　1.29×10^{-3}　　　2.58×10^{-3}

$$K^{\ominus}_{sp}=c(Pb^{2+})[c(I^-)]^2=1.29\times10^{-3}\times(2.58\times10^{-3})^2=8.59\times10^{-9}$$

(2) 根据已知条件，$BaCrO_4$ 的溶解度为 $2.91\times10^{-3}\ g\cdot L^{-1}$，

$$M\ (BaCrO_4)=253.32\ g\cdot mol^{-1}$$

则
$$c(Ba^{2+})=c(CrO_4^{2-})=\frac{2.91\times10^{-3}\ g\cdot L^{-1}}{253\ g\cdot mol^{-1}}=1.15\times10^{-5}mol\cdot L^{-1}$$

$$BaCrO_4 \rightleftharpoons Ba^{2+} + CrO_4^{2-}$$

平衡相对浓度/(mol · L^{-1})　　　1.15×10^{-5}　　　1.15×10^{-5}

$$K^{\ominus}_{sp}=c(Ba^{2+})c(CrO_4^{2-})=1.15\times10^{-5}\times1.15\times10^{-5}=1.32\times10^{-10}$$

6-2　将 $0.01\ mol\cdot L^{-1}CaCl_2$ 和 $0.1\ mol\cdot L^{-1}(NH_4)_2SO_4$ 等体积混合，问是否有沉淀析出。已知 $K^{\ominus}_{sp}(CaSO_4)=6.1\times10^{-5}$。

解：根据已知条件，当两溶液等体积混合后 $c(Ca^{2+})$ 和 $c(SO_4^{2-})$ 都为原来的一半，

即
$$c\,(Ca^{2+})=\frac{1}{2}\times0.01\ mol\cdot L^{-1}=0.005\ mol\cdot L^{-1}$$

$$c\,(SO_4^{2-})=\frac{1}{2}\times0.1\ mol\cdot L^{-1}=0.05\ mol\cdot L^{-1}$$

所以　$Q=c(Ca^{2+})c(SO_4^{2-})=2.5\times10^{-4}>K^{\ominus}_{sp}$

$Q>K^{\ominus}_{sp}$，有沉淀析出。

6-3　$AgIO_3$ 和 Ag_2CrO_4 的溶度积分别为 9.2×10^{-9} 和 1.12×10^{-12}，通过计算说明：

(1) 哪种物质在水中的溶解度大?

(2) 哪种物质在 $0.01\ mol\cdot L^{-1}$ 的 $AgNO_3$ 溶液中溶解度大?

解：(1) 设 $AgIO_3$ 在水中的溶解度为 s_1，$AgCrO_4$ 在水中的溶解度为 s_2。

对于 $AgIO_3$

$$AgIO_3 \rightleftharpoons Ag^+ + IO_3^-$$

$$s_1 \qquad s_1$$

$$K^{\ominus}_{sp}(AgIO_3)=c(Ag^+)c(IO_3^-)=(s_1)^2=9.2\times10^{-9}$$

所以　$s_1=9.59\times10^{-5}\ mol\cdot L^{-1}$

对于 Ag_2CrO_4

$$Ag_2CrO_4 \rightleftharpoons 2Ag^+ + CrO_4^{2-}$$
$$\quad\quad\quad 2s_2 \quad\quad s_2$$

$$K_{sp}^{\ominus}(Ag_2CrO_4)=[c(Ag^+)]^2c(CrO_4^{2-})=(2s_2)^2\times s_2=1.12\times10^{-12}$$

所以 $s_2=6.54\times10^{-5}\ mol\cdot L^{-1}$

即 $AgIO_3$ 的溶解度大。

(2) 在 0.01 $mol\cdot L^{-1}$的 $AgNO_3$ 溶液中,$c(Ag^+)=0.01\ mol\cdot L^{-1}$

$$c(IO_3^-)=\frac{K_{sp}^{\ominus}(AgIO_3)}{c(Ag^+)}=\frac{9.2\times10^{-9}}{0.01}mol\cdot L^{-1}=9.2\times10^{-7}mol\cdot L^{-1}$$

$$c(CrO_4^{2-})=\frac{K_{sp}^{\ominus}(Ag_2CrO_4)}{[c(Ag^+)]^2}=\frac{1.12\times10^{-12}}{0.01^2}\ mol\cdot L^{-1}=1.12\times10^{-8}mol\cdot L^{-1}$$

即在 0.01 $mol\cdot L^{-1}$的 $AgNO_3$ 溶液中,$AgIO_3$ 的溶解度大。

6-4 室温下测得 AgCl 饱和溶液中 $c(Ag^+)$和 $c(Cl^-)$的浓度均约为 $1.3\times10^{-5}mol\cdot L^{-1}$。求反应 $AgCl(s) \rightleftharpoons Ag^+(aq)+Cl^-(aq)$ 的 $\Delta_rG_m^{\ominus}$。

解:根据题意知

$$AgCl(s) \rightleftharpoons Ag^+(aq) + Cl^-(aq)$$
$$c/(mol\cdot L^{-1}) \quad\quad 1.3\times10^{-5} \quad\quad 1.3\times10^{-5}$$

$$K_{sp}^{\ominus}=c(Ag^+)c(Cl^-)=1.3\times10^{-5}\times1.3\times10^{-5}=1.69\times10^{-10}$$

$$\Delta_rG_m^{\ominus}=-RT\ln K_{sp}^{\ominus}=-8.314\ J\cdot mol^{-1}\cdot K^{-1}\times298\ K\times\ln(1.69\times10^{-10})=55.7\ kJ\cdot mol^{-1}$$

6-5 在 0.10 $mol\cdot L^{-1}$ HAc 和 0.10 $mol\cdot L^{-1}$ $CuSO_4$ 溶液中通入 H_2S 达到饱和(0.10 $mol\cdot L^{-1}$),是否有 CuS 沉淀生成? 已知 $K_a^{\ominus}(HAc)=1.76\times10^{-5}$,$K_{a1}^{\ominus}(H_2S)=9.5\times10^{-8}$,$K_{a2}^{\ominus}(H_2S)=1.3\times10^{-14}$,$K_{sp}^{\ominus}(CuS)=6.3\times10^{-36}$。

解:由题可知,$c(Cu^{2+})=0.10\ mol\cdot L^{-1}$

$$c(H^+)=\sqrt{K_a^{\ominus}(HAc)c(HAc)}=\sqrt{1.76\times10^{-5}\times0.10}\ mol\cdot L^{-1}$$
$$=1.33\times10^{-3}mol\cdot L^{-1}$$

$$H_2S \rightleftharpoons H^+ + HS^- \quad K_{a1}^{\ominus}(H_2S)=\frac{c(H^+)c(HS^-)}{c(H_2S)}$$

$$HS^- \rightleftharpoons H^+ + S^{2-} \quad K_{a2}^{\ominus}(H_2S)=\frac{c(H^+)c(S^{2-})}{c(HS^-)}$$

$$c(S^{2-})=\frac{K_{a1}^{\ominus}K_{a2}^{\ominus}\cdot c(H_2S)}{[c(H^+)]^2}=\frac{9.5\times10^{-8}\times1.3\times10^{-14}\times0.10}{(1.33\times10^{-3})^2}\ mol\cdot L^{-1}$$
$$=7.0\times10^{-17}mol\cdot L^{-1}$$

$Q=c(Cu^{2+})c(S^{2-})=0.10\times7.0\times10^{-17}=7.0\times10^{-18}$

$Q>K_{sp}^{\ominus}(CuS)$,所以有 CuS 沉淀析出。

6-6 溶液中 Fe^{3+}和 Mg^{2+}的浓度均为 0.01 $mol\cdot L^{-1}$,欲通过生成氢氧化物使二者分离,问溶液的 pH 应控制在什么范围? 已知 $K_{sp}^{\ominus}[Fe(OH)_3]=2.79\times10^{-39}$,$K_{sp}^{\ominus}[Mg(OH)_2]=5.61\times10^{-12}$。

解:根据题意知,开始生成 $Fe(OH)_3$ 沉淀时所需 $c_1(OH^-)$

$$Fe(OH)_3(s) \rightleftharpoons Fe^{3+}(aq)+3OH^-(aq)$$

$$K_{sp}^{\ominus}[Fe(OH)_3]=c(Fe^{3+})[c(OH^-)]^3$$

$$c_1(OH^-)=\left\{\frac{K_{sp}^{\ominus}[Fe(OH)_3]}{c(Fe^{3+})}\right\}^{\frac{1}{3}}=\left(\frac{2.79\times10^{-39}}{0.01}\right)^{\frac{1}{3}}\text{mol}\cdot\text{L}^{-1}$$

$$=6.53\times10^{-13}\text{mol}\cdot\text{L}^{-1}$$

同理,开始生成 $Mg(OH)_2$ 沉淀时所需 $c_2(OH^-)$

$$Mg(OH)_2(s) \rightleftharpoons Mg^{2+}(aq) + 2OH^-(aq)$$

$$K_{sp}^{\ominus}[Mg(OH)_2]=c(Mg^{2+})[c(OH^-)]^2$$

$$c_2(OH^-)=\left\{\frac{K_{sp}^{\ominus}[Mg(OH)_2]}{c(Mg^{2+})}\right\}^{\frac{1}{2}}=\left(\frac{5.61\times10^{-12}}{0.01}\right)^{\frac{1}{2}}\text{mol}\cdot\text{L}^{-1}=2.37\times10^{-5}\text{mol}\cdot\text{L}^{-1}$$

$c_1(OH^-)<c_2(OH^-)$

所以 $Fe(OH)_3$ 先沉淀。

要使 Fe^{3+} 完全沉淀,$c(Fe^{3+})\leqslant10^{-5}$,所以

$$c_3(OH^-)\geqslant\left\{\frac{K_{sp}^{\ominus}[Fe(OH)_3]}{c(Fe^{3+})}\right\}^{\frac{1}{3}}=\left(\frac{2.79\times10^{-39}}{10^{-5}}\right)^{\frac{1}{3}}\text{mol}\cdot\text{L}^{-1}=6.53\times10^{-12}\text{mol}\cdot\text{L}^{-1}$$

则要分离 Mg^{2+} 和 Fe^{3+},$6.53\times10^{-12}\text{mol}\cdot\text{L}^{-1}\leqslant c(OH^-)\leqslant 2.37\times10^{-5}\text{mol}\cdot\text{L}^{-1}$

所以 pH 的范围是:$2.81\leqslant \text{pH}\leqslant 9.37$

6-7　在 1 L 水中加入 0.1 mol AgAc,求

(1) 饱和溶液中 AgAc 的溶解度(s)及 pH;

(2) 画出 ps(即$-\lg s$)与 pH 的关系曲线;

(3) 加多少量的 HNO_3 可使醋酸银完全溶解?

已知:$pK_{sp}^{\ominus}(AgAc)=2.7$,$pK_a^{\ominus}(HAc)=4.8$。

解:由于 AgAc 的溶解度并不是很小,且 Ac^- 有一定程度的水解,所以 AgAc 在纯水中的溶解度可以用 $K_{sp}^{\ominus}(AgAc)$的简单开方来近似计算,但在酸度变化的情况下,需要考虑 Ac^- 的水解造成的影响。

(1) 在纯水中 AgAc 的水解

$$c(Ag^+)=c(Ac^-)=s=\sqrt{K_{sp}^{\ominus}}=0.0447\ \text{mol}\cdot\text{L}^{-1}$$

因为 $pK_a^{\ominus}(HAc)=4.8$,所以 $pK_b^{\ominus}(Ac^-)=14.0-4.8=9.2$

$$Ac^- + H_2O \rightleftharpoons HAc + OH^-$$

$$K_b^{\ominus}(Ac^-)=\frac{c(HAc)c(OH^-)}{c(Ac^-)}=\frac{c(HAc)c(OH^-)c(H^+)}{c(Ac^-)c(H^+)}$$

$$=\frac{K_w^{\ominus}}{K_a^{\ominus}(HAc)}=\frac{1.0\times10^{-14}}{1.58\times10^{-5}}=6.33\times10^{-10}$$

$$c(HAc)=c(OH^-)$$

所以 $c(OH^-)=\sqrt{K_b^{\ominus}(Ac^-)c(Ac^-)}=\sqrt{6.33\times10^{-10}\times0.0447}\,\text{mol}\cdot\text{L}^{-1}$

$$=5.32\times10^{-6}\text{mol}\cdot\text{L}^{-1}$$

$\text{pOH}=5.27$,$\text{pH}=14.0-5.27=8.73$

(2) 当酸度发生变化时,考虑 Ac^- 的水解,则

$s_2=c(Ag^+)=c(Ac^-)+c(HAc)$ （根据物料平衡）

$s_2^2=[c(Ag^+)]^2=c(Ag^+)c(Ac^-)+c(Ag^+)c(HAc)$

$=c(Ag^+)c(Ac^-)+c(Ag^+)c(Ac^-)\dfrac{c(H^+)}{K_a^\ominus}$

$=K_{sp}^\ominus\left[1+\dfrac{c(H^+)}{K_a^\ominus}\right]$

所以 $s_2=\sqrt{K_{sp}^\ominus\left[1+\dfrac{c(H^+)}{K_a^\ominus}\right]}$

因为 $pK_a^\ominus(HAc)=4.8$

所以当 $pH<4.8$ 时，$s_2=\sqrt{\dfrac{K_{sp}^\ominus\cdot c(H^+)}{K_a^\ominus}}$

即 $ps_2=\dfrac{1}{2}(pK_{sp}^\ominus-pK_a^\ominus+pH)=-1.05+0.5pH$

当 $pH=4.8$ 时，$ps_2=-1.05+0.5\times4.8=1.35$

当 $pH>4.8$ 时，pH 变化不再影响溶解度，而饱和溶液的溶解度，在一定温度下是固定的，即 $ps_2=1.35$

在 1 L 水中 0.1 molAgAc 完全溶解时，溶解度 $s=0.1\ mol\cdot L^{-1}$，$ps=1$，则

$$-1.05+0.5pH=1$$

$$pH=4.1$$

ps(即$-\lg s$)与 pH 的关系曲线

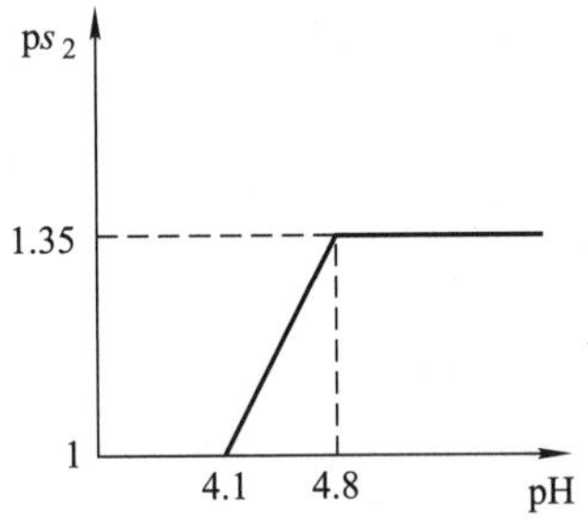

(3) 因为 $pK_a^\ominus(HAc)=4.8$ 与 4.1 很接近，所以要精确求算。

当 0.1 molAgAc 完全溶解，$c(Ag^+)=0.1\ mol\cdot L^{-1}$，则 $c(Ac^-)+c(HAc)=0.1\ mol\cdot L^{-1}$

$$K_{sp}^\ominus(AgAc)=c(Ag^+)c(Ac^-)$$

$$c(Ac^-)=\frac{K_{sp}^\ominus(HAc)}{c(Ag^+)}=\frac{1.995\times10^{-3}}{0.1}mol\cdot L^{-1}=0.02\ mol\cdot L^{-1}$$

所以 $c(HAc)=(0.1-0.02)mol\cdot L^{-1}=0.08\ mol\cdot L^{-1}$

$$c(HNO_3)=0.08\ mol\cdot L^{-1}$$

即在 1 L 水中加入 0.08 mol HNO_3 可使 0.1 molAgAc 完全溶解。

6-8 把 Ag_2CrO_4 和 $Ag_2C_2O_4$ 固体同时溶于水中，直至两者都达到饱和，求此溶液中 $c(Ag^+)$。已知：$K_{sp}^\ominus(Ag_2CrO_4)=9.0\times10^{-12}$，$K_{sp}^\ominus(Ag_2C_2O_4)=6.0\times10^{-12}$。

解:根据题意可知,在此饱和溶液中,存在如下两个平衡

$$Ag_2CrO_4(s) \rightleftharpoons 2Ag^+ + CrO_4^{2-} \quad (1) \qquad K_{sp}^{\ominus}(Ag_2CrO_4)=[c(Ag^+)]^2c(CrO_4^{2-})$$

$$Ag_2C_2O_4(s) \rightleftharpoons 2Ag^+ + C_2O_4^{2-} \quad (2) \qquad K_{sp}^{\ominus}(Ag_2C_2O_4)=[c(Ag^+)]^2c(C_2O_4^{2-})$$

(1)−(2),得

$$Ag_2CrO_4(s) + C_2O_4^{2-} = Ag_2C_2O_4(s) + CrO_4^{2-}$$

$$\frac{K_{sp}^{\ominus}(Ag_2CrO_4)}{K_{sp}^{\ominus}(Ag_2C_2O_4)}=\frac{c(CrO_4^{2-})}{c(C_2O_4^{2-})}=\frac{9.0\times10^{-12}}{6.0\times10^{-12}}=1.5$$

$$c(CrO_4^{2-})=1.5c(C_2O_4^{2-})$$

所以 $$c(Ag^+)=2c(CrO_4^{2-})+2c(C_2O_4^{2-})=5c(C_2O_4^{2-})$$

$$c(C_2O_4^{2-})=\frac{1}{5}c(Ag^+)$$

$$K_{sp}^{\ominus}(Ag_2C_2O_4)=[c(Ag^+)]^2\times\frac{1}{5}c(Ag^+)=6.0\times10^{-12}$$

$$c(Ag^+)=3.1\times10^{-4}\,mol\cdot L^{-1}$$

6-9 今有一溶液,每毫升含 Fe^{2+} 和 Mg^{2+} 各 1 mg,试计算析出 $Mg(OH)_2$ 和 $Fe(OH)_2$ 沉淀的最低 pH。已知 $K_{sp}^{\ominus}[Fe(OH)_2]=4.87\times10^{-17}$,$K_{sp}^{\ominus}[Mg(OH)_2]=5.61\times10^{-12}$。

解:根据已知条件可知

$$c(Mg^{2+})=\frac{1\ mg\cdot mL^{-1}}{24\ g\cdot mol^{-1}}=0.0417\ mol\cdot L^{-1}$$

$$c(Fe^{2+})=\frac{1\ mg\cdot mL^{-1}}{56\ g\cdot mol^{-1}}=0.0179\ mol\cdot L^{-1}$$

当析出 $Fe(OH)_2$ 沉淀时所需 $c(OH^-)$

$$c_1(OH^-)=\sqrt{\frac{K_{sp}^{\ominus}[Fe(OH)_2]}{c(Fe^{2+})}}=\sqrt{\frac{4.87\times10^{-17}}{0.0179}}=5.22\times10^{-8}\,mol\cdot L^{-1}$$

所以 pOH=7.28, pH=6.72

当析出 $Mg(OH)_2$ 沉淀时所需 $c(OH^-)$

$$c_2(OH^-)=\sqrt{\frac{K_{sp}^{\ominus}[Mg(OH)_2]}{c(Mg^{2+})}}=\sqrt{\frac{5.61\times10^{-12}}{0.0417}}=1.16\times10^{-5}\,mol\cdot L^{-1}$$

所以 pOH=4.94, pH=9.06

6-10 0.20 L 1.5 $mol\cdot L^{-1}$ 的 Na_2CO_3 溶液可以使多少 g $BaSO_4$ 固体转化掉?

解:

	$BaSO_4$ +	CO_3^{2-}	= $BaCO_3$ +	SO_4^{2-}
起始浓度/($mol\cdot L^{-1}$)		1.5		0
平衡浓度/($mol\cdot L^{-1}$)		$1.5-x$		x

SO_4^{2-} 的平衡浓度 x $mol\cdot L^{-1}$ 是转化掉的 $BaSO_4$ 的浓度。

$$\frac{c(SO_4^{2-})}{c(CO_3^{2-})}=\frac{c(Ba^{2+})c(SO_4^{2-})}{c(Ba^{2+})c(CO_3^{2-})}=\frac{K_{sp}^{\ominus}(BaSO_4)}{K_{sp}^{\ominus}(BaCO_3)}=\frac{1.1\times10^{-10}}{2.6\times10^{-9}}=0.042$$

$$\frac{x}{1.5-x}=0.042$$

解得　$x=0.060$，即 $c(SO_4^{2-})=0.060\ mol\cdot L^{-1}$

于是在 0.20 L 溶液中有 SO_4^{2-}

$$n=0.060\ mol\cdot L^{-1}\times 0.20\ L=1.2\times 10^{-2}\ mol$$

相当于有 1.2×10^{-2} mol 的 $BaSO_4$ 被转化掉。故转化掉的 $BaSO_4$ 的质量为

$$m=233\ g\cdot mol^{-1}\times 1.2\times 10^{-2}\ mol=2.8\ g$$

6-11　$Mg(OH)_2$ 在水中的溶解度为 $1.12\times10^{-4}\ mol\cdot L^{-1}$，求溶度积常数 $K_{sp}^{\ominus}[Mg(OH)_2]$。如果在 0.10 L 0.10 $mol\cdot L^{-1}$ $MgCl_2$ 溶液中加入 0.10 L 0.10 $mol\cdot L^{-1}$ $NH_3\cdot H_2O$，求需加入多少 g NH_4Cl 固体才能抑制 $Mg(OH)_2$ 沉淀的生成？已知 $K_b^{\ominus}(NH_3\cdot H_2O)=1.8\times10^{-5}$。

解：根据题意

$$Mg(OH)_2 \rightleftharpoons Mg^{2+} + 2OH^-$$

$$K_{sp}^{\ominus}[Mg(OH)_2]=c_0(Mg^{2+})[c_0(OH^-)]^2 \tag{1}$$

其中 $c_0(Mg^{2+})$ 与溶解度 s 相等，而 $c_0(OH^-)=2s$

故有　$K_{sp}^{\ominus}[Mg(OH)_2]=c_0(Mg^{2+})[c_0(OH^-)]^2=s\times(2s)^2=4s^3$

将 $s=1.12\times10^{-4}\ mol\cdot L^{-1}$ 代入得

故有　$K_{sp}^{\ominus}[Mg(OH)_2]=4\times(1.12\times10^{-4})^3=5.62\times10^{-12}$

依题意 0.10 $mol\cdot L^{-1}$ 的 $MgCl_2$ 溶液和 0.10 $mol\cdot L^{-1}$ $NH_3\cdot H_2O$ 等体积混合后，

$$c(Mg^{2+})=c(NH_3\cdot H_2O)=0.050\ mol\cdot L^{-1}$$

由式(1)得，使 0.050 $mol\cdot L^{-1}$ 的 Mg^{2+} 沉淀，需要的

$$c(OH^-)=\sqrt{\frac{K_{sp}^{\ominus}[Mg(OH)_2]}{c(Mg^{2+})}}$$

将 $K_{sp}^{\ominus}[Mg(OH)_2]=5.62\times10^{-12}$ 代入得，

$$c(OH^-)=\sqrt{\frac{K_{sp}^{\ominus}[Mg(OH)_2]}{c(Mg^{2+})}}=\sqrt{\frac{5.62\times10^{-12}}{0.050}}\ mol\cdot L^{-1}=1.06\times10^{-5}\ mol\cdot L^{-1}$$

这个 $c(OH^-)$ 由 $NH_3\cdot H_2O$ 和加入的 $c(NH_4^+)$ 共同维持，由缓冲体系的 pH 公式

$$pOH=pK_b^{\ominus}-\lg\frac{c_{碱}}{c_{盐}}$$

得　$c_{盐}=K_b^{\ominus}\dfrac{c_{碱}}{c(OH^-)}$

式中　$c_{碱}=c(NH_3\cdot H_2O)=0.050\ mol\cdot L^{-1}$

　　　$c_{盐}=c(NH_4^+)$

故　$c(NH_4^+)=\dfrac{1.8\times10^{-5}\times0.050}{1.06\times10^{-5}}\ mol\cdot L^{-1}=8.49\times10^{-2}\ mol\cdot L^{-1}$

不考虑加入 NH_4Cl 后体积的变化，则溶液的体积

$$V=0.10\ L+0.10\ L=0.20\ L$$

加入的 NH_4Cl 的物质的量

$$n = cV = 8.49 \times 10^{-2}\ \text{mol} \cdot \text{L}^{-1} \times 0.20\ \text{L} = 0.0170\ \text{mol}$$

NH_4Cl 的质量

$$m = nM = 0.0170\ \text{mol} \times 53.5\ \text{g} \cdot \text{mol}^{-1} = 0.910\ \text{g}$$

即加入 0.910 g 以上 NH_4Cl 可以抑制 $Mg(OH)_2$ 沉淀的生成。

6-12 设有一金属 M,其二价离子不易变形,它与二元弱酸 H_2A 可形成化合物 MA。根据以下数据计算 MA 在水中的溶解度。

$$MA(s) \rightleftharpoons M^{2+}(aq) + A^{2-}(aq) \quad K^{\ominus}_{sp}(MA) = 4 \times 10^{-28}$$

$$H_2A(s) \rightleftharpoons H^+ + HA^- \quad K^{\ominus}_{a1}(H_2A) = 1 \times 10^{-7}$$

$$HA^- \rightleftharpoons H^+ + A^{2-} \quad K^{\ominus}_{a2}(H_2A) = 1 \times 10^{-14}$$

$$H_2O \rightleftharpoons H^+ + OH^- \quad K^{\ominus}_{w} = 1 \times 10^{-14}$$

解:由于 MA 的溶解度很小,又由于 A^{2-} 水解常数较大,必须考虑两级水解。

设 MA 的溶解度为 s mol·L^{-1},根据物料平衡得

$$\begin{aligned}
s &= c(M^{2+}) = c(H_2A) + c(HA^-) + c(A^{2-}) \\
&= \frac{K^{\ominus}_{w} c(HA^-)}{K^{\ominus}_{a1} c(OH^-)} + \frac{K^{\ominus}_{w} c(A^{2-})}{K^{\ominus}_{a2} c(OH^-)} + c(A^{2-}) \\
&= c(A^{2-})\left[\frac{K^{\ominus}_{w} c(HA^-)}{K^{\ominus}_{a1} c(OH^-) c(A^{2-})} + \frac{K^{\ominus}_{w}}{K^{\ominus}_{a2} c(OH^-)} + 1\right] \\
&= c(A^{2-})\left[\frac{(K^{\ominus}_{w})^2 c(HA^-)}{K^{\ominus}_{a1} c(OH^-) c(A^{2-}) c(H^+) c(OH^-)} + \frac{K^{\ominus}_{w}}{K^{\ominus}_{a2} c(OH^-)} + 1\right] \\
&= c(A^{2-})\left\{\frac{(K^{\ominus}_{w})^2}{K^{\ominus}_{a1} K^{\ominus}_{a2} [c(OH^-)]^2} + \frac{K^{\ominus}_{w}}{K^{\ominus}_{a2} c(OH^-)} + 1\right\}
\end{aligned}$$

因为 MA 的溶解度非常小,可以认为溶液呈中性,取 $c(OH^-) = 10^{-7}$ mol·L^{-1}

$$\begin{aligned}
s &= c(A^{2-}) \times \left[\frac{(10^{-14})^2}{10^{-7} \times 10^{-14} \times (10^{-7})^2} + \frac{10^{-14}}{10^{-14} \times 10^{-7}} + 1\right] \\
&= c(A^{2-}) \times \left(\frac{1}{10^{-7}} + \frac{1}{10^{-7}} + 1\right)
\end{aligned}$$

$$\begin{aligned}
s^2 &= [c(M^{2+})]^2 = c(M^{2+}) c(A^{2-}) \times \left(\frac{2 + 10^{-7}}{10^{-7}}\right) \\
&= K^{\ominus}_{sp} \times \left(\frac{2 + 10^{-7}}{10^{-7}}\right) = 4 \times 10^{-28} \times \left(\frac{2 + 10^{-7}}{10^{-7}}\right) = 8 \times 10^{-21}
\end{aligned}$$

$s = \sqrt{8 \times 10^{-21}} = 8.94 \times 10^{-11}$,即 MA 的溶解度为 8.94×10^{-11} mol·L^{-1}。

6-13 在 10 mL 0.20 mol·L^{-1} $MnCl_2$ 溶液中加入 10 mL 含 NH_4Cl 的 0.010 mol·L^{-1} 氨水溶液,计算含多少 g NH_4Cl 才不至于生成 $Mn(OH)_2$ 沉淀?

解:根据题意知

$$c(Mn^{2+}) = \frac{10\ \text{mL} \times 0.20\ \text{mol} \cdot \text{L}^{-1}}{20\ \text{mL}} = 0.10\ \text{mol} \cdot \text{L}^{-1}$$

$$c(NH_3) = \frac{10\ \text{mL} \times 0.010\ \text{mol} \cdot \text{L}^{-1}}{20\ \text{mL}} = 0.0050\ \text{mol} \cdot \text{L}^{-1}$$

$Mn(OH)_2$ 开始沉淀时的 $c(OH^-)$

$$c(OH^-)=\sqrt{\frac{K_{sp}^{\ominus}}{c(Mn^{2+})}}=\sqrt{\frac{2.06\times10^{-13}}{0.10\ mol\cdot L^{-1}}}=1.44\times10^{-6}\,mol\cdot L^{-1}$$

$$NH_3+H_2O \rightleftharpoons NH_4^++OH^-$$

$$K_b^{\ominus}=\frac{c(OH^-)c(NH_4^+)}{c(NH_3)}=\frac{1.44\times10^{-6}\times c(NH_4^+)}{0.0050\ mol\cdot L^{-1}}=1.77\times10^{-5}$$

$$c(NH_4^+)=0.061\ mol\cdot L^{-1}$$

阻止 $Mn(OH)_2$ 沉淀需要加入的 NH_4Cl 的克数为：

$$m=0.061\ mol\cdot L^{-1}\times0.02\ L\times53.5\ g\cdot mol^{-1}=0.065\ g$$

6-14　用 Na_2CO_3 和 Na_2S 溶液处理 AgI 固体，能不能将 AgI 固体转化为 Ag_2CO_3 和 Ag_2S?

解：根据题意

$$CO_3^{2-}+2AgI \rightleftharpoons Ag_2CO_3+2I^-$$

$$K=\frac{[c(I^-)]^2}{c(CO_3^{2-})}=\frac{[K_{sp}^{\ominus}(AgI)]^2}{K_{sp}^{\ominus}(Ag_2CO_3)}=\frac{(8.51\times10^{-17})^2}{8.45\times10^{-12}}=8.57\times10^{-22}$$

K 太小，AgI 不能转化为 Ag_2CO_3

$$S^{2-}+2AgI \rightleftharpoons Ag_2S+2I^-$$

$$K=\frac{[c(I^-)]^2}{c(S^{2-})}=\frac{[K_{sp}^{\ominus}(AgI)]^2}{K_{sp}^{\ominus}(Ag_2S)}=\frac{(8.51\times10^{-17})^2}{6.7\times10^{-50}}=1.08\times10^{17}$$

K 很大，AgI 能转化为 Ag_2S。

6-15　定量分析中用 $AgNO_3$ 溶液滴定 Cl^- 离子溶液，加入 K_2CrO_4 为指示剂，达到滴定终点时，AgCl 沉淀完全，最后 1 滴 $AgNO_3$ 溶液正好与溶液中的 CrO_4^{2-} 反应生成砖红色的 Ag_2CrO_4 沉淀，指示滴定达到终点。问滴定终点时溶液中的 CrO_4^{2-} 离子的浓度多大合适？设滴定终点时锥形瓶里溶液的体积为 50 mL，在滴定开始时应加入 $0.1\ mol\cdot L^{-1}$ 的 K_2CrO_4 溶液多少 mL？已知 $K_{sp}^{\ominus}(Ag_2CrO_4)=1.12\times10^{-12}$，$K_{sp}^{\ominus}(AgCl)=1.77\times10^{-10}$。

解：沉淀完全时，设 Cl^- 浓度小于或等于 $1.0\times10^{-6}\ mol\cdot L^{-1}$，则：

$$c(Ag^+)=\frac{K_{sp}^{\ominus}(AgCl)}{c(Cl^-)}=\frac{1.77\times10^{-10}}{1.0\times10^{-6}}mol\cdot L^{-1}=1.77\times10^{-4}\,mol\cdot L^{-1}$$

这时 CrO_4^{2-} 的浓度为

$$c(CrO_4^{2-})=\frac{K_{sp}^{\ominus}(AgCrO_4)}{[c(Ag^+)]^2}=\frac{1.12\times10^{-12}}{(1.77\times10^{-4})^2}mol\cdot L^{-1}=3.6\times10^{-5}\,mol\cdot L^{-1}$$

$$V(K_2CrO_4)=\frac{50\ mL\times3.6\times10^{-5}\,mol\cdot L^{-1}}{0.1\ mol\cdot L^{-1}}$$

$$=0.018\ mL$$

6-16　假设溶于水中的 $Mg(OH)_2$ 完全解离，试计算：

(1) $Mg(OH)_2$ 在水中的溶解度($mol\cdot L^{-1}$)；

(2) $Mg(OH)_2$ 饱和溶液中的 $c(Mg^{2+})$ 和 $c(OH^-)$；

(3) $Mg(OH)_2$ 在 $0.010\ mol\cdot L^{-1}$ NaOH 溶液中的 $c(Mg^{2+})$；

(4) $Mg(OH)_2$ 在 $0.010\ mol\cdot L^{-1}$ $MgCl_2$ 中的溶解度($mol\cdot L^{-1}$)。

解:(1) 根据题意知,设 $Mg(OH)_2$ 在水中的溶解度 s mol·L^{-1}

$$Mg(OH)_2(s) \rightleftharpoons Mg^{2+} + 2OH^-$$
$$s \qquad 2s$$

$$K_{sp}^{\ominus}[Mg(OH)_2]=c(Mg^{2+})[c(OH^-)]^2=s\times(2s)^2=5.61\times10^{-12}$$

$$s=\left(\frac{5.61\times10^{-12}}{4}\right)^{\frac{1}{3}}=1.12\times10^{-4}\,\text{mol}\cdot\text{L}^{-1}$$

(2) $Mg(OH)_2$ 饱和溶液中

$$c(Mg^{2+})=s=1.12\times10^{-4}\,\text{mol}\cdot\text{L}^{-1}$$
$$c(OH^-)=2s=2.24\times10^{-4}\,\text{mol}\cdot\text{L}^{-1}$$

(3) 在 0.010 mol·L^{-1}NaOH 溶液中

$$c(Mg^{2+})=\frac{K_{sp}^{\ominus}[Mg(OH)_2]}{[c(OH^-)]^2}=\frac{5.61\times10^{-12}}{(0.010)^2}\,\text{mol}\cdot\text{L}^{-1}=5.61\times10^{-8}\,\text{mol}\cdot\text{L}^{-1}$$

(4) 0.010 mol·L^{-1}$MgCl_2$ 溶液中

$$c(OH^-)=\sqrt{\frac{K_{sp}^{\ominus}[Mg(OH)_2]}{c(Mg^{2+})}}=\sqrt{\frac{5.61\times10^{-12}}{0.010}}\,\text{mol}\cdot\text{L}^{-1}=2.37\times10^{-5}\,\text{mol}\cdot\text{L}^{-1}$$

$$溶解度\ s=\frac{c(OH^-)}{2}=\frac{2.37\times10^{-5}\,\text{mol}\cdot\text{L}^{-1}}{2}=1.18\times10^{-5}\,\text{mol}\cdot\text{L}^{-1}$$

6-17 已知反应:$Hg^{2+}(aq)+Hg \rightleftharpoons Hg_2^{2+}(aq)$ $\qquad K=80$

试通过有关计算说明,向 0.010 mol·L^{-1}硝酸亚汞溶液中加入 $H_2S(aq)$,生成的硫化物沉淀是 HgS 还是 Hg_2S。已知 $K_{sp}^{\ominus}[HgS]=6.44\times10^{-53}$,$K_{sp}^{\ominus}[Hg_2S]=1\times10^{-47}$。

解:根据题意知

$$Hg^{2+}(aq)+Hg \rightleftharpoons Hg_2^{2+}(aq) \tag{1}$$

$$达到平衡时\ K=\frac{c(Hg_2^{2+})}{c(Hg^{2+})}=80 \tag{2}$$

生成 HgS 和 Hg_2S 所需要的 $c(S^{2-})$分别为

$$c_1(S^{2-})=\frac{K_{sp}^{\ominus}(HgS)}{c(Hg^{2+})}=\frac{6.44\times10^{-53}}{c(Hg^{2+})} \tag{3}$$

$$c_2(S^{2-})=\frac{K_{sp}^{\ominus}(Hg_2S)}{c(Hg_2^{2+})}=\frac{1\times10^{-47}}{c(Hg_2^{2+})} \tag{4}$$

由(2)与(4)联立得

$$c_1(S^{2-})=\frac{K_{sp}^{\ominus}(Hg_2S)}{Kc(Hg^{2+})}=\frac{1\times10^{-47}}{80\times c(Hg^{2+})}=\frac{1.25\times10^{-49}}{c(Hg^{2+})}$$

$$c(Hg^{2+})c_1(S^{2-})=1.25\times10^{-49}>K_{sp}^{\ominus}(HgS)$$

所以,向 $Hg_2(NO_3)_2$ 溶液中加入 $H_2S(aq)$,先生成 HgS;在反应 $Hg^{2+}(aq)+Hg \rightleftharpoons Hg_2^{2+}(aq)$中,$Hg^{2+}$ 被消耗,并使平衡向左移动,所以生成 HgS 和 Hg。

6-18 如果在 1.0 L Na_2CO_3 溶液中使 0.010 mol $BaSO_4$ 完全转化为 $BaCO_3$,所需要的 Na_2CO_3 的最低浓度是多少?

解:根据题意知

$$BaSO_4 + CO_3^{2-} \rightleftharpoons BaCO_3 + SO_4^{2-}$$

$$K = \frac{c(SO_4^{2-})}{c(CO_3^{2-})} = \frac{K_{sp}^{\ominus}(BaSO_4)}{K_{sp}^{\ominus}(BaCO_3)} = \frac{1.1 \times 10^{-10}}{5.1 \times 10^{-9}}$$

将 0.010 $mol \cdot L^{-1}$ $BaSO_4$ 代入得

$$c(CO_3^{2-}) = \frac{0.010 \times 5.1 \times 10^{-9}}{1.1 \times 10^{-10}} mol \cdot L^{-1} = 0.47\ mol \cdot L^{-1}$$

所以 Na_2CO_3 的最低起始浓度为 0.47 $mol \cdot L^{-1}$。

6-19　将 1.0 mL 的 1.0 $mol \cdot L^{-1}$的 $Cd(NO_3)_2$ 溶液加入到 1.0 L 的 5.0 $mol \cdot L^{-1}$氨水中，将生成 $Cd(OH)_2$ 还是$[Cd(NH_3)_4]^{2+}$？通过计算说明。已知 $K_{sp}^{\ominus}[Cd(OH)_2]=5.3\times10^{-15}$，$K^{\ominus}[Cd(NH_3)_4^{2+}]=2.78\times10^{7}$。

解：$Cd(NO_3)_2$ 溶液与氨水混合后

$$c(Cd^{2+}) = \frac{1.0 \times 10^{-3}\ L \times 1.0\ mol \cdot L^{-1}}{1.0\ L} = 1.0 \times 10^{-3} mol \cdot L^{-1}$$

$$c(NH_3) = 5.0\ mol \cdot L^{-1}$$

假设 Cd^{2+} 全部与 $NH_3(aq)$反应生成$[Cd(NH_3)_4]^{2+}(aq)$

	Cd^{2+}	+	$4NH_3$	$\rightleftharpoons$	$Cd(NH_3)_4^{2+}$
开始时 $c_0/(mol \cdot L^{-1})$	1.0×10^{-3}		5.0		0
平衡时 $c/(mol \cdot L^{-1})$	x		$5.0-4\times(1.0\times10^{-3}-x)$		$1.0\times10^{-3}-x$

$$K^{\ominus}[Cd(NH_3)_4^{2+}] = \frac{c[Cd(NH_3)_4^{2+}]}{c(Cd^{2+})[c(NH_3)]^4}$$

$$= \frac{1.0 \times 10^{-3} - x}{x \cdot [5.0 - 4 \times (1.0 \times 10^{-3} - x)]^4} = 2.78 \times 10^7$$

$$x = 5.8 \times 10^{-14}$$

即　$c(Cd^{2+})=5.8\times10^{-14}\ mol \cdot L^{-1}$

再由 $NH_3(aq)$的解离平衡求 $c(OH^-)$

	$NH_3(aq)$	+	$H_2O(l)$	$\rightleftharpoons$	$NH_4^+(aq)$	+	$OH^-(aq)$
开始时 $c_0/(mol \cdot L^{-1})$	5.0						
平衡时 $c/(mol \cdot L^{-1})$	$5.0-y$				y		y

$$K_b^{\ominus}(NH_3) = \frac{c(NH_4^+) \cdot c(OH^-)}{c(NH_3)} = \frac{y^2}{5.0 - y} = 1.85 \times 10^{-5}$$

$$y = 9.5 \times 10^{-3}$$

即 $c(OH^-)=9.5\times10^{-3} mol \cdot L^{-1}$

$$Q = c(Cd^{2+})[c(OH^-)]^2 = 5.8 \times 10^{-14} \times (9.5 \times 10^{-3})^2$$

$$= 5.2 \times 10^{-18} < K_{sp}^{\ominus}[Cd(OH)_2]$$

所以，无 $Cd(OH)_2$ 沉淀生成，Cd(Ⅱ)以$[Cd(NH_3)_4]^{2+}$形式存在。

6-20　向 0.50 $mol \cdot L^{-1}$的 $FeCl_2$ 溶液中通 H_2S 气体至饱和，若控制不析出 FeS 沉淀，求溶液 pH 的范围。已知 $K_{sp}^{\ominus}(FeS)=6.3\times10^{-18}$，$K_a^{\ominus}(H_2S)=1.3\times10^{-20}$。

解：根据题意知

$$\begin{array}{lcccccc} & Fe^{2+} & + & H_2S & \rightleftharpoons & FeS(s) & + & 2H^+ \\ \text{平衡浓度 } c/(\text{mol}\cdot\text{L}^{-1}) & 0.50 & & 0.10 & & & & c(H^+) \end{array}$$

$$K=\frac{[c(H^+)]^2}{c(Fe^{2+})\,c(H_2S)}=\frac{[c(H^+)]^2}{c(Fe^{2+})c(H_2S)}\,\frac{c(S^{2-})}{c(S^{2-})}=\frac{[c(H^+)]^2c(S^{2-})}{c(H_2S)}\,\frac{1}{c(Fe^{2+})\,c(S^{2-})}$$

$$=\frac{K_a^{\ominus}(H_2S)}{K_{sp}^{\ominus}(FeS)}=\frac{1.3\times10^{-20}}{6.3\times10^{-18}}=2.1\times10^{-3}$$

又 $K=\dfrac{[c(H^+)]^2}{c(Fe^{2+})c(H_2S)}=\dfrac{[c(H^+)]^2}{0.5\ \text{mol}\cdot\text{L}^{-1}\times0.10\ \text{mol}\cdot\text{L}^{-1}}$

所以

$$c(H^+)=\sqrt{2.1\times10^{-3}\times0.50\times0.10}\,\text{mol}\cdot\text{L}^{-1}=0.010\ \text{mol}\cdot\text{L}^{-1}$$

$$pH=2.0$$

即溶液 pH 不小于 2.0。

第 7 章　氧化还原反应

7-1　配平下列反应方程式。

(1) 在碱性介质中过氧化氢氧化三氯化铬为铬酸盐

(2) $CuS+CN^-+OH^- \longrightarrow [Cu(CN)_4]^{3-}+NCO^-+S^{2-}+S+H_2O$

(3) 磷在碱性介质中歧化成膦和亚磷酸一氢盐

(4) $KMnO_4+FeSO_4+H_2SO_4 \longrightarrow$

(5) $I_2(s)+OH^- \longrightarrow I^-+IO_3^-$

(6) $Cr(OH)_3(s)+Br_2(l)+KOH \longrightarrow K_2CrO_4+KBr$

(7) 配平电对 $Cr_2O_7^{2-}/Cr^{3+}$ 的电极反应式

(8) $MnO_4^-+H_2SO_3 \longrightarrow Mn^{2+}+SO_4^{2-}$

解:(1) 在碱性介质中过氧化氢氧化三氯化铬为铬酸盐

写出反应物和产物的离子式

$H_2O_2+Cr^{3+} \longrightarrow CrO_4^{2-}+H_2O$

拆成两个半反应式

A 式:$H_2O_2 \longrightarrow H_2O$

B 式:$Cr^{3+} \longrightarrow CrO_4^{2-}$

配平A 式:$H_2O_2+2e^- = 2OH^-$

B 式:$Cr^{3+}+8OH^- -3e^- = CrO_4^{2-}+4H_2O$

A 式×3:$3H_2O_2+6e^- = 6OH^-$

B 式×2:$2Cr^{3+}+16OH^- -6e^- = 2CrO_4^{2-}+8H_2O$

A×3+ B×2 得

$3H_2O_2+2Cr^{3+}+10OH^- = 2CrO_4^{2-}+8H_2O$

(2) $CuS+CN^-+OH^- \longrightarrow [Cu(CN)_4]^{3-}+NCO^-+S^{2-}+S+H_2O$

拆成半反应式

A 式:$CuS \longrightarrow [Cu(CN)_4]^{3-}$

B 式:$CuS \longrightarrow [Cu(CN)_4]^{3-}+S$

C 式:$CN^- \longrightarrow NCO^-$

配平半反应式

A 式:$CuS+4CN^-+e^- = [Cu(CN)_4]^{3-}+S^{2-}$

B 式:$CuS+4CN^- - e^- = [Cu(CN)_4]^{3-}+S$

C 式:$CN^-+2OH^- -2e^- = NCO^-+H_2O$

A×3+B+C 得

$4CuS+17CN^-+2OH^- = 4[Cu(CN)_4]^{3-}+NCO^-+3S^{2-}+S+H_2O$

(3) 磷在碱性介质中歧化成膦和亚磷酸一氢盐

写出反应物和产物的离子式

$$P_4 \longrightarrow PH_3 + HPO_3^{2-}$$

拆成半反应式

$$P_4 \longrightarrow 4PH_3$$

$$P_4 \longrightarrow 4HPO_3^{2-}$$

加 H_2O 平 O,多 O 边加 H_2O,另一边加 $2OH^-$

$$P_4 \longrightarrow 4PH_3$$

$$P_4 + 20OH^- \longrightarrow 4HPO_3^{2-} + 8H_2O$$

加 OH^- 平 H,多 H 边加 OH^-,另一边加 H_2O

$$P_4 + 12H_2O \longrightarrow 4PH_3 + 12OH^-$$

$$P_4 + 20OH^- \longrightarrow 4HPO_3^{2-} + 8H_2O$$

加 e^-,平电荷

$$P_4 + 12H_2O + 12e^- \longrightarrow 4PH_3 + 12OH^-$$

$$P_4 + 20OH^- - 12e^- \longrightarrow 4HPO_3^{2-} + 8H_2O$$

加和,消 e^-,整理

$$P_4 + 2H_2O + 4OH^- = 2PH_3 + 2HPO_3^{2-}$$

(4) $KMnO_4 + FeSO_4 + H_2SO_4 \longrightarrow$

写出反应产物

$$KMnO_4 + FeSO_4 + H_2SO_4 \longrightarrow MnSO_4 + Fe_2(SO_4)_3 + K_2SO_4 + H_2O$$

调整计量系数,使氧化数升高值=降低值

$$K\overset{+7}{Mn}O_4 + 5\,\overset{+2}{Fe}SO_4 + H_2SO_4 \longrightarrow \overset{+2}{Mn}SO_4 + 5/2\,\overset{+3}{Fe}_2(SO_4)_3 + K_2SO_4 + H_2O$$

若出现分数,可调整为最小正整数,同时配平氢与氧

$$2\,KMnO_4 + 10\,FeSO_4 + 8H_2SO_4 = 2\,MnSO_4 + 5\,Fe_2(SO_4)_3 + K_2SO_4 + 8H_2O$$

(5) $I_2(s) + OH^- \longrightarrow I^- + IO_3^-$

I_2 既是氧化剂,又是还原剂,可分开写

$$I_2(s) + 5I_2(s) + OH^- \longrightarrow 10I^- + 2IO_3^-$$

再配平 H 和 O 原子数目

$$I_2(s) + 5I_2(s) + 12OH^- \longrightarrow 10I^- + 2IO_3^- + 6H_2O$$

合并 I_2

$$6I_2(s) + 12OH^- \longrightarrow 10I^- + 2IO_3^- + 6H_2O$$

约简计量系数

$$3I_2(s) + 6OH^- = 5I^- + IO_3^- + 3H_2O$$

(6) $Cr(OH)_3(s) + Br_2(l) + KOH \longrightarrow K_2CrO_4 + KBr$

拆成半反应式

A 式:$Cr(OH)_3(s) \longrightarrow CrO_4^{2-}$

B 式:$Br_2(l) \longrightarrow Br^-$

配平半反应式

A 式：$Cr(OH)_3(s)+5OH^- = CrO_4^{2-}+4H_2O+3e^-$

B 式：$Br_2(l) = 2Br^- - 2e^-$

A×2+B×3 得

$2Cr(OH)_3(s)+3Br_2(l)+10OH^- = 2CrO_4^{2-}+6Br^-+8H_2O$

即 $2Cr(OH)_3(s)+3Br_2(l)+10KOH = 2K_2CrO_4+6KBr+8H_2O$

(7) 配平电对 $Cr_2O_7^{2-}/Cr^{3+}$ 的电极反应式

拆成半反应式

$Cr_2O_7^{2-} \longrightarrow 2Cr^{3+}$

在缺少 n 个氧原子的一侧加上 n 个 H_2O

$Cr_2O_7^{2-} \longrightarrow 2Cr^{3+}+7H_2O$

在缺少 n 个氢原子的一侧加上 n 个 H^+，平衡氢原子

$Cr_2O_7^{2-}+14H^+ \longrightarrow 2Cr^{3+}+7H_2O$

加 e^- 平衡电荷

$Cr_2O_7^{2-}+14H^++6e^- \longrightarrow 2Cr^{3+}+7H_2O$

(8) $MnO_4^-+H_2SO_3 \longrightarrow Mn^{2+}+SO_4^{2-}$

写出两个半反应并配平

A 式：$MnO_4^-+8H^++5e^- = Mn^{2+}+4H_2O$

B 式：$SO_4^{2-}+4H^++2e^- = H_2SO_3+H_2O$

A×2−B×5 得

$2MnO_4^-+5H_2SO_3 = 2Mn^{2+}+5SO_4^{2-}+4H^++3H_2O$

7-2　配平下列氧化还原方程式

(1) $HClO_3+P_4 \longrightarrow HCl+H_3PO_4$

(2) $KMnO_4+K_2SO_3 \longrightarrow MnSO_4+K_2SO_4$　(在酸性溶液中)

(3) $MnO_4^-+H_2O_2+H^+ \longrightarrow Mn^{2+}+O_2+H_2O$

(4) $Al+NO_3^-+OH^-+H_2O \longrightarrow Al(OH)_4^-+NH_3$

(5) $Ni(OH)_2+Br_2+NaOH \longrightarrow NiO(OH)+NaBr$

(6) $Cr_2O_7^{2-}+H_2O_2+H^+ \longrightarrow Cr^{3+}+O_2+H_2O$

(7) $MnO_4^-+Cl^-+H^+ \longrightarrow Mn^{2+}+Cl_2+H_2O$

(8) $MnO_4^-+SO_3^{2-}+OH^- \longrightarrow MnO_4^{2-}+SO_4^{2-}$

(9) $Hg+NO_3^-+H^+ \longrightarrow Hg_2^{2+}+NO$

(10) $Cl_2+KOH \longrightarrow KClO_3+KCl+H_2O$

(11) $Cu+HNO_3 \longrightarrow Cu(NO_3)_2+NO+H_2O$

(12) $FeS+HNO_3 \longrightarrow Fe(NO_3)_3+H_2SO_4+NO+H_2O$

解：(1) $10HClO_3+3P_4+18H_2O = 10HCl+12H_3PO_4$

(2) $2KMnO_4+5K_2SO_3+3H_2SO_4 = 2MnSO_4+6K_2SO_4+3H_2O$

(3) $2MnO_4^-+5H_2O_2+6H^+ = 2Mn^{2+}+5O_2+8H_2O$

(4) $8Al+3NO_3^-+5OH^-+18H_2O = 8Al(OH)_4^-+3NH_3$

(5) $2Ni(OH)_2+Br_2+2NaOH = 2NiO(OH)+2NaBr+2H_2O$

(6) $Cr_2O_7^{2-}+3H_2O_2+8H^+ = 2Cr^{3+}+3O_2+7H_2O$

(7) $2MnO_4^-+10Cl^-+16H^+ = 2Mn^{2+}+5Cl_2+8H_2O$

(8) $2MnO_4^-+SO_3^{2-}+2OH^- = 2MnO_4^{2-}+SO_4^{2-}+H_2O$

(9) $6Hg+2NO_3^-+8H^+ = 3Hg_2^{2+}+2NO+4H_2O$

(10) $3Cl_2+6KOH = KClO_3+5KCl+3H_2O$

(11) $3Cu+8HNO_3 = 3Cu(NO_3)_2+2NO+4H_2O$

(12) $FeS+6HNO_3 = Fe(NO_3)_3+H_2SO_4+3NO+2H_2O$

7-3 将下列水溶液化学反应的方程式先改写为离子方程式,然后分解为两个半反应式。

(1) $2H_2O_2 = 2H_2O+O_2$

(2) $Cl_2+H_2O = HCl+HClO$

(3) $3Cl_2+6KOH = KClO_3+5KCl+3H_2O$

(4) $2KMnO_4+10FeSO_4+8H_2SO_4 = K_2SO_4+5Fe_2(SO_4)_3+2MnSO_4+8H_2O$

(5) $K_2Cr_2O_7+3H_2O_2+4H_2SO_4 = K_2SO_4+Cr_2(SO_4)_3+3O_2+7H_2O$

解:(1) 离子方程式:$2H_2O_2 = 2H_2O+O_2$

两个半反应:(+)$H_2O_2+2e^- = 2OH^-$

(−)$2OH^- - 2e^- = H_2O+\frac{1}{2}O_2$

(2) 离子方程式:$Cl_2+H_2O = H^++Cl^-+HClO$

两个半反应:(+) $\frac{1}{2}Cl_2+e^- = Cl^-$

(−) $\frac{1}{2}Cl_2+H_2O-e^- = H^++HClO$

(3) 离子方程式:$3Cl_2+6OH^- = ClO_3^-+5Cl^-+3H_2O$

两个半反应:(+)$\frac{1}{2}Cl_2+e^- = Cl^-$

(−)$\frac{1}{2}Cl_2+6OH^- - 5e^- = ClO_3^-+3H_2O$

(4) 离子方程式:$MnO_4^-+5Fe^{2+}+8H^+ = 5Fe^{3+}+Mn^{2+}+4H_2O$

两个半反应:(+)$MnO_4^-+5e^-+8H^+ = Mn^{2+}+4H_2O$

(−)$Fe^{2+}-e^- = Fe^{3+}$

(5) 离子方程式:$Cr_2O_7^{2-}+3H_2O_2+8H^+ = 2Cr^{3+}+3O_2+7H_2O$

两个半反应:(+) $Cr_2O_7^{2-}+14H^++6e^- = 2Cr^{3+}+7H_2O$

(−) $3H_2O_2-6e^- = 3O_2+6H^+$

7-4 将下列反应设计成原电池并以原电池符号表示。

$2Fe^{2+}(1.0\ mol\cdot L^{-1})+Cl_2(101325\ Pa) \rightarrow 2Fe^{3+}(0.1\ mol\cdot L^{-1})+2Cl^-(2.0\ mol\cdot L^{-1})$

解:正极:$Cl_2+2e^- = 2Cl^-$

负极:$Fe^{2+}-e^- = Fe^{3+}$

(−) $Pt|Fe^{2+}(1.0\ mol\cdot L^{-1}),Fe^{3+}(0.1\ mol\cdot L^{-1})\|Cl_2(101325\ Pa)|Cl^-(2.0\ mol\cdot L^{-1})|Pt$ (+)

7-5　将反应 $SnCl_2+FeCl_3 \longrightarrow SnCl_4+FeCl_2$ 组成一个原电池，写出其电池组成及正负极的电极反应。

解：正极：$Fe^{3+}+e^- = Fe^{2+}$

负极：$Sn^{2+}-2e^- = Sn^{4+}$

$(-)\ Pt \mid Sn^{2+}(c_1), Sn^{4+}(c_2) \parallel Fe^{3+}(c_3), Fe^{2+}(c_4) \mid Pt\ (+)$

7-6　写出由下列反应组成的原电池的符号。

(1) $H_2+2Ag^+ = 2H^+ + 2Ag$

(2) $MnO_2+2Cl^- +4H^+ = Mn^{2+}+Cl_2+2H_2O$

(3) $Sn^{2+}+2Fe^{3+} \longrightarrow Sn^{4+}+2Fe^{2+}$

解：(1) $(-)\ Pt \mid H_2(p_1) \mid H^+(c_1) \parallel Ag^+(c_2) \mid Ag(+)$

(2) $(-)\ Pt \mid Cl^-(c_1) \mid Cl_2(p_1) \parallel MnO_2(s) \mid H^+(c_2), Mn^{2+}(c_3) \mid Pt\ (+)$

(3) $(-)\ Pt \mid Sn^{2+}(c_1), Sn^{4+}(c_2) \parallel Fe^{3+}(c_3), Fe^{2+}(c_4) \mid Pt\ (+)$

7-7　将下列氧化还原反应拆成两个半电池反应，并写出电极组成和电池组成式。

(1) $2MnO_4^- + 5H_2O_2 + 6H^+ \rightleftharpoons 2Mn^{2+} + 8H_2O + 5O_2$

(2) $2MnO_4^- + 16H^+ + 10Cl^- \rightleftharpoons 2Mn^{2+} + 5Cl_2 + 8H_2O$

解：(1) 两个半电池反应分别为：

正极：$MnO_4^- + 8H^+ + 5e^- = Mn^{2+} + 4H_2O$

负极：$H_2O_2 - 2e^- = 2H^+ + O_2$

电极组成为：

正极：$MnO_4^-(c_1)$，$Mn^{2+}(c_2)$，$H^+(c_3) \mid Pt\ (+)$

负极：$H_2O_2(c_5), H^+(c_4) \mid O_2(p_1) \mid Pt\ (-)$

电池组成式为：

$(-)\ Pt \mid H_2O_2(c_5),\ H^+(c_4) \mid O_2(p_1) \parallel MnO_4^-(c_1),\ Mn^{2+}(c_2),\ H^+(c_3) \mid Pt\ (+)$

(2) 两个半电池反应分别为：

正极：$MnO_4^- + 8H^+ + 5e^- = Mn^{2+} + 4H_2O$

负极：$2Cl^- - 2e^- = Cl_2$

电极组成为：

正极：$MnO_4^-(c_1)$，$Mn^{2+}(c_2)$，$H^+(c_3) \mid Pt\ (+)$

负极：$Cl^-(c) \mid Cl_2(p)$，$Pt(-)$

电池组成式为：

$(-)\ Pt, Cl_2(p) \mid Cl^-(c) \parallel MnO_4^-(c_1),\ Mn^{2+}(c_2),\ H^+(c_3) \mid Pt\ (+)$

7-8　写出并配平下列各电池的电极反应、电池反应，并说明电极的种类。

$(-)\ Pb,\ PbSO_4(s) \mid K_2SO_4 \parallel KCl \mid PbCl_2(s),\ Pb\ (+)$

解：正极反应：$PbCl_2(s)+2e^- = Pb+2Cl^-$（此电极为金属-金属难溶盐电极）

负极反应：$Pb+SO_4^{2-}-2e^- = PbSO_4(s)$（此电极为金属-金属难溶盐电极）

电池反应：$PbCl_2(s)+SO_4^{2-} = PbSO_4(s)+2Cl^-$

7-9　若往原电池 $(-)\ Pt \mid H_2 \mid H^+ \parallel Cu^{2+} \mid Cu\ (+)$ 的正极加入 Na_2S 并使平衡时 $c(S^{2-})=1.00\ mol \cdot L^{-1}$，写出新组成的原电池符号，并计算电动势。

解:新组成的原电池:

正极反应:$2H^+ + 2e^- = H_2$

负极反应:$Cu + S^{2-} - 2e^- = CuS$

电池组成式为:(－) Cu,CuS|S^{2-} ‖ H^+ | H_2 | Pt (＋)

新的原电池的电动势为

$E(Cu^{2+}/Cu) = E^{\ominus}(Cu^{2+}/Cu) - E^{\ominus}(H^+/H_2) = 0.34\ V - 0.00 = 0.34\ V$

$$E^{\ominus}(CuS/Cu) = E^{\ominus}(Cu^{2+}/Cu) + \frac{0.059\ V}{2}\lg K_{sp}^{\ominus}(CuS) = 0.34\ V + \frac{0.059\ V}{2}\lg 6.3\times10^{-36}$$
$$= -0.70\ V$$

$$E = E^{\ominus}(H^+/H_2) - E^{\ominus}(CuS/Cu) = 0.00 - (-0.70\ V) = 0.70\ V$$

7-10 $E_B^{\ominus}/V$ $\quad ClO^- \text{——} Cl_2 \xrightarrow{1.36} Cl^-$ (ClO⁻ 至 Cl⁻:0.94)

(1) 计算当 pH=8(其余物质均处标准态)时,Cl_2 能否发生歧化反应?

(2) 若能,写出歧化反应方程式。

(3) 写出由此歧化反应组成的原电池的符号。

解:(1)先算出 $E^{\ominus}(ClO^-/Cl_2)$,再算出 pH=8 时的 $E(ClO^-/Cl_2)$,最后判断 Cl_2 能否发生歧化反应。

$$E^{\ominus}(ClO^-/Cl^-) = \frac{E^{\ominus}(ClO^-/Cl_2) + E^{\ominus}(Cl_2/Cl^-)}{z} = \frac{E^{\ominus}(ClO^-/Cl_2) + 1.36\ V}{1+1} = 0.94\ V$$

解得 $E^{\ominus}(ClO^-/Cl_2) = 0.52\ V$

$$E(ClO^-/Cl_2) = E^{\ominus}(ClO^-/Cl_2) + 0.059\lg\frac{1}{[c(OH^-)]^2}$$
$$= 0.52\ V + 0.059\ V\lg\frac{1}{(10^{-6})^2} = 1.23\ V$$

所以能发生歧化反应。

(2) 歧化方程式:$Cl_2 + 2OH^- = ClO^- + Cl^- + H_2O$

(3) 原电池符号:

(－) Pt | $Cl_2(p^{\ominus})$ | $ClO^-(c^{\ominus})$,OH^-(pH=8)‖$Cl_2(p^{\ominus})$ | $Cl^-(c^{\ominus})$ | Pt(＋)

7-11 (1) 求 $E(Cu^{2+}/Cu)$的电极电势 E?

(2) 求 $E(Zn^{2+}/Zn)$的 E?

解:(1) 设计原电池

(－) Pt | H_2(100 kPa) | $H^+(1\ mol\cdot L^{-1})$ ‖$Cu^{2+}(1\ mol\cdot L^{-1})$ | Cu (＋)

测得原电池电动势:$E^{\ominus} = 0.340\ V$

$E^{\ominus} = E^{\ominus}(Cu^{2+}/Cu) - E^{\ominus}(H^+/H_2)$

$E^{\ominus}(Cu^{2+}/Cu) = E^{\ominus} + E^{\ominus}(H^+/H_2) = 0.340\ V + 0 = 0.340\ V$

(2) 设计成以下原电池:

(－)Zn | $Zn^{2+}(1.0\ mol\cdot L^{-1})$‖$H^+(1.0\ mol\cdot L^{-1})$ | H_2(101.325 kPa) | Pt(＋)

测得原电池电动势:$E^{\ominus} = 0.76\ V$

$E^{\ominus}=E^{\ominus}(H^+/H_2)-E^{\ominus}(Zn^{2+}/Zn)=0-E^{\ominus}(Zn^{2+}/Zn)=0.76\ V$

$E^{\ominus}(Zn^{2+}/Zn)=-0.76\ V$

7-12　原电池(－) $Pt|Fe^{2+}(1.00\ mol\cdot L^{-1}),Fe^{3+}(1.00\times10^{-4}\ mol\cdot L^{-1})\|I^-(1.0\times10^{-4}\ mol\cdot L^{-1})|I_2,Pt(+)$。

已知：$E^{\ominus}(Fe^{3+}/Fe^{2+})=0.770\ V$，$E^{\ominus}(I_2/I^-)=0.535\ V$。

(1) 求 $E(Fe^{3+}/Fe^{2+})$、$E(I_2/I^-)$和电动势 E；

(2) 写出电极反应和电池反应；

(3) 计算 $\Delta_r G_m$。

解：(1) $E(Fe^{3+}/Fe^{2+})=E^{\ominus}(Fe^{3+}/Fe^{2+})+\dfrac{0.059\ V}{z}\lg\dfrac{c(Fe^{3+})}{c(Fe^{2+})}$

$$=0.770\ V+\frac{0.059\ V}{1}\lg\frac{10^{-4}}{1}$$

$$=0.534\ V$$

$$E(I_2/I^-)=E^{\ominus}(I_2/I^-)+\frac{0.059\ V}{z}\lg\frac{1}{[c(I^-)]^2}=0.535\ V+\frac{0.059\ V}{2}\lg\frac{1}{(1.0\times10^{-4})^2}$$

$$=0.771\ V$$

$E=E(I_2/I^-)-E(Fe^{3+}/Fe^{2+})=0.771\ V-0.534\ V=0.237\ V$

(2) 电极反应：

正极：$I_2+2e^-\rightleftharpoons 2I^-$

负极：$Fe^{2+}\rightleftharpoons Fe^{3+}+e^-$

电池反应：

$$I_2+2Fe^{2+}\rightleftharpoons 2Fe^{3+}+2I^-$$

(3) $\Delta_r G_m=-zFE=-2\times96500C\cdot mol^{-1}\times0.237\ V=-45.7\ kJ\cdot mol^{-1}$

7-13　计算下列原电池在 298 K 时的电动势，指出正、负极，写出电池反应式。

(－) $Pt|Fe^{2+}(1.0\ mol\cdot L^{-1}),Fe^{3+}(0.10\ mol\cdot L^{-1})\|NO_3^-(1.0\ mol\cdot L^{-1}),HNO_2(0.010\ mol\cdot L^{-1}),H^+(1.0\ mol\cdot L^{-1})|Pt(+)$

解：正极反应：$NO_3^-+3H^++2e^-=HNO_2+H_2O$　　$E^{\ominus}(NO_3^-/HNO_2)=0.94\ V$

负极反应：$Fe^{3+}+e^-=Fe^{2+}$　　$E^{\ominus}(Fe^{3+}/Fe^{2+})=0.771\ V$

电池反应式：$NO_3^-+3H^++2Fe^{2+}=HNO_2+H_2O+2Fe^{3+}$

$E^{\ominus}=E^{\ominus}(NO_3^-/HNO_2)-E^{\ominus}(Fe^{3+}/Fe^{2+})=0.94\ V-0.771\ V=0.169\ V$

将各物质相应的浓度代入 Nernst 方程式得

$$E=E^{\ominus}-\frac{0.059\ V}{2}\lg\frac{c(HNO_2)[c(Fe^{3+})]^2}{c(NO_3^-)[c(H^+)]^3[c(Fe^{2+})]^2}$$

$$=0.169\ V-\frac{0.059\ V}{2}\lg\frac{0.01\times0.10^2}{1.0}=0.287\ V$$

7-14　判断 25 ℃时，处于指定状态下，所给反应 $Pb^{2+}(aq)+Sn(s)=Pb(s)+Sn^{2+}(aq)$ 是否自发？

(1) 标准态时；

(2) 当 $c(Sn^{2+})=c^{\ominus}$，$c(Pb^{2+})=0.1c^{\ominus}$时。

解：(1) 查表 $E^{\ominus}(Sn^{2+}/Sn)=-0.1375\ V$，$E^{\ominus}(Pb^{2+}/Pb)=-0.1262\ V$

$E^{\ominus}=E^{\ominus}_{+}-E^{\ominus}_{-}=E^{\ominus}(Pb^{2+}/Pb)-E^{\ominus}(Sn^{2+}/Sn)=-0.1262\ V-(-0.1375\ V)=0.0113\ V$

$E^{\ominus}>0$，标态下反应正向自发。

(2) 当 $c(Sn^{2+})=c^{\ominus}$，$c(Pb^{2+})=0.1c^{\ominus}$时

$$E(Pb^{2+}/Pb)=E^{\ominus}(Pb^{2+}/Pb)+\frac{0.059\ V}{z}\lg\frac{c(Pb^{2+})}{c^{\ominus}}$$

$$=-0.1262\ V+\frac{0.059\ V}{2}\lg\left(\frac{0.1c^{\ominus}}{c^{\ominus}}\right)=-0.1557\ V$$

$$E(Sn^{2+}/Sn)=E^{\ominus}(Sn^{2+}/Sn)+\frac{0.059\ V}{z}\lg\frac{c(Sn^{2+})}{c^{\ominus}}$$

$$=-0.1375\ V+\frac{0.059\ V}{2}\lg\left(\frac{c^{\ominus}}{c^{\ominus}}\right)=-0.1375\ V$$

$$E=E(Pb^{2+}/Pb)-E(Sn^{2+}/Sn)=-0.1557\ V-(-0.1375\ V)=-0.0182\ V$$

$E<0$，反应正向非自发。

7-15 已知 Ag 不能溶于 1 $mol\cdot L^{-1}$的盐酸放出氢气，判断 25 ℃时，Ag 能否溶于 1 $mol\cdot L^{-1}$的氢碘酸放出氢气？

解：$2Ag(s)+HCl(1\ mol\cdot L^{-1})=\!=\!=AgCl(s)+H_2(p^{\ominus})$

$2Ag(s)+HI(1\ mol\cdot L^{-1})=\!=\!=AgI(s)+H_2(p^{\ominus})$

查表知：$E^{\ominus}(AgCl/Ag)=0.221\ V$，$E^{\ominus}(AgI/Ag)=-0.151\ V$

(1)$E^{\ominus}_1=E^{\ominus}(H^+/H_2)-E^{\ominus}(AgCl/Ag)=0-0.221\ V=-0.221\ V<0$，反应正向非自发。

(2) $E^{\ominus}_2=E^{\ominus}(H^+/H_2)-E^{\ominus}(AgI/Ag)=0-(-0.151\ V)=0.151\ V>0$，反应正向自发。

因此 Ag 能溶于 HI 放出氢气。

7-16 求算 25 ℃时 AgCl 的溶度积 $K^{\ominus}_{sp}(AgCl)$。

解：所求反应：$AgCl(s)=\!=\!=Ag^+(aq)+Cl^-(aq)$

非氧化还原反应设计电池：

负极：$Ag(s)=\!=\!=Ag^+(aq)+e^-$

正极：$AgCl(s)+e^-=\!=\!=Ag(s)+Cl^-(aq)$

电池为：(−) $Ag|Ag^+(c_1)\|Cl^-(c_2)|AgCl(s),Ag$(+)

查表得：$E^{\ominus}(AgCl/Ag)=0.221\ V$，$E^{\ominus}(Ag^+/Ag)=0.799\ V$

$$E^{\ominus}=E^{\ominus}(AgCl/Ag)-E^{\ominus}(Ag^+/Ag)=0.221\ V-0.799\ V=-0.578\ V$$

$$\lg K^{\ominus}_{sp}=\frac{zE^{\ominus}}{0.059\ V}=\frac{-0.578\ V}{0.059\ V}=-9.80$$

$$K^{\ominus}_{sp}(AgCl)=1.58\times10^{-10}$$

7-17 已知 25 ℃时，$E^{\ominus}(Ag^+/Ag)=0.7996\ V$，若在银电极中加入 NaBr 溶液，使 AgBr 沉淀达平衡，平衡时 $c(Br^-)=1.0\ mol\cdot L^{-1}$，求银电极的电极电势。

解：可能的反应：$Ag(s)-e^-=\!=\!=Ag^+(aq)$

$Ag^+(aq)+Br^-(aq)=\!=\!=AgBr(s)$

$$c(Ag^+)=\frac{K_{sp}^{\ominus}(AgBr)}{c(Br^-)}=5.0\times10^{-13}\,mol\cdot L^{-1}$$

$$E(Ag^+/Ag)=E^{\ominus}(Ag^+/Ag)+\frac{0.059\ V}{1}\lg c(Ag^+)$$

$$=0.7996\ V+\frac{0.059\ V}{1}\lg 5.0\times10^{-13}=0.0738\ V$$

7-18　已知 $E^{\ominus}(H^+/H_2)=0.000\ V$，$E^{\ominus}(Pb^{2+}/Pb)=-0.126\ V$，$2H^++Pb=H_2+Pb^{2+}$ 反应能自发进行(标准态)，若在氢电极中加 NaAc，并使平衡后溶液中 HAc 及 Ac^- 浓度为 $1.00\ mol\cdot L^{-1}$，$p(H_2)$为 100 kPa，上述反应能自发进行吗？

解：正极反应：$2H^++2e^-=H_2$

$$E(H^+/H_2)=E^{\ominus}(H^+/H_2)+\frac{0.059\ V}{2}\lg\frac{[c(H^+)]^2}{\frac{p(H_2)}{p^{\ominus}}}=E^{\ominus}(H^+/H_2)+0.059\ V\lg[c(H^+)]^2$$

加入 NaAc 后，在氢电极的溶液中存在以下平衡：

$$HAc \rightleftharpoons H^+ + Ac^-$$

因为　$K_a^{\ominus}(HAc)=\dfrac{c(H^+)c(Ac^-)}{c(HAc)}=c(H^+)$

所以　$E(H^+/H_2)=E^{\ominus}(H^+/H_2)+0.059\ V\lg K_a^{\ominus}(HAc)$

$$=0.000\ V+0.059\ V\lg(1.76\times10^{-5})=-0.281\ V$$

$E=E(H^+/H_2)-E(Pb^{2+}/Pb)=-0.281\ V-(-0.126\ V)=-0.155\ V$

所以，该反应不能自发进行。

7-19　电池 (－) Pt，$H_2(p^{\ominus})\,|\,HA(1.0\ mol\cdot L^{-1})$，$A^-(1.0\ mol\cdot L^{-1})\,\|\,H^+(1.0\ mol\cdot L^{-1})\,|\,H_2(p^{\ominus})$，Pt (＋) 在 298 K 时，测得电池电动势为 0.551 V，试计算 HA 的 $K_a^{\ominus}(HA)$。

解：$E^{\ominus}=E^{\ominus}(H^+/H_2)-E^{\ominus}(HA/H_2)$

$E^{\ominus}(HA/H_2)=0.000\ V-0.551\ V=-0.551\ V$

又 $E^{\ominus}(HA/H_2)=E^{\ominus}(H^+/H_2)+0.059\ V\lg K_a^{\ominus}(HA)$

$$=0.000\ V+0.059\ V\lg K_a^{\ominus}(HA)=-0.551\ V$$

$\lg K_a^{\ominus}(HA)=\dfrac{-0.551\ V}{0.059\ V}=-9.339$

$K_a^{\ominus}(HA)=4.58\times10^{-10}$

7-20　298 K 时，在 Ag^+/Ag 电极中加入过量 I^-，设达到平衡时 $c(I^-)=0.10\ mol\cdot L^{-1}$，而另一个电极为 Cu^{2+}/Cu，$c(Cu^{2+})=0.010\ mol\cdot L^{-1}$，现将两电极组成原电池，写出原电池的符号、电池反应式，并计算电池反应的平衡常数。

解：$E^{\ominus}(Ag^+/Ag)=0.80\ V$，$E^{\ominus}(Cu^{2+}/Cu)=0.34\ V$，$\lg K_{sp}^{\ominus}(AgI)=1.0\times10^{-18}$

$$E(Cu^{2+}/Cu)=E^{\ominus}(Cu^{2+}/Cu)+\frac{0.059\ V}{2}\lg c(Cu^{2+})$$

$$=0.34\ V+\frac{0.059\ V}{2}\lg 0.010=0.28\ V$$

$$E(AgI/Ag)=E^{\ominus}(Ag^+/Ag)+\frac{0.059\ V}{1}\lg c(Ag^+)$$

$$=0.80\ \text{V}+\frac{0.059\ \text{V}}{1}\lg\frac{K_{sp}^{\ominus}(\text{AgI})}{c(\text{I}^-)}$$

$$=0.80\ \text{V}+\frac{0.059\ \text{V}}{1}\lg\frac{1.0\times10^{-18}}{0.10}=-0.20\ \text{V}$$

所以 Ag^+/Ag 为负极，Cu^{2+}/Cu 为正极，原电池符号：

(－) Ag, AgI(s) | I^-(0.10 mol·L^{-1}) ‖ Cu^{2+}(0.010 mol·L^{-1}) | Cu(s) (＋)

电池反应式：$2Ag+Cu^{2+}+2I^- \!=\!=\!=\! 2AgI+Cu$

$$E^{\ominus}(\text{AgI/Ag})=E^{\ominus}(\text{Ag}^+/\text{Ag})+\frac{0.059\ \text{V}}{1}\lg K_{sp}^{\ominus}(\text{AgI})$$

$$=0.80\ \text{V}+\frac{0.059\ \text{V}}{1}\lg(1.0\times10^{-18})=-0.26\ \text{V}$$

$$E^{\ominus}=E^{\ominus}(\text{Cu}^{2+}/\text{Cu})-E^{\ominus}(\text{AgI/Ag})=0.34\ \text{V}-(-0.26\ \text{V})=0.60\ \text{V}$$

$$\lg K^{\ominus}=\frac{zE^{\ominus}}{0.059\ \text{V}}=\frac{2\times0.60\ \text{V}}{0.059\ \text{V}}=20.34$$

所以平衡常数 $K^{\ominus}=2.2\times10^{20}$

7-21 试计算 298 K 时，Zn^{2+}(0.01 mol·L^{-1})/Zn 的电极电势。

解：$Zn^{2+}+2e^- \!=\!=\!=\! Zn$

$$E=E^{\ominus}(\text{Zn}^{2+}/\text{Zn})+\frac{0.059\ \text{V}}{2}\lg c(\text{Zn}^{2+})$$

$$=-0.7628\ \text{V}+\frac{0.059\ \text{V}}{2}\lg 0.01$$

$$=-0.822\ \text{V}$$

7-22 向标准 Ag^+/Ag 电极中加入 KCl，使得 $c(Cl^-)=1.0\times10^{-2}$ mol·L^{-1}，求 E 值。

解：根据题意

$$K_{sp}^{\ominus}(\text{AgCl})=c(\text{Ag}^+)c(\text{Cl}^-)=1.77\times10^{-10}$$

$$c(\text{Ag}^+)=\frac{K_{sp}^{\ominus}(\text{AgCl})}{c(\text{Cl}^-)}=\frac{1.77\times10^{-10}}{1.0\times10^{-2}}\text{mol}\cdot\text{L}^{-1}=1.77\times10^{-8}\text{mol}\cdot\text{L}^{-1}$$

$$E(\text{AgCl/Ag})=E^{\ominus}(\text{Ag}^+/\text{Ag})+\frac{0.059}{1}\lg c(\text{Ag}^+)$$

$$=0.80\ \text{V}+\frac{0.059\ \text{V}}{1}\lg 1.77\times10^{-8}=0.343\ \text{V}$$

7-23 求 $AgI+e^- \!=\!=\!=\! Ag+I^-$ 的 $E^{\ominus}$ 值。已知 $Ag^++e^- \!=\!=\!=\! Ag$，$E^{\ominus}(Ag^+/Ag)=0.800$ V，$K_{sp}^{\ominus}(AgI)=8.52\times10^{-17}$，$c(I^-)=1.0$ mol·L^{-1}。

解：根据题意

$$c(\text{Ag}^+)=\frac{K_{sp}^{\ominus}(\text{AgI})}{c(\text{I}^-)}=\frac{8.52\times10^{-17}}{1.0}\text{mol}\cdot\text{L}^{-1}=8.52\times10^{-17}\text{mol}\cdot\text{L}^{-1}$$

$$E(\text{AgI/Ag})=E^{\ominus}(\text{Ag}^+/\text{Ag})+\frac{0.059\ \text{V}}{1}\lg c(\text{Ag}^+)$$

$$=0.800\ \text{V}+\frac{0.059\ \text{V}}{1}\lg 8.52\times10^{-17}=-0.148\ \text{V}$$

7-24　标准氢电极的电极反应为 $2H^+ + 2e^- \rightleftharpoons H_2$，$E^{\ominus}(H^+/H_2) = 0\ V$。若 H_2 的分压保持不变，将溶液换成 1.0 mol·L^{-1} HAc，求其电极电势 E 的值。已知 $K_a^{\ominus}(HAc) = 1.8 \times 10^{-5}$。

解：根据题意知

$$E(H^+/H_2) = E^{\ominus}(H^+/H_2) + \frac{0.059\ V}{2}\lg \frac{\left[\frac{c(H^+)}{c^{\ominus}}\right]^2}{\frac{p(H_2)}{p^{\ominus}}}$$

1.0 mol·L^{-1} HAc 中，

$$c(H^+) = \sqrt{K_a^{\ominus}(HAc)c_0} = \sqrt{1.8\times10^{-5}\times1.0}\ mol\cdot L^{-1} = \sqrt{1.8\times10^{-5}}\ mol\cdot L^{-1}$$

$p(H_2)$ 仍为标准状态，所以上面的能斯特方程变为

$$E(H^+/H_2) = E^{\ominus}(H^+/H_2) + \frac{0.059\ V}{2}\lg\left[\frac{c(H^+)}{c^{\ominus}}\right]^2$$

$$= 0\ V + \frac{0.059\ V}{2}\lg 1.8\times10^{-5}$$

$$= -0.14\ V$$

7-25　利用半反应 $Cu^{2+} + 2e^- \longrightarrow Cu(E^{\ominus} = 0.34\ V)$ 和 $Cu(NH_3)_4^{2+} + 2e^- \rightleftharpoons Cu + 4NH_3$ 的标准电极电势（-0.065 V）计算反应 $Cu^{2+} + 4NH_3 \rightleftharpoons Cu(NH_3)_4^{2+}$ 的平衡常数。

解：正极：$Cu^{2+} + 2e^- \longrightarrow Cu$　　$E^{\ominus}(Cu^{2+}/Cu) = 0.34\ V$

负极：$Cu(NH_3)_4^{2+} + 2e^- \longrightarrow Cu + 4NH_3$

$$E^{\ominus}[Cu(NH_3)_4^{2+}/Cu] = -0.065\ V$$

$$E^{\ominus} = E^{\ominus}(Cu^{2+}/Cu) - E^{\ominus}[Cu(NH_3)_4^{2+}/Cu] = 0.34\ V - (-0.065\ V) = 0.405\ V$$

$$\lg K^{\ominus} = \frac{zE^{\ominus}}{0.059\ V} = \frac{2\times0.405\ V}{0.059\ V} = 13.73$$

所以 $K^{\ominus} = 5.37\times10^{13}$

7-26　判断 $2Fe^{3+} + 2I^- \rightleftharpoons 2Fe^{2+} + I_2$ 在标准状态时反应方向如何？在非标准状态，$c(Fe^{3+}) = 0.001$ mol·L^{-1}，$c(I^-) = 0.001$ mol·L^{-1}，$c(Fe^{2+}) = 1$ mol·L^{-1}时反应方向如何？已知 $E^{\ominus}(I_2/I^-) = 0.535\ V$，$E^{\ominus}(Fe^{3+}/Fe^{2+}) = 0.770\ V$。

解：在标准状态时

$$E^{\ominus} = E^{\ominus}(Fe^{3+}/Fe^{2+}) - E^{\ominus}(I_2/I^-) = 0.770\ V - 0.535\ V = 0.235\ V > 0$$

所以反应方向为：$2Fe^{3+} + 2I^- \longrightarrow 2Fe^{2+} + I_2$

在非标准状态时

$$E(Fe^{3+}/Fe^{2+}) = E^{\ominus}(Fe^{3+}/Fe^{2+}) + \frac{0.059\ V}{1}\lg\frac{c(Fe^{3+})}{c(Fe^{2+})}$$

$$= 0.770\ V + \frac{0.059\ V}{1}\lg\frac{0.001}{1}$$

$$= 0.593\ V$$

$$E(I_2/I^-) = E^{\ominus}(I_2/I^-) + \frac{0.059\ V}{2}\lg\frac{c(I_2)}{[c(I^-)]^2}$$

$$=0.535\ \text{V}+\frac{0.059\ \text{V}}{2}\lg\frac{1}{(0.001)^2}$$
$$=0.712\ \text{V}$$

$$E=E(Fe^{3+}/Fe^{2+})-E(I_2/I^-)=0.593\ \text{V}-0.712\ \text{V}=-0.119\ \text{V}<0$$

所以反应逆向进行：$2Fe^{2+}+I_2 \longrightarrow 2Fe^{3+}+2I^-$

7-27 判断 $H_3AsO_4+2I^-+2H^+ \rightleftharpoons HAsO_2+I_2+2H_2O$ 在标准状态时反应方向如何？在非标准状态，$c(H_3AsO_4)=0.001\ \text{mol}\cdot\text{L}^{-1}$，$c(I^-)=0.001\ \text{mol}\cdot\text{L}^{-1}$，$c(HAsO_2)=1\ \text{mol}\cdot\text{L}^{-1}$，$c(H^+)=1\ \text{mol}\cdot\text{L}^{-1}$时反应方向如何？已知 $E^\ominus(I_2/I^-)=0.535\ \text{V}$，$E^\ominus(H_3AsO_4/HAsO_2)=0.580\ \text{V}$。

解：在标准状态时

$$E^\ominus=E^\ominus(H_3AsO_4/HAsO_2)-E^\ominus(I_2/I^-)=0.580\ \text{V}-0.535\ \text{V}=0.045\ \text{V}>0$$

反应方向为：$H_3AsO_4+2I^-+2H^+ \rightleftharpoons HAsO_2+I_2+2H_2O$

在非标准状态时

(1) $$E(H_3AsO_4/HAsO_2)=E^\ominus(H_3AsO_4/HAsO_2)+\frac{0.059\ \text{V}}{2}\lg\frac{c(H_3AsO_4)}{c(HAsO_2)}$$
$$=0.580\ \text{V}+\frac{0.059\ \text{V}}{2}\lg\frac{0.001}{1}$$
$$=0.491\ \text{V}$$

(2) $$E(I_2/I^-)=E^\ominus(I_2/I^-)+\frac{0.059\ \text{V}}{2}\lg\frac{c(I_2)}{[c(I^-)]^2}$$
$$=0.535\ \text{V}+\frac{0.059\ \text{V}}{2}\lg\frac{1}{(0.001)^2}$$
$$=0.712\ \text{V}$$

$$E=E(H_3AsO_4/HAsO_2)-E(I_2/I^-)=0.491\ \text{V}-0.712\ \text{V}=-0.221\ \text{V}<0$$

所以反应逆向进行：$HAsO_2+I_2+2H_2O \longrightarrow H_3AsO_4+2I^-+2H^+$

7-28 由 $Cu^{2+}+2e^- \rightleftharpoons Cu$ 和 $Cu^++e^- \rightleftharpoons Cu$ 的标准电极电势求算 $Cu^{2+}+e^- \rightleftharpoons Cu^+$ 的标准电极电势，并判断 Cu^+ 能否发生歧化反应。已知 $E^\ominus(Cu^{2+}/Cu)=0.338\ \text{V}$，$E^\ominus(Cu^+/Cu)=0.522\ \text{V}$。

解：根据元素电势图可知：

$$E^\ominus(Cu^{2+}/Cu^+)+E^\ominus(Cu^+/Cu)=2E^\ominus(Cu^{2+}/Cu)$$

所以 $E^\ominus(Cu^{2+}/Cu^+)=2E^\ominus(Cu^{2+}/Cu)-E^\ominus(Cu^+/Cu)=2\times0.338\ \text{V}-0.522\ \text{V}=0.154\ \text{V}$

$$E=E^\ominus(Cu^+/Cu)-E^\ominus(Cu^{2+}/Cu^+)=0.522\ \text{V}-0.154\ \text{V}=0.368\ \text{V}>0$$

所以 Cu^+ 能发生歧化反应。

7-29 考虑以下三个电池，在这三个电池中所有离子浓度均为标准浓度：

(a) (－) $Tl|Tl^+\|Tl^{3+},Tl^+|Pt$(＋)

(b) (－) $Tl|Tl^{3+}\|Tl^{3+},Tl^+|Pt$ (＋)

(c) (－) $Tl|Tl^+\|Tl^{3+}|Tl$ (＋)

(1) 写出每一个电池的电池反应式，指出参与反应的电子数；

(2) 计算每个电池的电动势和 $\Delta_r G_m^\ominus$。

已知 $Tl^+ + e^- = Tl, E^\ominus = -0.3363\ V$；$Tl^{3+} + 2e^- = Tl^+, E^\ominus = 1.25\ V$

解：(1) 以上三个电池的电池反应均相同，即 $2Tl + Tl^{3+} \longrightarrow 3Tl^+$，但电极反应不同。

(a) 的电极反应：

正极：$Tl^{3+} + 2e^- = Tl^+$

负极：$2Tl = 2Tl^+ + 2e^-$

(b) 的电极反应：

正极：$3Tl^{3+} + 6e^- = 3Tl^+$

负极：$2Tl = 2Tl^{3+} + 6e^-$

(c) 的电极反应：

正极：$Tl^{3+} + 3e^- = Tl$

负极：$3Tl = 3Tl^+ + 3e^-$

所以参与反应的电子数依次为 2,6,3。

(2) (a)的电池的电动势为：

$$E^\ominus = E^\ominus(Tl^{3+}/Tl^+) - E^\ominus(Tl^+/Tl) = 1.25\ V - (-0.3363\ V) = 1.59\ V$$

$$\Delta_r G_m^\ominus = -2E^\ominus F = -2 \times 1.59\ V \times 96500 C \cdot mol^{-1} = -307\ kJ \cdot mol^{-1}$$

(b) 的电池的电动势为：

$$Tl^{3+} \xrightarrow{+1.25\ V} Tl^+ \xrightarrow{-0.3363\ V} Tl \qquad \underbrace{\qquad}_{E^\ominus(Tl^{3+}/Tl)}$$

$$E^\ominus(Tl^{3+}/Tl) = \frac{2E^\ominus(Tl^{3+}/Tl^+) + E^\ominus(Tl^+/Tl)}{2+1} = \frac{2 \times 1.25\ V + (-0.3363\ V)}{3} = 0.721\ V$$

$$E^\ominus = E^\ominus(Tl^{3+}/Tl^+) - E^\ominus(Tl^{3+}/Tl) = 1.25\ V - 0.721\ V = 0.53\ V$$

$$\Delta_r G_m^\ominus = -6E^\ominus F = -6 \times 0.53\ V \times 96500 C \cdot mol^{-1} = -307\ kJ \cdot mol^{-1}$$

(c)的电池的电动势为：

$$E^\ominus = E^\ominus(Tl^{3+}/Tl) - E^\ominus(Tl^+/Tl) = 0.721\ V - (-0.3363\ V) = 1.06\ V$$

$$\Delta_r G_m^\ominus = -3E^\ominus F = -3 \times 1.06\ V \times 96500 C \cdot mol^{-1} = -307\ kJ \cdot mol^{-1}$$

所以 $E^\ominus$ 依次为 1.59 V, 0.53 V, 1.06 V, $\Delta_r G_m^\ominus$ 均为 $-307\ kJ \cdot mol^{-1}$。

7-30　用半反应法配平下列氧化还原反应方程式(写出配平的全部过程)。

(1) 在酸性溶液中 $N_2H_4 + BrO_3^- \longrightarrow N_2 + Br^-$

(2) 在碱性溶液中 $CrI_3 + Cl_2 \longrightarrow CrO_4^{2-} + IO_3^- + Cl^-$

解：(1) $3 \times\ N_2H_4 = N_2 + 4H^+ + 4e^-$

$+\ 2 \times\ 6H^+ + BrO_3^- + 6e^- = Br^- + 3H_2O$

$$3N_2H_4 + 2BrO_3^- = 3N_2 + 2Br^- + 6H_2O$$

(2) $2 \times\ CrI_3 + 26OH^- = CrO_4^{2-} + 3IO_3^- + 13H_2O + 21e^-$

$+\ 21 \times\ Cl_2 + 2e^- = 2Cl^-$

$$2CrI_3 + 21Cl_2 + 52OH^- = 2CrO_4^{2-} + 6IO_3^- + 42Cl^- + 26H_2O$$

7-31 已知：铟的电势图(酸性溶液)为

$$In^{3+}\xrightarrow{-0.434\ V}In^{+}\xrightarrow{-0.147\ V}In \quad (In^{3+}\to In:\ -0.338\ V)$$

请回答下列问题并分别写出有关反应的方程式：

(1) 在水溶液中 In^+ 能否发生歧化反应？

(2) 当金属 In 与 $H^+(aq)$ 发生反应时，得到哪种离子？

(3) 已知 $E^\ominus(Cl_2/Cl^-)=1.36$ V，当金属 In 与氯气发生反应时，得到产物是什么？

解：(1) 因为 $E^\ominus(In^+/In)>E^\ominus(In^{3+}/In^+)$，所以 In^+ 能发生歧化反应。

反应方程式为：$3In^+ = In^{3+}+2In$

(2) $2In+6H^+ = 2In^{3+}+3H_2$，所以得到 In^{3+} 离子。

(3) $InCl_3$，反应为 $2In+3Cl_2 = 2InCl_3$。

7-32 已知：$PbO_2\xrightarrow{1.455\ V}Pb^{2+}\xrightarrow{-0.126\ V}Pb$，$K^\ominus_{sp}(PbSO_4)=1.0\times10^{-8}$。

(1) 以 H_2SO_4 作介质，通过计算设计电动势为 2.05 V 的铅蓄电池；

(2) 充电时，阳极上发生什么反应？(写出电极反应式，H_2SO_4 作为二元强酸。)

解：(1) 根据题意

由 $PbSO_4+2e^- = Pb+SO_4^{2-}$，得

$$E(PbSO_4/Pb)=E^\ominus(Pb^{2+}/Pb)+\frac{0.059\ V}{2}\lg c(Pb^{2+})$$

由 $PbO_2+SO_4^{2-}+4H^++2e^- = PbSO_4+2H_2O$，得

$$E(PbO_2/PbSO_4)=E^\ominus(PbO_2/Pb^{2+})+\frac{0.059\ V}{2}\lg\frac{[c(H^+)]^4}{c(Pb^{2+})}$$

$$E=E(PbO_2/PbSO_4)-E(PbSO_4/Pb)$$

$$=E^\ominus(PbO_2/Pb^{2+})+\frac{0.059\ V}{2}\lg\frac{[c(H^+)]^4}{c(Pb^{2+})}-\left[E^\ominus(PbSO_4/Pb)+\frac{0.059\ V}{2}\lg c(Pb^{2+})\right]$$

$$=E^\ominus(PbO_2/Pb^{2+})-E^\ominus(Pb^{2+}/Pb)+\frac{0.059\ V}{2}\lg\frac{[c(H^+)]^4}{[c(Pb^{2+})]^2}$$

设 $E=2.05$ V 时，$c(H_2SO_4)=x\,mol\cdot L^{-1}$

则由 $\frac{0.059\ V}{2}\lg\frac{(2x)^4x^2}{[K^\ominus_{sp}(PbSO_4)]^2}=2.05-1.455-0.126=0.469$ V

解得 $x=0.606$

即介质 H_2SO_4 的浓度为 $0.606\ mol\cdot L^{-1}$。

其电池符号：(−) Pb|$PbSO_4$|H_2SO_4($0.606\ mol\cdot L^{-1}$)‖PbO_2，$PbSO_4$，Pb (+)

(2) 充电时，阳极发生氧化反应：$PbSO_4+2H_2O-2e^- = PbO_2+SO_4^{2-}+4H^+$

7-33 过量的汞加入到 $0.001\ mol\cdot L^{-1}$ Fe^{3+} 酸性溶液中，在 25 ℃反应达平衡时，有 95% Fe^{3+} 转化为 Fe^{2+}，求 $E^\ominus(Hg^{2+}/Hg)$？已知 $E^\ominus(Fe^{3+}/Fe^{2+})=0.771$ V。

解：

$$2Fe^{3+} + Hg = 2Fe^{2+} + Hg^{2+}$$

平衡浓度$(mol \cdot L^{-1})$：$0.001 \times 5\%$　　$0.001 \times 95\%$　　$0.001 \times 95\%/2$

$$K^{\ominus} = \frac{[c(Fe^{2+})]^2 c(Hg^{2+})}{[c(Fe^{3+})]^2} = \frac{(0.001 \times 95\%)^2 \times \frac{0.001 \times 95\%}{2}}{(0.001 \times 5\%)^2} = 0.172$$

$$\ln K^{\ominus} = \frac{zE^{\ominus}}{0.059\ V}$$

$E^{\ominus} = 0.059\ V \ln 0.172 = -0.0226\ V$

又 $E^{\ominus} = E^{\ominus}(Fe^{3+}/Fe^{2+}) - E^{\ominus}(Hg^{2+}/Hg) = 0.771\ V - E^{\ominus}(Hg^{2+}/Hg) = -0.0226\ V$

$E^{\ominus}(Hg^{2+}/Hg) = 0.794\ V$

7-34　10 mL 0.5 $mol \cdot L^{-1}$的 $FeCl_3$ 溶液中加入 30 mL 2 $mol \cdot L^{-1}$的 KCN 溶液，然后再加入 10 mL 1 $mol \cdot L^{-1}$的 KI 溶液。计算有无碘析出。假定反应前 $c(Fe^{2+}) = c(I_2) = 10^{-6}\ mol \cdot L^{-1}$，$E^{\ominus}(Fe^{3+}/Fe^{2+}) = 0.77\ V$，$E^{\ominus}(I_2/I^-) = 0.54\ V$，$K^{\ominus}[Fe(CN)_6^{3-}] = 1.0 \times 10^{42}$，$K^{\ominus}[Fe(CN)_6^{4-}] = 1.0 \times 10^{35}$。

解：反应前几种溶液混合后的浓度：

$$c(FeCl_3) = \frac{0.5\ mol \cdot L^{-1} \times 10\ mL}{50\ mL} = 0.1\ mol \cdot L^{-1}$$

$$c(KCN) = \frac{2\ mol \cdot L^{-1} \times 30\ mL}{50\ mL} = 1.2\ mol \cdot L^{-1}$$

$$c(KI) = \frac{1\ mol \cdot L^{-1} \times 10\ mL}{50\ mL} = 0.2\ mol \cdot L^{-1}$$

$$Fe^{3+} + 6CN^- = Fe(CN)_6^{3-}$$

$c/(mol \cdot L^{-1})$　　0.6　　0.1

由稳定常数关系可知：

$$K^{\ominus}[Fe(CN)_6^{3-}] = \frac{0.1}{c(Fe^{3+})(1.2-0.6)^6} = 1.0 \times 10^{42}$$

$c(Fe^{3+}) = 2.14 \times 10^{-42}\ mol \cdot L^{-1}$

$$Fe^{2+} + 6CN^- = Fe(CN)_6^{4-}$$

$c/(mol \cdot L^{-1})$　　0.6　　10^{-6}

$$K^{\ominus}[Fe(CN)_6^{4-}] = \frac{10^{-6}}{c(Fe^{2+}) \times 0.6^6} = 1.0 \times 10^{35}$$

$c(Fe^{2+}) = 2.16 \times 10^{-40}\ mol \cdot L^{-1}$

$$E(Fe^{3+}/Fe^{2+}) = E^{\ominus}(Fe^{3+}/Fe^{2+}) + \frac{0.059\ V}{1} \lg \frac{c(Fe^{3+})}{c(Fe^{2+})}$$

$$= 0.77\ V + \frac{0.059\ V}{1} \lg \frac{2.14 \times 10^{-42}}{2.16 \times 10^{-40}} = -0.65\ V$$

$$E(I_2/I^-) = E^{\ominus}(I_2/I^-) + \frac{0.059\ V}{2} \lg \frac{c(I_2)}{[c(I^-)]^2}$$

$$= 0.54\ V + \frac{0.059\ V}{2} \lg \frac{10^{-6}}{0.2^2} = 0.404\ V$$

因为 $E(I_2/I^-) > E(Fe^{3+}/Fe^{2+})$，所以可能发生反应 $Fe^{2+} + I_2 = Fe^{3+} + I^-$，碘不析出。

7-35 下图是铬体系的电势-pH 图。写出图中 DH，EF，FJ，IK，CF，DE，IJ 各线所表示的反应。

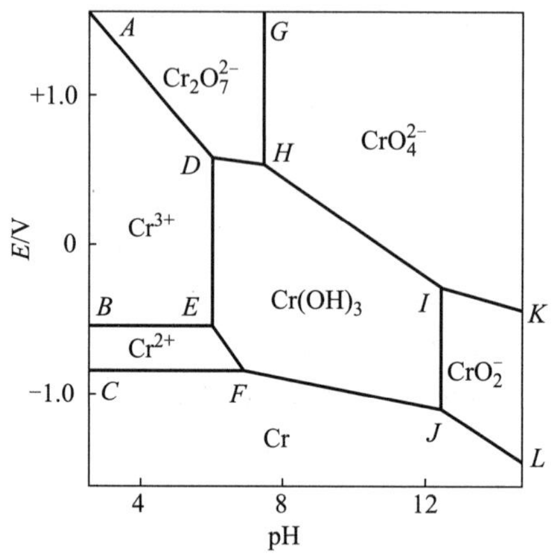

解：DH $Cr_2O_7^{2-} + 8H^+ + 6e^- = 2Cr(OH)_3 + H_2O$

EF $Cr(OH)_3 + e^- = Cr^{2+} + 3OH^-$

FJ $Cr(OH)_3 + 3e^- = Cr + 3OH^-$

IK $CrO_4^{2-} + 2H_2O + 3e^- = CrO_2^- + 4OH^-$

CF $Cr^{2+} + 2e^- = Cr$

DE $Cr^{3+} + 3OH^- = Cr(OH)_3$

IJ $Cr(OH)_3 + OH^- = CrO_2^- + 2H_2O$

第 8 章　原子结构与元素周期律

8-1　氢原子光谱频率公式中的正整数 n_1、n_2 代表什么？令 $n_1=2$，$n_2=3$、4、5、6，求出氢原子可见光区四条谱线的频率。

答：n_1、n_2 代表能级，说明能量是量子化的，表明氢原子光谱的不连续性。

利用公式：

$$\nu=3.289\times10^{15}\left(\frac{1}{n_1^2}-\frac{1}{n_2^2}\right)\text{s}^{-1}$$

可以计算出四条谱线的频率分别为：

$$\nu_1=3.289\times10^{15}\left(\frac{1}{2^2}-\frac{1}{3^2}\right)\text{s}^{-1}=4.57\times10^{14}\ \text{s}^{-1}$$

$$\nu_2=3.289\times10^{15}\left(\frac{1}{2^2}-\frac{1}{4^2}\right)\text{s}^{-1}=6.17\times10^{14}\ \text{s}^{-1}$$

$$\nu_3=3.289\times10^{15}\left(\frac{1}{2^2}-\frac{1}{5^2}\right)\text{s}^{-1}=6.91\times10^{14}\ \text{s}^{-1}$$

$$\nu_4=3.289\times10^{15}\left(\frac{1}{2^2}-\frac{1}{6^2}\right)\text{s}^{-1}=7.31\times10^{14}\ \text{s}^{-1}$$

8-2　利用玻尔理论解释氢原子光谱并说明玻尔理论的局限性。

答：氢原子在基态时不会发光。当氢原子得到能量被激发时，电子由基态跃迁到能量较高的激发态。而处于激发态的电子回到能量较低的轨道时会以光子的形式释放出能量。由于两个轨道间的能量差是确定的，所以发射出具有一定的频率的光子。可见光区的 4 条谱线是电子从 $n=3$、4、5、6 能级跃迁到 $n=2$ 能级时所放出的光。因为能级是不连续的，即量子化的，故氢原子光谱是不连续的线状光谱。

局限性：玻尔理论只能解释单电子体系如氢原子、Li^+ 离子等的光谱，不能解释多电子体系的光谱，也不能说明氢原子光谱的精细结构。玻尔理论本身仍是以经典力学理论为基础，没有认识到电子具有波粒二象性，不能全面反映微观粒子的运动规律。

8-3　微观粒子运动的特征是什么？

答：(1) 微观粒子的波粒二象性：一切微观粒子，包括电子和质子、中子等，都具有波粒二象性。法国物理学家德布罗意(L. de Broglie)提出德布罗意公式：

$$\lambda=\frac{h}{p}=\frac{h}{mv}$$

它将微观粒子的波动性和粒子性定量地联系起来。

(2) 微观粒子的不确定性：处于运动中的微观粒子，其精确位置和精确动量不能同时被确定。其数学表达式称为不确定性关系式：

$$\Delta x\cdot\Delta p\geqslant\frac{h}{4\pi}$$

8-4 描述电子运动状态的量子数有哪些？它们之间的关系是什么？

答：主量子数 n，角量子数 l，磁量子数 m 和自旋量子数 m_s。主量子数是决定电子能级的主要量子数。角量子数是决定轨道角动量的量子数，它的取值决定于主量子数 n，只能取 0，1，2，3，…，$(n-1)$。磁量子数决定了原子轨道在空间的不同伸展方向，它的取值由角量子数 l 决定，取在 $+l$ 到 $-l$ 之间的正、负整数和 0。电子只有两种不同方向的自旋，即顺时针方向和逆时针方向的自旋，自旋量子数 m_s 的取值分别为 $+\frac{1}{2}$ 和 $-\frac{1}{2}$。

8-5 下列各组量子数中哪一组是错误的？请将正确的各组量子数用原子轨道符号表示。

(1) $n=2, l=1, m=0$；　　(2) $n=3, l=3, m=-1$；

(3) $n=4, l=0, m=0$；　　(4) $n=3, l=2, m=0$。

答：(1) $2p_z$；(2) 是错误的，l 只能小于 n；(3) 4s；(4) $3d_{z^2}$。

8-6 电子层 K、L、M 和 N 中各含有多少原子轨道？能容纳的电子总数各为多少？一个原子中，量子数为 $n=4$、$l=3$、$m=2$ 时可允许的电子数最多是多少？

答：K、L、M 和 N 分别含有 1、4、9 和 16 条原子轨道，分别能容纳 2、8、18、32 个电子。量子数为 $n=4, l=3, m=2$ 时是一条 4f 轨道，任何一条原子轨道最多只能容纳自旋方向相反的两个电子。

8-7 在离氢原子核 52.9pm 的球壳上，1s 电子出现的概率最大，我们是否可以说氢原子 1s 电子云的界面图的半径也是 52.9pm？

答：电子云的界面图是指在此界面内发现电子的概率很大，例如 90%。在 52.9pm 球壳上，1s 电子出现的概率比半径不等于 52.9pm 的球壳均要大，但在半径等于 52.9pm 的球形空间内，电子出现的概率必小于 90%。也就是说，1s 电子云界面图的半径必大于 52.9pm。所以这句话是不对的。

8-8 p 轨道和 d 轨道都具有方向性，对吗？

答：对。p 轨道和 d 轨道的波函数 ψ 不仅与 r 有关，而且与角度有关，如当 r 一定时，ψ_{2p_z} 的角度部分与 θ 有关，其数值随 θ 的不同而改变。同理 ψ_{2p_x} 和 ψ_{2p_y} 以及各 d 轨道的波函数 ψ_{nd} 也与角度有关，所以具有方向性。

8-9 描述一个原子轨道和原子核外电子的运动状态各需要几个量子数？

答：描述一个原子轨道需要三个量子数 n，l 和 m。而描述原子核外电子的运动状态需要四个量子数 n，l，m 和 m_s。

8-10 鲍林原子轨道近似能级图和科顿原子轨道能级图之间的区别？

答：鲍林原子轨道近似能级图是按能级高低顺序排列的，把能量相近的能级组成能级组，依 1，2，3，…的顺序能量依次增高。

科顿原子轨道能级图指出了原子轨道能量与原子序数的关系，定性地表明了原子序数改变时，原子轨道能量的变化。从科顿原子轨道能级图中可以看出，原子轨道的能量随原子序数的增大而降低，不同原子轨道下降的幅度不同，因而产生相交的现象。同时也可看出，主量子数相同时，氢原子轨道是简并的，即氢原子轨道的能量只与主量子数 n 有关，与角量子数 l 无关。

8-11 确定一个基态原子的电子排布需要遵循哪些规则？下列电子排布式各自违反了哪一规则？

(1) $_7N$：$1s^2 2s^2 2p_x^2 2p_y^1$

(2) $_{28}Ni$ ：$1s^2 2s^2 2p^6 3s^2 3p^6 3d^{10}$

(3) $_{22}Ti$ ：$1s^2 2s^2 2p^6 3s^2 3p^{10}$

答：基态原子的电子排布遵循能量最低原理，泡利不相容原理和洪德规则。

(1) 违反了洪德规则；(2) 违反了能量最低原理；(3) 违反了泡利不相容原理。

8-12　写出下列元素基态原子的电子构型，并指出它们属于第几周期、第几主族或副族。

(1) $_{19}K$；(2) $_{24}Cr$；(3) $_{33}As$；(4) $_{47}Ag$；(5) $_{82}Pb$

答：(1) [Ar]$4s^1$ 第四周期，ⅠA；(2)[Ar] $3d^5 4s^1$ 第四周期，ⅥB；

(3) [Ar]$3d^{10} 4s^2 4p^3$ 第四周期，ⅤA；(4) [Kr] $4d^{10} 5s^1$ 第五周期，ⅠB；

(5) [Xe]$4f^{14} 5d^{10} 6s^2\ 6p^2$ 第六周期，ⅣA。

8-13　写出下列各基态原子的电子构型代表的元素名称及符号。

(1) [Ne]$3s^2 3p^5$；(2) [Ar]$3d^7 4s^2$；(3) [Kr]$4d^{10} 5s^2 5p^4$；(4) [Xe]$4f^{14} 5d^9 6s^1$；

答：(1) 氯 Cl；(2) 钴 Co；(3) 碲 Te；(4) 铂 Pt。

8-14　元素的周期与元素数目、能级和最大电子容量之间分别存在何种关系？元素周期表有几个分区，各包括哪些元素？

答：它们之间的关系如表所示：

周期	元素数目	相应能级组中的原子轨道	最大电子容量
1	2	1s	2
2	8	2s，2p	8
3	8	3s，3p	8
4	18	4s，3d，4p	18
5	18	5s，4d，5p	18
6	32	6s，4f，5d，6p	32
7	32	7s，5f，6d，7p	32

周期表中的元素根据原子结构特征分成 5 个区，即 s 区、p 区、d 区、ds 区和 f 区，第ⅠA、ⅡA 族为 s 区，第ⅢA～ⅦA 族与 0 族为 p 区，第ⅢB～ⅦB 族及Ⅷ族为 d 区，第ⅠB、ⅡB 族为 ds 区，镧系和锕系元素为 f 区。

8-15　下列基态元素的原子未成对电子数最多和最少的分别是哪一个？

(1) Li；(2)Mg；(3) S；(4) Al；(5) Si；(6) P。

答：未成对电子数最多的是 P，最少的是 Mg。

8-16　下列电子构型中，属于原子激发态的是哪一个？

(1) $1s^2 2s^1 2p^1$；(2) $1s^2 2s^2 2p^6$；(3) $1s^2 2s^2 2p^6 3s^2$；(4) $1s^2 2s^2 2p^6 3s^2 3p^6 4s^1$。

答：(1) $1s^2 2s^1 2p^1$ 属于激发态。

8-17　下列离子中，哪一个具有 Kr 的电子构型？

(1) Ti^{4+}；(2) Fe^{2+}；(3) Br^-；(4) P^{3-}；(5)Cu^{2+}；(6) Na^+。

答：(3) Br^-。

8-18 已知某元素基态原子的电子构型为 $1s^2 2s^2 2p^6 3s^2 3p^6 3d^{10} 4s^2 4p^6 4d^{10} 5s^2 5p^1$，该元素是什么元素，原子序数是多少？属于第几周期、第几族？是主族还是过渡元素？

答：是 In，原子序数为 49，属于第五周期，第ⅢA 族，主族元素。

8-19 有两种元素的原子在 $n=4$ 的电子层上都有两个电子，在次外层 $l=2$ 的轨道中电子数分别为 0 和 10。请回答：

(1) 这两种元素分别是什么？位于周期表中第几周期、第几族？

(2) 写出它们原子的电子构型。

答：(1) 钙(Ca)和锌(Zn)，位于周期表中的第四周期。Ca 是第ⅡA 主族，Zn 是第ⅡB 副族。

(2) Ca：[Ar] $4s^2$；Zn：[Ar] $3d^{10}4s^2$。

8-20 元素周期表中，主族元素和过渡元素的原子半径随着原子序数的增加，从上到下和从左到右分别有什么规律？

答：同周期元素随原子序数的增加，原子半径表现出从左向右减小的趋势，主族、过渡和内过渡元素原子半径减小的快慢不同。主族元素减小最快；过渡元素总体上表现为减小，但不规则且减小较慢；内过渡元素减小最慢。各周期末尾稀有气体的半径较大，是范德华半径。同族元素随原子序数的增加原子半径自上而下增大，电子层数成为决定原子半径的主要因素。主族元素的变化明显；过渡元素的变化不明显，特别是镧系以后的各元素（由于镧系效应，Nb 与 Ta 半径一样），第六周期原子半径比同族第五周期的原子半径增加不多，有的甚至减少（Hf 比 Zr 的半径小）。

8-21 写出下列原子或离子半径由大到小的顺序。

(1) Si，Cl，S，Mg；(2) P，As，Sb，N，Bi；(3) K^+，V^{5+}，Ni^{2+}，Br^-，Sc^{3+}

答：同周期元素原子半径表现出从左向右逐渐减小，负离子半径大于正离子半径。

(1) Mg>Si>S>Cl；(2) Bi>Sb>As>P>N；(3) $Br^- > K^+ > Ni^{2+} > Sc^{3+} > V^{5+}$

8-22 什么是电离能和亲和能？元素的第一电离能和第一电子亲和能在同周期和同族中有何变化规律？

答：电离能：基态气体原子失去最外层一个电子成为气态+1 价离子所需要的最小能量称为第一电离能。再从该气态正离子相继逐个失去电子所需要的最小能量称为第二、第三、…电离能。各级电离能符号分别用 I_1、I_2、I_3 等表示。

电子亲和能：元素的气态原子在基态时获得一个电子成为气态－1 价离子所放出或吸收的能量称为电子亲和能。像电离能一样，电子亲和能也有第一、第二电子亲和能之分，以 $EA1$、$EA2$ 表示。

电离能变化规律：同一周期，从左向右，电离能变化的总趋势是逐渐增大。同一主族元素由于最外层电子数相同，随着原子半径的逐渐增大，原子核对核外电子的吸引作用逐渐减弱，电子逐渐变得易于失去，电离能依次减小。

电子亲和能变化规律：同一周期，从左到右，原子半径逐渐减小，最外层电子数逐渐增多，元素的电子亲和能减小。同一主族，从上到下，电子亲和能变化规律不明显。有些呈现变大的趋势，而有些则呈反趋势。

8-23　第二周期元素从 Li 到 Ne 中第一电离能数据出现尖端的元素是哪些？这些元素的原子结构特点是什么？

答:Be、N 和 Ne。Be 原子的 2s 亚层全满，N 原子的 2p 亚层半满，Ne 原子为最外层全满的八电子稳定结构。

8-24　写出下列元素第一电离能由大到小的顺序。

(1) Na;(2) Al;(3) Cl;(4) K;(5) F。

答:同一周期，从左向右，主族元素的第一电离能逐渐增大；同一主族从上到下，第一电离能逐渐减小。所以 F>Cl>Al>Na>K。

8-25　什么是电负性，其在同周期和同族中有何变化规律？电负性最大和最小的元素分别是什么？

答:鲍林首先提出了元素电负性的概念，认为电负性是原子在分子中吸引电子的能力。电负性随原子序数增大发生有规律的变化，同一周期中，元素的电负性从左向右增大；而同一族中，元素的电负性从上到下减小。电负性最大的是 F，最小的是 Cs。

第 9 章　分子结构

9-1　画出 N_2、SF_4、H_2SO_4、$(CH_3)_2O$、ClO_3^- 的路易斯结构式。

答：

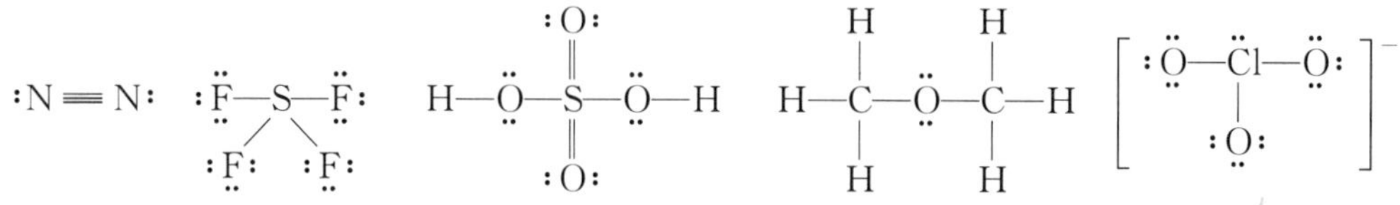

N_2　　SF_4　　H_2SO_4　　$(CH_3)_2O$　　ClO_3^-

9-2　如何理解共价键具有方向性和饱和性的特征？

答：(1) 共价键具有饱和性：共价键的成键条件之一是成键原子需要提供至少一个成单电子，与另一个原子的成单电子以自旋相反的方式两两配对成键。因为每个原子能提供的成单电子数是一定的，所以能与其发生键合的成单电子数目也是一定的，也就是说对于一个原子来说，成键的总数或能与其成键的原子数目是一定的。

(2) 共价键的方向性：共价键成键的另一个重要的条件是成键的两个原子轨道需要发生最大程度的重叠，才能使得体系能量降到最低，形成稳定的共价键。原子轨道都有一定的形状和空间取向(s 轨道的球形分布除外)，所以只有沿着某些特定的方向才能达到最大程度的重叠，因此形成的共价键在空间具有一定的取向，即共价键的方向性。

9-3　s-s、s-p、p-p 等轨道以“头碰头”的方式发生同号轨道重叠都能形成 σ 键，试判断以下分子中 σ 键的类型。

(1) LiH；(2) HCl；(3) Cl_2；(4) CH_4。

答：(1) s-s；(2) s-p；(3) p-p；(4) s-p。

9-4　简述 σ 键和 π 键的各自特征。

答：(1) 对于 σ 键，键轴是成键原子轨道的对称轴，绕键轴旋转时成键原子轨道的图形和符号均不发生变化。σ 键中原子轨道能够发生最大程度的重叠，所以 σ 键具有键能大、稳定性高的特点。

(2) π 键中成键的原子轨道对通过键轴的一个节面呈反对称性，也就是成键轨道在该节面上下两部分图形一样，但符号相反。π 键中轨道重叠程度要比 σ 键中的重叠程度小，所以 π 键较 σ 键而言，键能低、稳定性差。然而也正因为此，π 键上的电子较为活跃，易发生化学反应。

9-5　通过对 H_2O、NH_3、CH_4 分子结构的分析，说明为什么只存在 H_3O^+ 和 NH_4^+，而不存在 CH_5^+？

答：H_2O，NH_3，CH_4 的分子结构可表示如下：

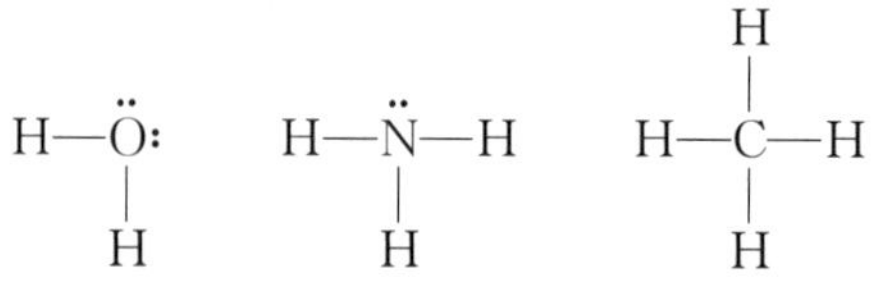

由此可见，在 O 原子和 N 原子上都有孤对电子，它们可与 H^+ 形成配位键，因此 H_2O 和 NH_3 都能与 H^+ 结合而分别形成 H_3O^+ 和 NH_4^+；而 C 原子上没有孤对电子，所以 CH_4 不能与 H^+ 结合形成 CH_5^+。

9-6　分析 NI_3、CH_3Cl、CO_2、BrF_3、OF_2 分子中轨道杂化情况。

答：NI_3：N 原子采取不等性 sp^3 杂化，除一对孤对电子外的三个杂化轨道分别与三个 I 原子的各一个含单电子的 5p 轨道重叠形成三条 $(sp^3\text{-}p)\sigma$ 键。

CH_3Cl：C 原子以 sp^3 杂化形成四条杂化轨道，其中三条与三个 H 原子的 1s 轨道重叠形成三条 $(sp^3\text{-}s)\sigma$ 键，另一条杂化轨道与 Cl 原子的一个含单电子的 3p 轨道重叠形成 $(sp^3\text{-}p)\sigma$ 键。

CO_2：C 原子采取 sp 杂化轨道分别与两个 O 原子中各一个含单电子的 2p 轨道重叠，形成 $(sp\text{-}p)\sigma$ 键。C 原子中未参与杂化且各含一个单电子的两个 p 轨道分别与两个 O 原子各一个含单电子的 2p 轨道重叠形成 $(p\text{-}p)\pi$ 键。因此每一对 C—O 组合中都含有一条 σ 键和一条 π 键，为双键结构 C=O。

BrF_3：Br 原子采取 sp^3d 杂化，其中两条杂化轨道中分别含有一对孤对电子，另三条各含有一个单电子的杂化轨道分别与 F 原子的一条含单电子的 2p 轨道重叠形成三条 $(sp^3d\text{-}p)\sigma$ 键。

OF_2：O 原子采取 sp^3 杂化，其中两条杂化轨道被孤对电子占据，另两条杂化轨道各填充一个单电子，分别与 F 原子的一个含单电子的 2p 轨道重叠形成两条 $(sp^3\text{-}p)\sigma$ 键。

9-7　解释下列分子或离子结构中形成的共轭大 π 键。

(1) NO_3^-，Π_4^6；(2) O_3，Π_3^4。

答：(1) 中心 N 原子采取 sp^2 等性杂化，每条杂化轨道各填充一个单电子，与三个 O 原子的 $2p_x$ 轨道分别形成 σ 键，从而确定平面三角形的分子构型。中心 N 原子中还有一条未参与杂化且垂直分子平面的 $2p_z$ 轨道，里面填充一对孤对电子；三个 O 原子也各含一条垂直分子平面的 $2p_z$ 轨道，各填充一个单电子；此外 NO_3^- 离子的一个电子也在这 4 个 $2p_z$ 轨道中运动，共同构成了共轭大 π 键 Π_4^6。

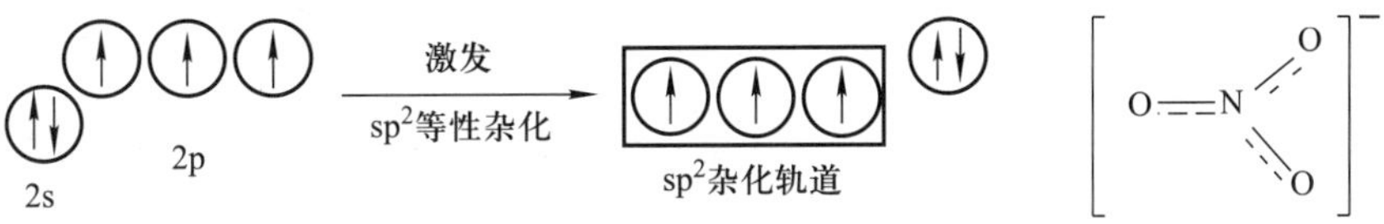

(2) 中心 O 原子采取 sp^2 不等性杂化，其中一条杂化轨道填充一对孤对电子，另两个杂化轨道各填充一个单电子，与 2 个配体 O 原子的 $2p_x$ 轨道分别形成 σ 键，确定了平面三角形分子构型。中心 O 原子中还有一条垂直分子平面的 $2p_z$ 轨道，里面填充一对孤对电子，两个配位 O 原子也各含一条垂直分子平面的 $2p_z$ 轨道，填充一个单电子，共同构成共轭大 π 键 Π_3^4。

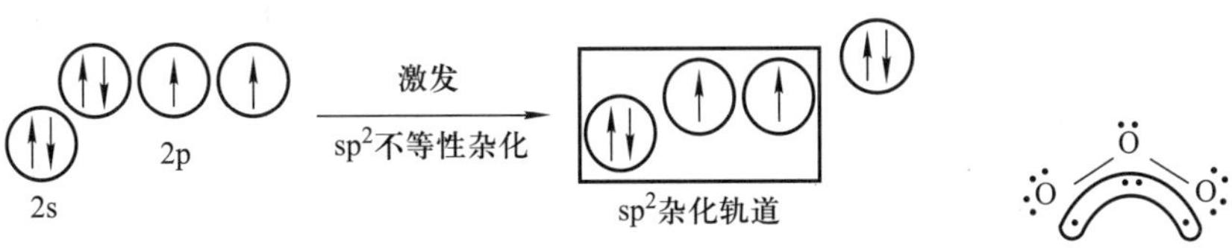

9-8 下列两组分子中的两个分子的中心原子氧化数和配位数都相同，而分子构型却不同，试分析中心原子的杂化类型和分子构型的区别。

(1) BCl_3 和 NCl_3；(2) CO_2 和 SO_2。

答：(1) BCl_3：中心 B 原子电子构型为[He]$2s^2 2p^1$，2s 轨道的电子激发到 2p 轨道后，采取 sp^2 杂化方式，形成三个 sp^2 杂化轨道，分别与三个 Cl 原子的 $2p_x$ 轨道形成 σ 键，因此形成的分子构型是平面三角形。

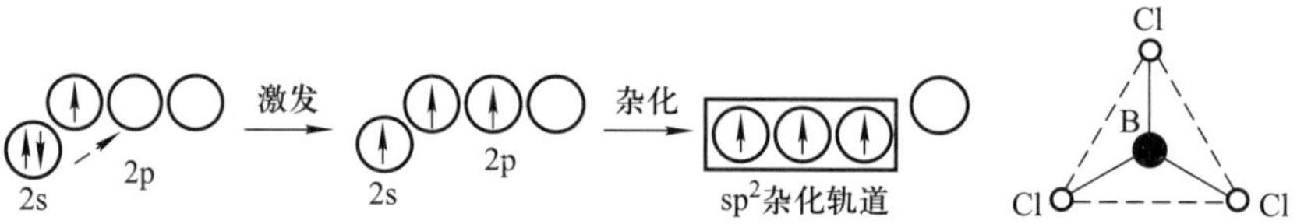

NCl_3：中心 N 原子电子构型为[He]$2s^2 2p^3$，采取 sp^3 不等性杂化方式，其中三条 sp^3 杂化轨道各填充一个单电子，分别与三个 Cl 原子的 $2p_x$ 轨道形成 σ 键；另一个 sp^3 杂化轨道填充一孤对电子，因此形成的分子构型是三角锥形。

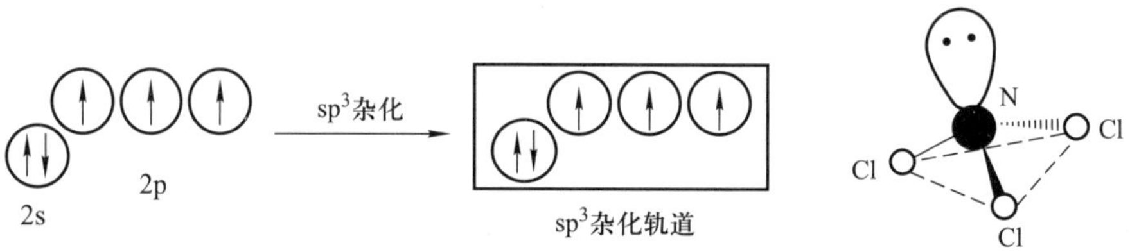

(2) CO_2：中心 C 原子电子构型为[He]$2s^2 2p^2$，2s 电子激发后，采取 sp 杂化，4 个价电子分别填充在两个 sp 轨道和两个 2p 轨道中。C 原子中仍有两个未参与杂化的 p 轨道，与 sp 杂化轨道的轴相互垂直。当 O 原子与 C 原子靠近成键时，两个 O 原子的 $2p_x$ 轨道分别沿轴向与 C 原子的 sp 轨道重叠形成 σ 键；与此同时，两个 O 原子的 $2p_y$ 轨道与 C 原子的一个 2p 轨道平行；两个 O 原子的 $2p_z$ 轨道与 C 原子的另一个 2p 轨道平行，分别形成共轭大 π 键 Π_3^4。最终形成 CO_2 直线形分子构型。

SO_2：中心 S 原子电子构型为[Ne]$3s^2 3p^4$，采取 sp^2 不等性杂化方式，其中两条 sp^2 杂化轨道各填充一个单电子，分别与 O 原子的 $2p_x$ 轨道形成 σ 键；另一个 sp^2 杂化轨道填充一对孤对电子，因此形成的分子构型是 V 形。S 原子还有一个未参与杂化的 3p 轨道中填充有一对孤对电子，与两个 O 原子 2p 轨道中的单电子形成共轭大 π 键 Π_3^4。由于 S 原子半径较大，两个 O 原子间斥力不大，两个 O 原子间的斥力与 S 原子上的孤对电子对成键电子的斥力相当，因而 SO_2 分子中键角恰好是 120°。

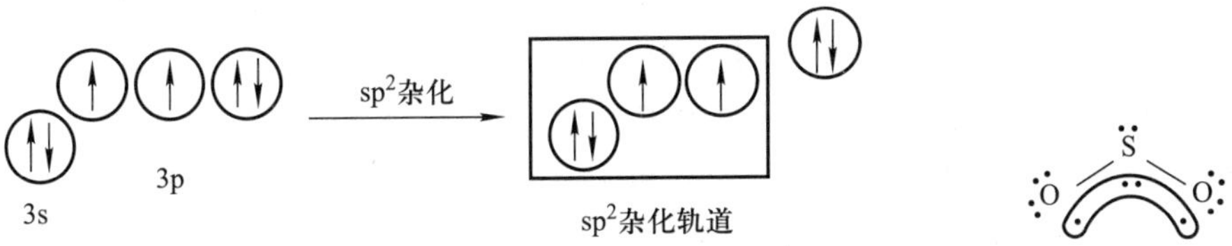

9-9　用价层电子对互斥理论推测下列分子或离子的空间结构。

(1) NO_2^-；(2) $SnCl_3^-$；(3) SO_2Cl_2；(4) BrF_3；(5) I_3^-；(6) SO_3^{2-}；(7) SO_4^{2-}；(8) CO_3^{2-}；(9) IF_5；(10) ClO_2^-。

答：(1) V 形；(2) 三角锥形；(3) 四面体形；(4) T 形；(5) 直线形；(6) 三角锥形；(7) 四面体形；(8) 三角形；(9) 四方锥形；(10) V 形。

9-10　分别比较下列几组分子或离子的键角大小。

(1) H_2O；BF_3；CO_2；NH_3；CH_4。

(2) PH_3；NH_3；AsH_3。

答：(1) $CO_2 > BF_3 > CH_4 > NH_3 > H_2O$。

(2) $NH_3 > PH_3 > AsH_3$。

9-11　已知丁三烯是平面分子，试画出该分子结构，并说明分子中四个 C 原子的轨道杂化情况以及各个键角分别为多少？结构中是否存在共轭大 π 键？若有，说明大 π 键的组成。

答：

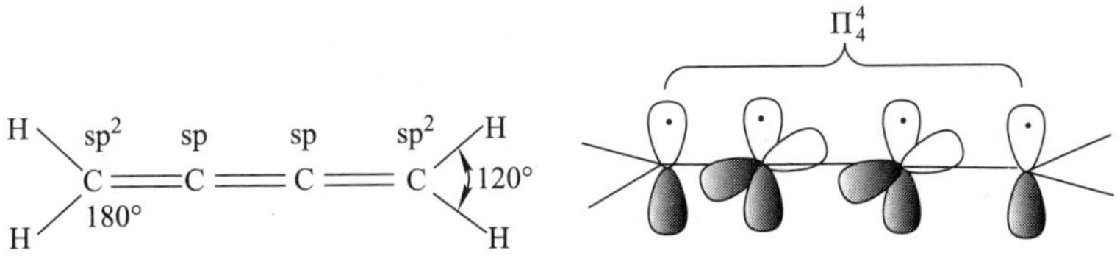

9-12　分子轨道是由原子轨道线性组合而成的，这种组合必须要遵循的三个原则是什么？试举例说明。

答：(1) 对称性匹配原则：s 和 p_x 原子轨道对于旋转以及反映两个操作均为对称；而 p_y 和 p_z 原子轨道均是反对称，所以它们都属于对称性匹配，可以组成分子轨道。

(2) 能量近似原则：同核双原子分子 H_2 中两个 H 的 1s 轨道能量相等，异核双原子分子 HF 中，F 原子的 2p 轨道能量与氢原子的 1s 轨道能量相近，可以组成分子轨道。

(3) 轨道最大重叠原则：s-s 以及 p_x-p_x 之间有最大重叠区域，可以组成分子轨道；而 s-p_x 轨道之间只要能量相近也可以组成分子轨道。

9-13　用分子轨道理论说明为什么两组同周期同核双原子分子 H_2 和 He_2、Li_2 和 Ne_2 中，H_2 和 Li_2 分子稳定，而 He_2 和 Ne_2 分子不稳定？写出电子排布式并计算键级。

答：根据分子轨道理论，H_2、He_2、Li_2 和 Ne_2 的分子轨道排布式分别为：

$H_2[(\sigma_{1s})^2]$

$He_2[(\sigma_{1s})^2(\sigma_{1s}^*)^2]$

$Li_2[(\sigma_{1s})^2(\sigma_{1s}^*)^2(\sigma_{2s})^2]$

$Ne_2[(\sigma_{1s})^2(\sigma_{1s}^*)^2(\sigma_{2s})^2(\sigma_{2s}^*)^2(\sigma_{2p_x})^2(\pi_{2p_y})^2(\pi_{2p_z})^2(\pi_{2p_y}^*)^2(\pi_{2p_z}^*)^2(\sigma_{2p_x}^*)^2]$

H_2 中来自两个 H 原子的 1s 电子，优先填入能量较低的 σ_{1s}轨道而让轨道空置。根据键级公式：键级=(成键轨道中的电子数−反键轨道中的电子数)/2，可以算出 H_2 的键级为 1，为单键，可以形成稳定的分子。而 He_2 中成键电子数和反键电子数相等，净结果是降低的能量和升高的能量相抵消，键级为 0，两个 He 原子不能形成共价键，即不能形成稳定的 He_2 分子。Li_2 中四个 1s 电子分别填入 σ_{1s}轨道和 σ_{1s}^*轨道，而两个 2s 电子填入 σ_{2s}轨道，算出键级为 1，故形成单键，可以形成稳定的分子。而 Ne_2 分子中成键电子数和反键电子数同样相等，净结果是降低的能量和升高的能量相抵消，键级为 0，两个 Ne 原子不能形成稳定的 Ne_2 分子。

9-14 用分子轨道理论解释为什么 O_2 具有顺磁性，而 N_2 却具有反磁性？

答：根据分子轨道理论可以写出 O_2 和 N_2 分子轨道的排布式分别为：

$N_2[(\sigma_{1s})^2(\sigma_{1s}^*)^2(\sigma_{2s})^2(\sigma_{2s}^*)^2(\pi_{2p_y})^2(\pi_{2p_z})^2(\sigma_{2p_x})^2]$

$O_2[(\sigma_{1s})^2(\sigma_{1s}^*)^2(\sigma_{2s})^2(\sigma_{2s}^*)^2(\sigma_{2p_x})^2(\pi_{2p_y})^2(\pi_{2p_z})^2(\pi_{2p_y}^*)^1(\pi_{2p_z}^*)^1]$

N_2 分子排布式中$(\pi_{2p_y})^2$、$(\pi_{2p_z})^2$ 和$(\sigma_{2p_x})^2$ 三条轨道的电子都是自旋相反的成对电子，故具有反磁性。而 O_2 分子的最后 2 个电子进入轨道，它们分占能量相等的两个反键轨道，每个轨道里有一个电子，它们的自旋方向相同。这样 O_2 分子中存在两个未成对电子，故 O_2 分子具有顺磁性。

9-15 NO^+是 N_2 的等电子体，NO^-是 O_2 的等电子体，试计算它们的键级并说明磁性。

答：根据题意，可以写出 NO^+和 NO^-的分子轨道排布式：

$NO^+[(\sigma_{1s})^2(\sigma_{1s}^*)^2(\sigma_{2s})^2(\sigma_{2s}^*)^2(\pi_{2p_y})^2(\pi_{2p_z})^2(\sigma_{2p_x})^2]$

$NO^-[(\sigma_{1s})^2(\sigma_{1s}^*)^2(\sigma_{2s})^2(\sigma_{2s}^*)^2(\sigma_{2p_x})^2(\pi_{2p_y})^2(\pi_{2p_z})^2(\pi_{2p_y}^*)^1(\pi_{2p_z}^*)^1]$

NO^+的键级为 3，具有反磁性；而 NO^-的键级为 2，具有顺磁性。

9-16 多原子分子中，键的解离能与键的键能相等，对吗？

答：不对。多原子分子中，键能和键的解离能是不同的。在气态多原子分子中断裂分子中的某一个键，形成两个原子或原子团时所需的能量称为该键的解离能。键能定义为在标准状态下断裂气态分子中某种键成为气态原子时，所需能量的平均值。键解离能指的是解离分子中某一特定键所需的能量，而键能指的是某种键的平均能量。

9-17 相同原子间的双键和叁键的键能分别是单键键能的两倍和三倍，对吗？

答：不对。虽然是相同原子，但由于单键、双键和叁键键长是不同的，故双键和叁键与单键的键能之间不存在两倍和三倍的关系。

9-18 举例说明如何用键能和键长来说明分子的稳定性。

答：一般键长越长，原子核间距离越大，键的强度越弱，键能越小。H—F、H—Cl、H—Br、H—I 键的键长分别是 92、127、141 和 161pm，键能分别为 570、432、366 和 298 kJ · mol^{-1}，随着键长增加，键能依次递减，因此分子的热稳定性依次降低。

9-19 利用键能数据估算 C_2H_6 的标准摩尔燃烧焓 $\Delta_c H_m^\ominus(C_2H_6, g)$。$E_B(O=O)=498$ kJ · mol^{-1}，$E_B(C=O)=803$ kJ · mol^{-1}，$\Delta_{vap}H_m^\ominus(H_2O)=44$ kJ · mol^{-1}，其他键能数据查教材表 10-1。

答：乙烷的燃烧反应为：

$$2C_2H_6(g)+7O_2(g) \longrightarrow 4CO_2(g)+6H_2O(l)$$

$$6H_2O(l) \longrightarrow 6H_2O(g)$$

$\Delta_r H_m^\ominus = 2E_B(C-C) + 12E_B(C-H) + 7E_B(O=O) -$

$8E_B(C=O) - 12E_B(H-O) - 6\Delta_{vap}H_m^\ominus(H_2O)$

$= (2\times346 + 12\times414 + 7\times498 - 8\times803 - 12\times464 - 6\times44)\ kJ\cdot mol^{-1}$

$= -3110\ kJ\cdot mol^{-1}$

乙烷的燃烧焓 $\Delta_c H_m^\ominus(C_2H_6, g) = \Delta_r H_m^\ominus = -3110\ kJ\cdot mol^{-1}$

9-20　试用分子轨道理论说明为什么共轭大 π 键 Π_n^m 中，$m<2n$，一旦 $m=2n$，整个共轭大 π 键就会崩溃？

答：因为键级为零。

第 10 章　晶体结构

10-1　试用离子键理论说明由金属钾和单质氯反应，形成氯化钾的过程？如何理解离子键没有方向性和饱和性？

答：K 的外电子层结构为 $3s^2 3p^6 4s^1$，容易失去最外层的一个电子形成稳定的正离子 K^+；Cl 的外电子层结构为 $3s^2 3p^5$，容易得到一个电子形成稳定的负离子 Cl^-。然后正负离子间靠静电作用形成 K^+Cl^- 离子键。离子键的特点是没有方向性和饱和性，可与任何方向的电性不同的离子相吸引，所以无方向性。只要是正负离子之间，则彼此吸引，即无饱和性。

10-2　根据离子半径比推测下列物质的晶体各属何种类型。

（1）KBr　（2）CsI　（3）NaI　（4）BeO　（5）MgO

解：$r^+/r^- = 0.225 \sim 0.414$ 为 ZnS 型晶体；$r^+/r^- = 0.414 \sim 0.732$ 为 NaCl 型晶体；$r^+/r^- = 0.732 \sim 1$ 为 CsCl 型晶体。

（1）K^+ 与 Br^- 的离子半径比为：133pm/196pm＝0.679，为 NaCl 型晶体；

（2）Cs^+ 与 I^- 的离子半径比为：167pm/220pm＝0.759，为 CsCl 型晶体；

（3）Na^+ 与 I^- 的离子半径比为：97pm/220pm＝0.441，为 NaCl 型晶体；

（4）Be^{2+} 与 O^{2-} 的离子半径比为：35pm/140pm＝0.250，为 ZnS 型晶体；

（5）Mg^{2+} 与 O^{2-} 的离子半径比为：66pm/140pm＝0.471，为 NaCl 型晶体。

10-3　试证明配位数为 6 的离子晶体中，最小的正负离子半径比为 0.414。

证明：下图为 NaCl 晶体的晶面的离子排列示意图。这里 r_A 代表阴离子（Cl^-）的离子半径，r_C 代表阳离子（Na^+）的离子半径。

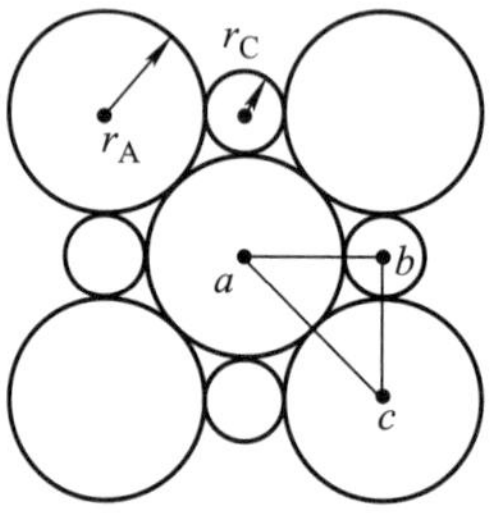

从△*abc* 中得知

$$ac = 2r_A$$

$$ab = bc = r_A + r_C$$

而

$$ab^2 + bc^2 = ac^2$$

即

$$(r_A + r_C)^2 + (r_A + r_C)^2 = (2r_A)^2$$

$$r_A + r_C = \sqrt{2}\, r_A$$

$$\frac{r_C}{r_A} = \sqrt{2} - 1 = 0.414$$

10-4 Al^{3+} 和 O^{2-} 的离子半径分别为 $0.051nm$, $0.132nm$, 试求 Al_2O_3 的配位数。

解:两离子半径之比 $\frac{0.051}{0.132}=0.386$。

离子晶体配位数取决于阳、阴离子半径之比,查表得知,当 r^+/r^- 为 $0.225\sim 0.414$ 时,其配位数为 4,负离子多面体形状为四面体形。

10-5 利用玻恩-哈伯循环计算 NaCl 的晶格能。

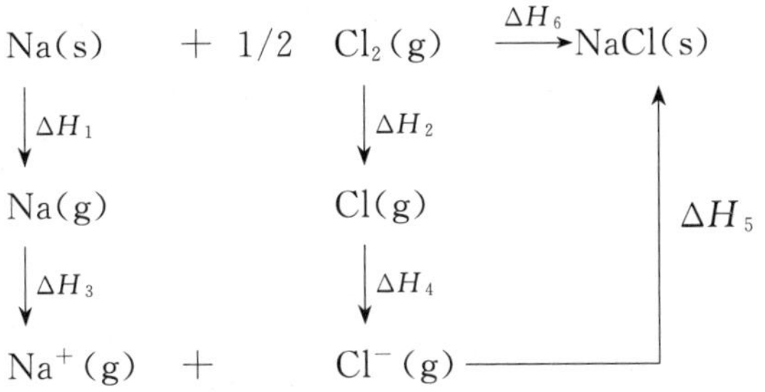

$$\begin{array}{ccc} Na(s) & + 1/2\ Cl_2(g) & \xrightarrow{\Delta H_6} NaCl(s) \\ \downarrow \Delta H_1 & \downarrow \Delta H_2 & \\ Na(g) & Cl(g) & \uparrow \Delta H_5 \\ \downarrow \Delta H_3 & \downarrow \Delta H_4 & \\ Na^+(g) & + \quad Cl^-(g) & \end{array}$$

解:

$\Delta H_1 = S = 108.8\ kJ\cdot mol^{-1}$,即 Na(s) 的升华热 S;

$\Delta H_2 = 1/2D = 119.7\ kJ\cdot mol^{-1}$,即 $Cl_2(g)$ 的解离能 D 的一半;

$\Delta H_3 = I_1 = 496\ kJ\cdot mol^{-1}$,即 Na 的第一电离能 I_1;

$\Delta H_4 = -E = -348.7\ kJ\cdot mol^{-1}$,即 Cl 的电子亲和能 E 的相反数;

$\Delta H_5 = -U = ?$,即 NaCl 的晶格能 U 的相反数;

$\Delta H_6 = \Delta_f H_m^\ominus = -410.9\ kJ\cdot mol^{-1}$,即 NaCl 的标准生成热。

由盖斯定律 $\Delta H_6 = \Delta H_1 + \Delta H_2 + \Delta H_3 + \Delta H_4 + \Delta H_5$

所以 $\Delta H_5 = \Delta H_6 - (\Delta H_1 + \Delta H_2 + \Delta H_3 + \Delta H_4)$

即 $U = \Delta H_1 + \Delta H_2 + \Delta H_3 + \Delta H_4 - \Delta H_6$

$= (108.8+119.7+496-348.7+410.9)kJ\cdot mol^{-1} = 786.7\ kJ\cdot mol^{-1}$

10-6 指出下列离子的外层电子构型属于哪种类型。

(1) Ba^{2+} (2) Cr^{3+} (3) Pb^{2+} (4) Cd^{2+}

答:(1) Ba^{2+} 属于 8 电子型;(2) Cr^{3+} 属于不规则 9-17 电子型;(3) Pb^{2+} 属于 18+2 电子型;(4) Cd^{2+} 属于 18 电子型。

10-7 试用离子极化的观点,解释下列现象:

(1) AgF 易溶于水,AgCl、AgBr 和 AgI 难溶于水,溶解度也依次减小。

(2) AgCl、AgBr 和 AgI 的颜色依次加深。

答:这几种物质阳离子相同,而阴离子半径依次增大,离子的极化率主要取决于离子半径的大小,离子半径愈大,则极化率愈大。阴离子因得到电子而使外层电子云发生膨胀,故离子半径比原子半径要大很多,离子半径大,电荷密度低,极化能力弱,变形能力就非常强,导致阳、阴离子外层轨道发生重叠,键长缩短,键的极性减弱,水溶性下降,所以,AgF、AgCl、AgBr、AgI 的溶解度依次降低。离子极化使价层电子能级差降低,使光谱红移,颜色加深,所以,AgCl、AgBr 和 AgI 的颜色依次加深。

10-8 能否说"金属键实际就是多个原子间的共价键"?

答:金属键和共价键都是靠共用电子而把原子结合在一起的,但两者又有区别,一般共价键共用的电子是为两个成键原子所共有,也叫做定域电子;而金属键共用的自由电子则是为整个晶体内原子所共有,也叫做非定域电子。因此金属键可看成是由许多原子共用许多电子的一种特殊形式的共价键。

10-9 试用能带理论说明铜和镁为什么是导体?

答:一般金属导体的价电子能带有两种存在形式,一是价电子能带半满;二是价电子能带虽全满,但有空的能带(如 Be、Mg 等),而且两能带能量间隔很小,彼此能发生部分重叠。当外电场存在时,第一种情况由于能带中未充满电子,很容易导电;而第二种情况,由于满带中的价电子可以部分进入空的能带,因而也能导电。Cu 属于第一种情况,Mg 属于第二种情况。

10-10 H_2O_2 分子的偶极矩为 7.10×10^{-30} C·m,其中原子的连接方式为 H—O—O—H,判断这种分子是否可能是直线形?

答:H_2O_2 分子的偶极矩不为 0,正、负电中心不重合,可以推断 O 原子和 H 原子不会在同一平面上,因此,H_2O_2 不可能是直线形。事实上,H_2O_2 分子中两个 H 原子犹如在半展开的书的两页上,O 原子则在书的夹缝上,书页夹角为 93°51′,而两个 O—H 键与 O—O 键的夹角均为 96°52′。

10-11 比较下列物质中键的极性的大小。

NaF,HF,HCl,HI,I_2

答:NaF、HF、HCl、HI、I_2 极性依次减小,I_2 为非极性物质。

10-12 说明下列每组分子之间存在着什么形式的分子间力(取向力、诱导力、色散力、氢键)?

(1) 苯和四氯化碳;(2) 甲醇和水;(3) 溴化氢气体;(4) 氦和水;(5) 氯化钠和水。

答:(1) 苯和四氯化碳都是非极性分子,之间只有色散力;

(2) 甲醇和水都是极性分子,之间有取向力、诱导力和色散力;

(3) 溴化氢气体是极性分子,则有取向力、诱导力和色散力;

(4) 氦是非极性分子,水是极性分子,二者之间有诱导力和色散力;

(5) 氯化钠和水都是极性分子,之间有取向力、诱导力和色散力。

10-13 为什么氢气、氦气具有最低的沸点?

答:受分子间作用力的影响,随着分子量的加大,分子间的色散力加大,分子间作用力增强,分子间的结合较强,因而熔、沸点就越来越高,呈现一定的递变规律。氢气、氦气是分子晶体中分子量最小的物质,因此沸点相应也最低。

10-14 下列化合物中是否存在氢键?若存在氢键,属何种类型?

(1) NH_3　(2) 

(3) 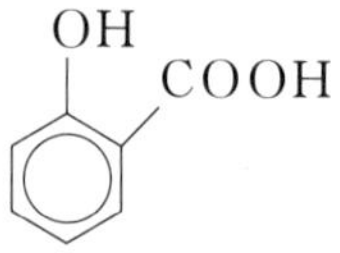

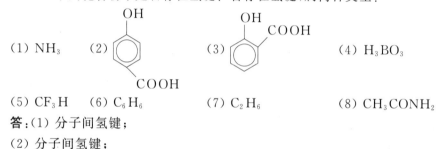

(4) H_3BO_3

(5) CF_3H　(6) C_6H_6　(7) C_2H_6　(8) CH_3CONH_2

答:(1) 分子间氢键;

(2) 分子间氢键;

(3) 分子内氢键；

(4) 分子间氢键；

(5) 分子间氢键；

(6)、(7) 无氢键；

(8) 分子内氢键。

第 11 章　配位化合物

11-1　给出下列配合物的名称和中心原子的氧化态。

$[PtCl_2(NH_3)_2]$　$[Co(C_2O_4)_3]^{3-}$　$K_2[Co(NCS)_4]$　$[CoCl_3(NH_3)_3]$

$Na_3[Ag(S_2O_3)_2]$　$[CrCl(NH_3)_5]^{2+}$　$Na_2[SiF_6]$　$K_2[Zn(OH)_4]$

$[Zn(NH_3)_4](OH)_2$　$[PtCl_4(NH_3)_2]$　$H_2[PtCl_6]$　$[Cu(CN)_4]^{3-}$

答：

配合物	名称	中心原子及氧化态	配离子电荷
$[PtCl_2(NH_3)_2]$	二氯二氨合铂(Ⅱ)	Pt^{2+}	0
$[Co(C_2O_4)_3]^{3-}$	三草酸根合钴(Ⅲ)离子	Co^{3+}	−3
$K_2[Co(NCS)_4]$	四异硫氰酸根合钴(Ⅱ)酸钾	Co^{2+}	−2
$[CoCl_3(NH_3)_3]$	三氯三氨合钴(Ⅲ)	Co^{3+}	0
$Na_3[Ag(S_2O_3)_2]$	二硫代硫酸根合银(I)酸钠	Ag^{+}	−3
$[CrCl(NH_3)_5]^{2+}$	一氯五氨合铬(Ⅲ)离子	Cr^{3+}	+2
$Na_2[SiF_6]$	六氟合硅(Ⅳ)酸钠	Si^{4+}	−2
$K_2[Zn(OH)_4]$	四羟基合锌(Ⅱ)酸钾	Zn^{2+}	−2
$[Zn(NH_3)_4](OH)_2$	氢氧化四氨合锌(Ⅱ)	Zn^{2+}	+2
$[PtCl_4(NH_3)_2]$	四氯二氨合铂(Ⅳ)	Pt^{4+}	0
$H_2[PtCl_6]$	六氯合铂(Ⅳ)酸	Pt^{4+}	−2
$[Cu(CN)_4]^{3-}$	四氰合铜(I)离子	Cu^{+}	−3

11-2　写出下列配合物的化学式：

(1) 氯化二氯一水三氨合钴(Ⅲ)；(2) 六氯合铂(Ⅳ)酸钾；(3) 二氯四硫氰合铬(Ⅲ)酸铵；(4) 二草酸根二氨合钴(Ⅲ)酸钙；(5) 氢氧化六氨合钴(Ⅲ)；(6) 氯化二铵合银(I)；(7) 六氟合硅(IV)酸钠；(8) 四氰合镍(Ⅱ)酸钠；(9) 四羰基合镍(0)；(10) 三硝基三氨合钴(Ⅲ)。

答：(1) $[CoCl_2H_2O(NH_3)_3]Cl$；(2) $K_2[PtCl_6]$；(3) $(NH_4)_3[CrCl_2(SCN)_4]$；(4) $Ca[Co(C_2O_4)_2(NH_3)_2]_2$；(5) $[Co(NH_3)_6](OH)_3$；(6) $[Ag(NH_3)_2]Cl$；(7) $Na_2[SiF_6]$；(8) $Na_2[Ni(CN)_4]$；(9) $[Ni(CO)_4]$；(10) $[Co(NO_2)_3(NH_3)_3]$。

11-3　画出下列配离子的几何异构体。

(1) $[CoCl_2(NH_3)_2(H_2O)_2]^+$；(2) $[Pt(NH_3)_2(OH)_2Cl_2]$

答:(1)

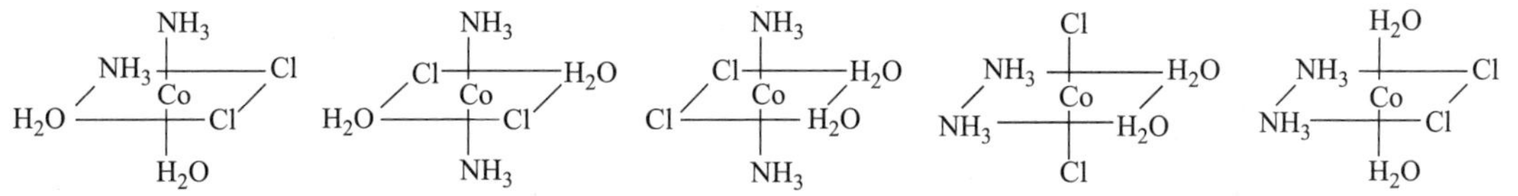

(2)

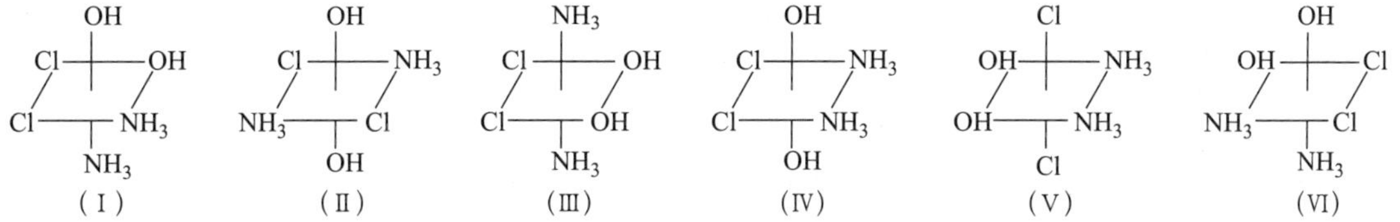

(Ⅵ)是(Ⅰ)的对映体。

11-4　瑞士苏黎世大学的维尔纳对配位化学有重大贡献,因此荣获第 13 届诺贝尔化学奖。他在化学键理论发展之前,提出了利用配合物的几何异构体来确定配合物的空间构型。现有 $[Cr(H_2O)_4Br_2]Br$ 和 $[Co(NH_3)_3(NO_2)_3]$ 两种配合物,其内界分别表示为 MA_4B_2 和 MA_3B_3,其中 M 代表中心原子,A、B 分别代表不同的单齿配位体。为了获得稳定的配合物,中心原子周围的配位体相互之间的距离尽可能远,形成规则的平面或立体的几何构型。

(1) MA_4B_2 和 MA_3B_3 可能存在哪几种几何构型(用构型名称表示)?

(2) 每种几何构型中,分别存在多少种异构体?

(3) 实际上,MA_4B_2 和 MA_3B_3 型配合物(或配离子)都只存在两种几何异构体。根据上面分析,判断它们分别是什么几何构型?试写出它们各自的几何异构体。

答:(1) MA_4B_2 和 MA_3B_3 可能存在三种几何构型:平面六方、三棱柱、正八面体。

(2) 异构体的数量:MA_4B_2 为 3,3,2;MA_3B_3 为 3,3,2。

(3) MA_4B_2 和 MA_3B_3 都为正八面体构型,各自的几何异构体为:

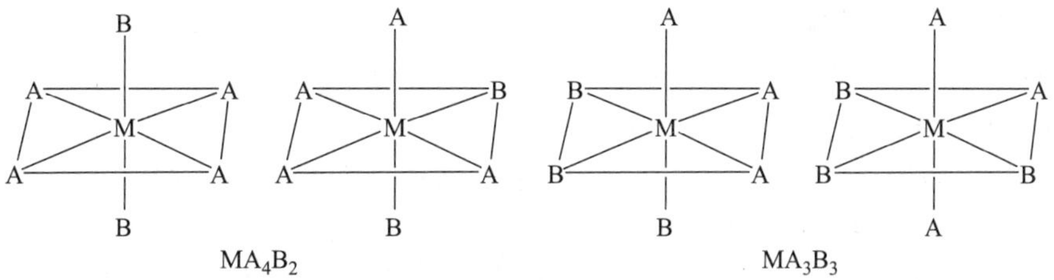

11-5　运用配合物的价键理论解释 $[Fe(CN)_6]^{3-}$ 为内轨型配合物,$[FeF_6]^{3-}$ 是外轨型配合物的原因。

答:根据配合物的价键理论,$[FeF_6]^{3-}$ 配位原子的电负性大,不易给出孤电子对,使中心原子结构不发生变化,仅用外层空轨道 ns、np、nd 进行杂化生成能量相同数目相等的杂化轨道与配体结合;而 $[Fe(CN)_6]^{3-}$ 配位原子的电负性较小,较易给出孤对电子对,对中心原子影响较大,使电子层结构发生变化,$(n-1)$d 轨道上的成单电子被强行配位,因此内层能量较低的 d 轨道接受配位体的孤对电子对,形成配合物。

11-6 根据下列配离子的磁矩推断中心原子的杂化轨道类型和配离子的空间构型。

	$[Co(H_2O)_6]^{3+}$	$[Mn(CN)_6]^{4-}$	$[Ni(NH_3)_6]^{2+}$
μ/B. M.	4.3	1.8	3.1

答：(1) $[Co(H_2O)_6]^{3+}$ 中 $\mu=4.3$ B. M.，由 $\mu=\sqrt{n(n+2)}$ 可知，中心原子 Co^{3+} 的未成对电子数为 3，故中心原子应采取 sp^3d^2 杂化，配离子的空间构型为八面体。

(2) $[Mn(CN)_6]^{4-}$ 中 $\mu=1.8$ B. M.，由 $\mu=\sqrt{n(n+2)}$ 可知，中心原子 Mn^{2+} 的未成对电子数为 1，故中心原子应采取 d^2sp^3 杂化，配离子的空间构型为八面体。

(3) $[Ni(NH_3)_6]^{2+}$ 中 $\mu=3.1$ B. M.，由 $\mu=\sqrt{n(n+2)}$ 可知，中心原子 Ni^{2+} 的未成对电子数为 2，故中心原子应采取 sp^3d^2 杂化，配离子的空间构型为八面体。

11-7 试给出$[Cr(NH_3)_6]^{3+}$ 的杂化轨道类型，并判断中心原子 Cr^{3+} 是高自旋型还是低自旋型？

答：Cr^{3+} 的基态电子构型为 $3d^3$，3 个未成对电子以自旋平行的方式填入 3 个 3d 轨道，尚有 2 个空 3d 轨道，因而可以容纳 NH_3 分子的电子对，故$[Cr(NH_3)_6]^{3+}$ 的杂化轨道类型是 d^2sp^3。因 Cr^{3+} 只有 3 个 d 电子，故无高自旋与低自旋之分。

11-8 运用晶体场理论解释下列现象：

(1) 配位化合物$[Cr(H_2O)_6]Cl_3$ 为紫色，而$[Cr(NH_3)_6]Cl_3$ 却是黄色；

(2) $CuSO_4$ 是白色，$[Cu(H_2O)_4]^{2+}$ 呈蓝色，$[Cu(NH_3)_4]^{2+}$ 则呈深蓝色；

(3) $[Ag(NH_3)_2]^+$，$[Zn(NH_3)_4]^{2+}$，$[Ti(H_2O)_6]^{4+}$ 为无色。

答：(1) 根据光谱化学序列，NH_3 产生的 Δ_o 大于 H_2O。即$[Cr(NH_3)_6]^{3+}$ 比$[Cr(H_2O)_6]^{3+}$ 吸收更高能量(更短波长)的光，才能实现电子的 d-d 跃迁。$[Cr(NH_3)_6]^{3+}$ 吸收了光谱的紫色波段导致透射光为黄色，$[Cr(H_2O)_6]^{3+}$ 吸收了光谱的黄色波段导致透射光为紫色。

(2) 因 $\Delta(NH_3)>\Delta(H_2O)>\Delta(SO_4^{2-})$，$SO_4^{2-}$ 的配位场最弱，$CuSO_4$ 发生 d-d 跃迁的吸收光谱在波长较长的红外区，因此为无色。从$[Cu(H_2O)_4]^{2+}$ 到$[Cu(NH_3)_4]^{2+}$，配位场依次增强，发生 d-d 跃迁的吸收光谱依次向短波方向移动，即分别吸收白光中的橙红色和橙黄色光而分别显蓝色和深蓝紫色。

(3) $Ag^+(d^{10})$，$Zn^{2+}(d^{10})$，$Ti^{4+}(d^0)$不发生 d-d 跃迁。

11-9 用晶体场理论说明，为什么八面体络离子$[CoF_6]^{3-}$ 是高自旋的，而$[Co(NH_3)_6]^{3+}$ 是低自旋的？并判断它们稳定性大小。

答：中心原子 Co^{3+} 的价电子排布式为 d^6。Co^{3+} 的 d 轨道在八面体场的作用下分裂为 e_g 和 t_{2g}两组。

在$[CoF_6]^{3-}$ 中由于电子成对能 P 大于分离能 Δ_o，所以中心原子的 d 电子排布为$(e_g)^4(t_{2g})^2$，有四个成单电子，因而为高自旋，见下图：

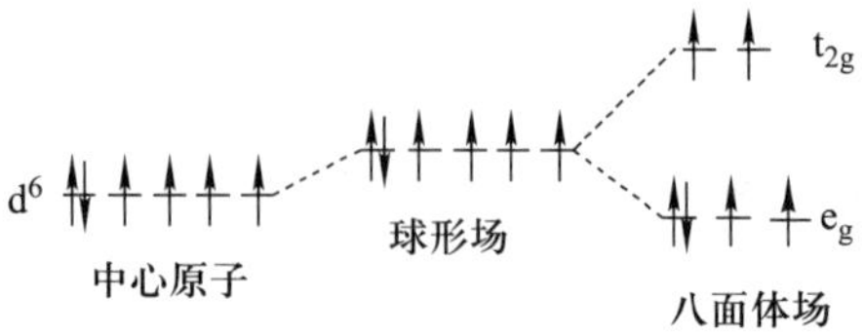

晶体场的稳定化能为 $2\times6Dq+4\times(-4Dq)+P=-4Dq+P$

在$[Co(NH_3)_6]^{3+}$中，由于电子成对能 P 小于分离能 Δ_o，所以中心原子的 d 电子排布式为$(e_g)^6(t_{2g})^0$，没有成单电子，所以为低自旋，见下图：

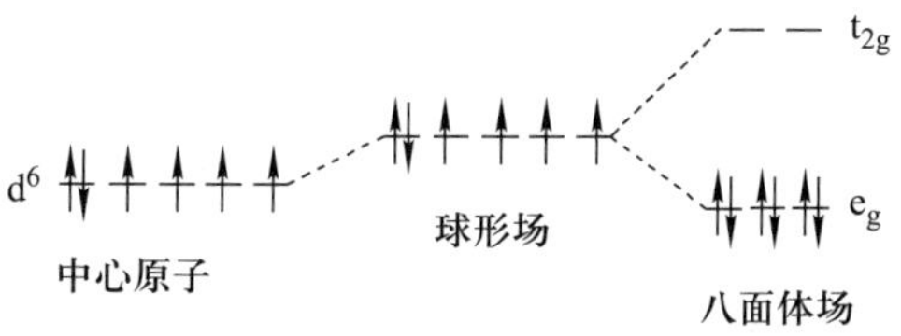

晶体场的稳定化能为 $0\times6Dq+6\times(-4Dq)+3P=-24Dq+3P$

由此可见，$[Co(NH_3)_6]^{3+}$比$[CoF_6]^{3-}$稳定。

11-10　运用软硬酸碱理论判断配离子$[HgF_4]^{2-}$、$[HgCl_4]^{2-}$、$[HgBr_4]^{2-}$、$[HgI_4]^{2-}$的稳定性次序。

答：Hg^{2+}为软酸，与软碱结合的产物更稳定。而从 I^- 至 F^-，从软碱向硬碱过渡，因此，与 Hg^{2+}结合形成配离子的稳定性$[HgF_4]^{2-}<[HgCl_4]^{2-}<[HgBr_4]^{2-}<[HgI_4]^{2-}$。

11-11　写出下列络合物可能存在的异构体(包括手性异构体)。

(1) 八面体 $[RuCl_2(en)_2]^+$；(2) 平面四方形 $[PtCl_2(en)]$；(3) $[Co(EDTA)]$。其中 en 为乙二胺，EDTA 为乙二胺四乙酸根。

答：(1)

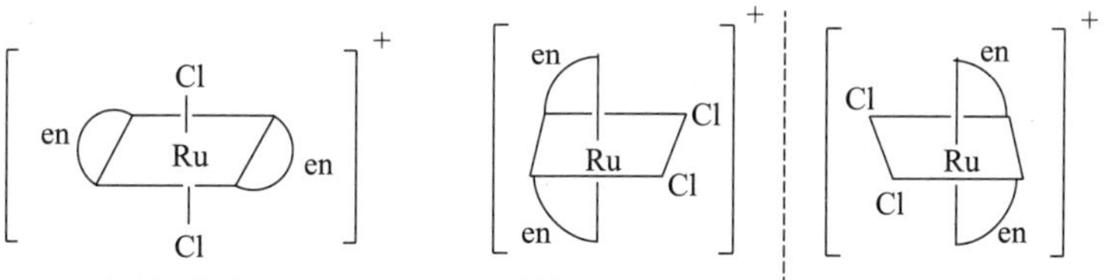

反式异构体　(+)-异构体　(−)-异构体

(2)

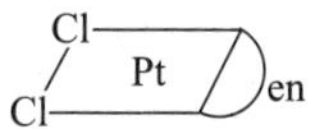

(3)

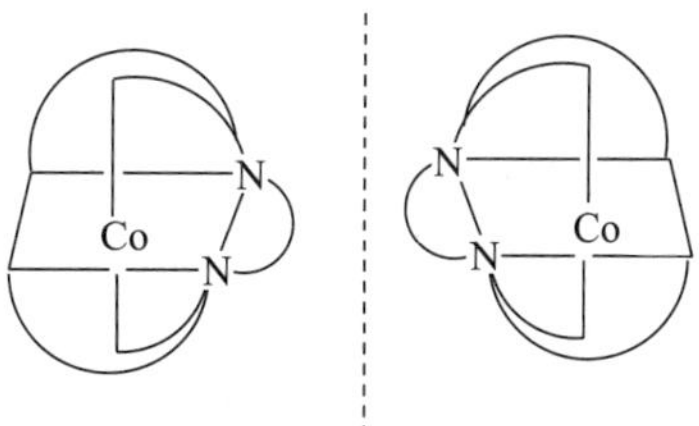

(+)-对映体　(−)-对映体

11-12　已知反应 Au^++e^-══Au 的 $E^\ominus=+1.68$ V，试计算下列电对的标准电极电势：

(1) $[Au(CN)_2]^- + e^- \longrightarrow Au + 2CN^-$

(2) $[Au(SCN)_2]^- + e^- \longrightarrow Au + 2SCN^-$

已知：$K_s^\ominus\{[Au(CN)_2]^-\}=2.0\times10^{38}$；$K_s^\ominus\{[Au(SCN)_2]^-\}=1.0\times10^{13}$。

解：(1) $K_s^\ominus\{[Au(CN)_2]^-\}=\dfrac{c\{[Au(CN)_2]^-\}}{c(Au^+)[c(CN^-)]^2}=\dfrac{1}{c(Au^+)}$

$$c(Au^+)=\frac{1}{K_s^\ominus\{[Au(CN)_2]^-\}}$$

$$E\{[Au(CN)_2]^-/Au\}=E^\ominus\{[Au(CN)_2]^-/Au\}+\frac{0.059}{z}\lg c(Au^+)$$

$$=E^\ominus\{[Au(CN)_2]^-/Au\}-\frac{0.059}{z}\times\lg K_s^\ominus\{[Au(CN)_2]^-\}$$

$$E\{[Au(CN)_2]^-/Au\}=+1.68\ V-0.059\ V\times\lg(2\times10^{38})=-0.58\ V$$

(2) 同上，$E\{[Au(SCN)_2]^-/Au\}=1.68\ V-0.059\ V\times\lg(1\times10^{13})=+0.91\ V$

11-13 在 0.10 $mol\cdot L^{-1}$ $[Ag(CN)_2]^-$ 溶液中加入 KCl 固体，使 Cl^- 浓度为 0.10 $mol\cdot L^{-1}$，会有何现象发生？

已知：$K_s^\ominus\{[Ag(CN)_2]^-\}=2.48\times10^{20}$；$K_{sp}^\ominus(AgCl)=1.8\times10^{-10}$。

解：

	Ag^+	+	$2CN^-$	$\rightleftharpoons$	$[Ag(CN)_2]^-$
平衡浓度 $c/(mol\cdot L^{-1})$	x		$2x$		$0.1-x$

$$K_s^\ominus\{[Ag(CN)_2]^-\}=\frac{c\{[Ag(CN)_2]^-\}}{c(Ag^+)[c(CN^-)]^2}=\frac{0.1-x}{x(2x)^2}=2.48\times10^{20}$$

得 $x=4.65\times10^{-8}$，即 $c(Ag^+)=4.65\times10^{-8}\ mol\cdot L^{-1}$

$$J=c(Ag^+)c(Cl^-)=4.65\times10^{-8}\times0.10=4.65\times10^{-9}>K_{sp}^\ominus(AgCl)$$

因此有 AgCl 沉淀从溶液中析出。

11-14 若在 1 L 水中溶解 0.10 mol $Zn(OH)_2$，需要加入多少克固体 NaOH？

已知 $K_s^\ominus\{[Zn(OH)_4]^{2-}\}=4.6\times10^{17}$；$K_{sp}^\ominus[Zn(OH)_2]=1.2\times10^{-17}$。

解：

	$Zn(OH)_2(s)+2OH^-$	$\rightleftharpoons$	$[Zn(OH)_4]^{2-}$	$K_s^\ominus\{[Zn(OH)_4]^{2-}\}$
平衡浓度 $c/(mol\cdot L^{-1})$	x		0.10	

$$K=\frac{c\{[Zn(OH)_4]^{2-}\}}{[c(OH^-)]^2}=\frac{0.10}{x^2}$$

又 $K=K_s^\ominus\{[Zn(OH)_4]^{2-}\}K_{sp}^\ominus[Zn(OH)_2]=1.2\times10^{-17}\times4.6\times10^{17}=5.52$

即 $\dfrac{0.10}{x^2}=5.52$

解得 $x=0.135$

故溶解 0.10 mol $Zn(OH)_2$ 需消耗 NaOH 总量为

$$n(NaOH)=0.135\ mol+2\times0.10\ mol=0.335\ mol$$

因此质量 $m(NaOH)=0.335\ mol\times40\ g\cdot mol^{-1}=13.4\ g$

11-15 已知 $[Cu(NH_3)_4]^{2+}$ 的不稳定常数为 $K_{is}^\ominus\{[Cu(NH_3)_4]^{2+}\}=4.79\times10^{-14}$；若在 1.0 L 6.0 $mol\cdot L^{-1}$ 氨水溶液中溶解 0.10 mol $CuSO_4$，求溶液中各组分的浓度（假设溶解 $CuSO_4$ 后溶液的体积不变）。

解:先假设全部 Cu^{2+} 被结合,然后解离

$$Cu^{2+}(0.10\ mol \cdot L^{-1}) \rightleftharpoons [Cu(NH_3)_4]^{2+}(0.10\ mol \cdot L^{-1})$$

$$[Cu(NH_3)_4]^{2+} \rightleftharpoons Cu^{2+} + 4NH_3$$

平衡关系　$0.10-x$　　x　　$6.0-(0.1\times 4)+4x$

$$K^{\ominus}_{is}\{[Cu(NH_3)_4]^{2+}\}=\frac{c(Cu^{2+})[NH_3]^4}{c\{[Cu(NH_3)_4]^{2+}\}}=\frac{x(5.6+4x)}{0.10-x}=4.79\times 10^{-14}$$

解得 $x=4.90\times 10^{-18}$,x 很小可略。

计算各组分浓度 c:

$c(Cu^{2+})=4.9\times 10^{-18}\ mol \cdot L^{-1}$

$c(NH_3)=6.0-0.10\times 4+4x\approx 5.6\ mol \cdot L^{-1}$

$c(SO_4^{2-})=0.10\ mol \cdot L^{-1}$(原始 $CuSO_4$ 浓度)

$c\{[Cu(NH_3)_4]^{2+}\}=0.10\ mol \cdot L^{-1}-x\approx 0.10\ mol \cdot L^{-1}$

11-16　如果溶液中同时有 NH_3、$S_2O_3^{2-}$、CN^- 存在,Ag^+ 将发生怎样的反应?

已知配离子的稳定常数:$K^{\ominus}_s\{[Ag(CN)_2]^-\}=2.48\times 10^{20}$,$K^{\ominus}_s\{[Ag(NH_3)_2]^+\}=1.67\times 10^7$,$K^{\ominus}_s\{[Ag(S_2O_3)_2]^{3-}\}=1.41\times 10^{14}$。

解:可用多重平衡规则通过计算来判断。

$$[Ag(CN)_2]^- \rightleftharpoons Ag^+ + 2CN^- \quad K^{\ominus}_s\{[Ag(CN)_2]^-\}=2.48\times 10^{20} \quad ①$$

$$[Ag(NH_3)_2]^+ \rightleftharpoons Ag^+ + 2NH_3 \quad K^{\ominus}_s\{[Ag(NH_3)_2]^+\}=1.67\times 10^{7} \quad ②$$

②－①得:$[Ag(NH_3)_2]^+ + 2CN^- \rightleftharpoons [Ag(CN)_2]^- + 2NH_3$

$$K=\frac{K^{\ominus}_s\{[Ag(CN)_2]^-\}}{K^{\ominus}_s\{[Ag(NH_3)_2]^+\}}=\frac{2.48\times 10^{20}}{1.67\times 10^{7}}=1.49\times 10^{14}$$

据此判定上述反应可以进行。

$$[Ag(CN)_2]^- \rightleftharpoons Ag^+ + 2CN^- \quad K^{\ominus}_s\{[Ag(CN)_2]^-\}=2.48\times 10^{20} \quad ①$$

$$[Ag(S_2O_3)_2]^{3-} \rightleftharpoons Ag^+ + 2S_2O_3^{2-} \quad K^{\ominus}_s\{[Ag(S_2O_3)_2]^{3-}\}=1.41\times 10^{14} \quad ③$$

①－③得:$[Ag(CN)_2]^- + 2S_2O_3^{2-} \rightleftharpoons [Ag(S_2O_3)_2]^{3-} + 2CN^-$

$$K=\frac{K^{\ominus}_s\{[Ag(S_2O_3)_2]^{3-}\}}{K^{\ominus}_s\{[Ag(CN)_2]^-\}}=\frac{1.41\times 10^{14}}{2.48\times 10^{20}}=5.68\times 10^{-7}$$

据此判定上述反应不可进行。

$K^{\ominus}_s$ 越大,配合物越易形成。故 Ag^+ 首先生成 $[Ag(CN)_2]^-$,若有足够量 Ag^+ 时,最后能生成 $[Ag(NH_3)_2]^+$。

11-17　市售水合氯化铬的组成为 $CrCl_3 \cdot 6H_2O$,该固体溶于沸水后变为紫色,所得溶液的摩尔电导率与 $[Co(NH_3)_6]Cl_3$ 溶液的摩尔电导率相似。而 $CrCl_3 \cdot 5H_2O$ 是绿色固体,其溶液的摩尔电导率比较低,将绿色配合物的稀溶液酸化后静置几小时变紫。请写出紫色配合物、绿色配合物的结构式以及它们之间的转换反应。

答:紫色配合物 $[Cr(H_2O)_6]Cl_3$

绿色配合物 $[Cr(H_2O)_5Cl]Cl_2$

$[Cr(H_2O)_5Cl]Cl_2 + H_2O = [Cr(H_2O)_6]Cl_3$

11-18　某配合物的摩尔质量为 $260.6\ g \cdot mol^{-1}$,按质量百分比计,其中 Cr 占 20.0%,NH_3

占 39.2%，Cl 占 40.8%。取 25.0 mL 浓度为 0.052 mol·L^{-1} 的该配合物的水溶液用 0.121 mol·L^{-1} 的 $AgNO_3$ 滴定，达到终点时，耗去 $AgNO_3$ 32.5 mL；用 NaOH 使该化合物的溶液呈强碱性，未检出 NH_3 的逸出。请推测该配合物的结构。

解：由 Cr、NH_3、Cl 的百分比之和为 100 知该物不含其他元素，三者的物质的量之比为

$$Cr : NH_3 : Cl = \frac{0.20\times260.6}{52} : \frac{0.392\times260.6}{17} : \frac{0.408\times260.6}{35.5} = 1 : 6 : 3$$

$$\frac{n(\text{配合物})}{n(Cl)} = \frac{25.0\times10^{-3}\ L\times0.052\ mol\cdot L^{-1}}{32.5\times10^{-3}\ L\times0.121\ mol\cdot L^{-1}} = \frac{1}{3}$$

所以该配合物为$[Cr(NH_3)_6]Cl_3$。

11-19 A、B、C 为三种不同的配合物，它们的化学式都是 $CrCl_3\cdot6H_2O$，但颜色不同：A 呈亮绿色，跟 $AgNO_3$ 溶液反应，有 2/3 的氯元素沉淀析出；B 呈暗绿色，能沉淀 1/3 的氯；而 C 呈紫色，可沉淀出全部氯元素。分别写出 A、B、C 的结构简式并判断三种配离子的空间构型；其中某配离子中的 2 个 Cl 可能有两种排列方式，称为顺式和反式，画出其结构图。

答：A：$[Cr(H_2O)_5Cl]Cl_2\cdot H_2O$　B：$[Cr(H_2O)_4Cl_2]Cl\cdot2H_2O$　C：$[Cr(H_2O)_6]Cl_3$

三种配离子的空间构型均为八面体。

$[Cr(H_2O)_4Cl_2]^+$ 顺反异构体为：

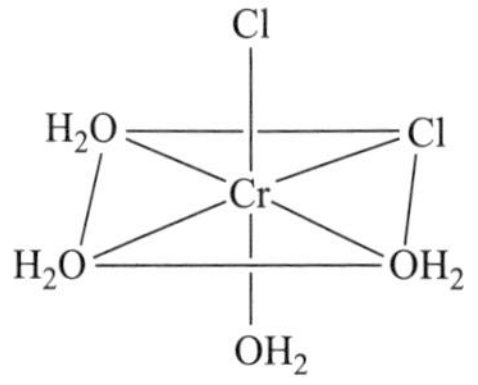

顺式

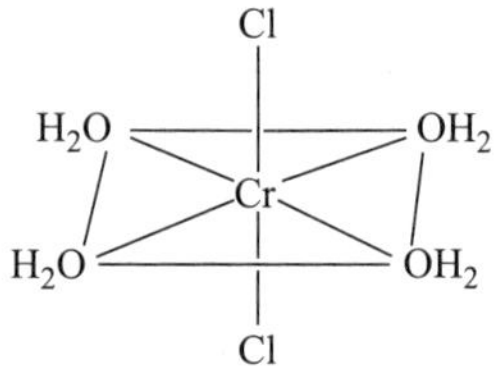

反式

11-20 用氨水处理 $K_2[PtCl_4]$ 得到二氯二氨合铂 $Pt(NH_3)_2Cl_2$，该化合物易溶于极性溶剂，其水溶液加碱后转化为 $Pt(NH_3)_2(OH)_2$，后者跟草酸根离子反应生成草酸二氨合铂 $Pt(NH_3)_2C_2O_4$，请分析 $Pt(NH_3)_2Cl_2$ 的结构。

答：$Pt(NH_3)_2Cl_2$ 是平面四边形配合物，有顺式和反式之分。反式异构体有对称中心，无极性；顺式异构体有极性。顺式的两个氯原子(Cl^-)处于邻位，被羟基(OH^-)取代后为顺式 $Pt(NH_3)_2(OH)_2$，后者两个羟基处于邻位，可被双齿配体 $C_2O_4^{2-}$ 取代得到 $Pt(NH_3)_2C_2O_4$。反式则不可能发生此反应，因为 $C_2O_4^{2-}$ 的 C—C 键长有限，不可能跨过中心原子形成配位键。

$$K_2[PtCl_4] \xrightarrow{NH_3\cdot H_2O} Pt(NH_3)_2Cl_2 \xrightarrow{OH^-} Pt(NH_3)_2(OH)_2 \xrightarrow{C_2O_4^{2-}} Pt(NH_3)_2C_2O_4$$

由水溶液证实产物 $Pt(NH_3)_2Cl_2$ 有极性，加之可将 $Pt(NH_3)_2(OH)_2$ 转化为 $Pt(NH_3)_2C_2O_4$，证实 $Pt(NH_3)_2Cl_2$ 为顺式异构体。

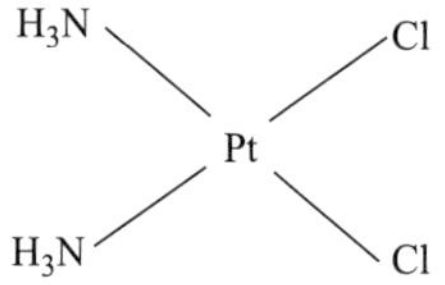

顺式

第 12 章　碱金属和碱土金属

12-1　ⅠA 和ⅡA 族元素的性质有哪些相似？有哪些不同？

答：碱金属和碱土金属是最活泼的两族金属元素，因此在自然界中不存在碱金属和碱土金属的单质，这些元素多以离子型化合物的形式存在。

物理性质：碱金属和碱土金属都是轻金属，硬度也很小。碱金属和碱土金属的导电性和导热性能都较好。它们的熔点和沸点都比较低，碱土金属的原子有两个价电子，形成的金属键较强，熔、沸点较相应的碱金属要高。

化学性质：由于碱金属化学性质都很活泼，一般将它们放在矿物油中或封在稀有气体中保存，以防与空气或水发生反应。在自然界中，碱金属只在盐中存在，从不以单质形式存在。碱金属单质的标准电极电势很小，具有很强的反应活性，能直接与很多非金属元素形成离子化合物，与水反应生成氢气，并随相对原子质量增大反应能力增强。能还原许多盐类(比如四氯化钛)。除锂外，所有碱金属单质都不能和氮气直接化合。

碱土金属最外电子层上有两个价电子，易失去而呈现＋2 价，是化学活泼性较强的金属，但活泼性不如碱金属。能与大多数的非金属反应，所生成的盐多半很稳定，遇热不易分解，在室温下也不发生水解反应。它们与其他元素化合时，一般生成离子型的化合物，但 Be^{2+} 和 Mg^{2+} 离子具有较小的离子半径，在一定程度上容易形成共价型化合物。钙、锶、钡和镭及其化合物的化学性质，随着它们原子序数的递增而有规律地变化。

12-2　下列物质在过量的氧气中燃烧，生成何种产物？

(1) 锂　(2) 钠　(3) 钾　(4) 铷　(5) 铯

答：所有碱金属都能形成相应的过氧化物，其中钠的过氧化物可由金属在空气中燃烧直接得到。除了锂，碱金属都能形成超氧化物，其中钾、铷、铯在空气中燃烧能直接生成超氧化物。

因此，锂在过量的氧气中燃烧形成氧化物 Li_2O，钠在过量的氧气中燃烧形成过氧化钠 Na_2O_2，钾、铷和铯在过量的氧气中燃烧分别形成超氧化物 KO_2、RbO_2 和 CsO_2。

$$4Li(s)+O_2(g)=\!=\!=2Li_2O(s)$$

$$2Na(s)+O_2(g)\xlongequal{点燃}Na_2O_2(s)$$

$$M(s)+O_2(g)=\!=\!=MO_2(s)\quad (M=K、Rb、Cs)$$

12-3　试述过氧化钠的性质、制备和用途。

答：(1) 性质

过氧化钠是化工中最常用的碱金属过氧化物。纯的 Na_2O_2 为白色粉末，工业品一般为浅黄色。

(2) 制备

工业上制备 Na_2O_2 是用熔钠(金属钠在铝制容器中加热至 300 ℃)和已除去 CO_2 的干燥空气反应。化学方程式为 $2Na+O_2=\!=\!=Na_2O_2$。

(3) 用途

过氧化钠是一种强氧化剂，工业上用作漂白剂，也可以用来作为制得氧气的来源。

12-4 完成并配平下列反应方程式。

(1) $Na + H_2 \longrightarrow$

(2) $LiH(熔融) \xrightarrow{电解}$

(3) $Na_2O_2 + Na \longrightarrow$

(4) $Na_2O_2 + CO_2 \longrightarrow$

答：(1) $2Na(s) + H_2(g) \xlongequal{\triangle} 2NaH(s)$

(2) $2LiH(熔融) \xlongequal{电解} 2Li + H_2$

(3) $Na_2O_2 + 2Na \xlongequal{} 2Na_2O$

(4) $2Na_2O_2 + 2CO_2 \xlongequal{} 2Na_2CO_3 + O_2$

12-5 解释 s 区元素氢氧化物的碱性递变规律。

答：碱金属和碱土金属氢氧化物，除 $Be(OH)_2$ 显两性外，其余均为碱性，同族元素氢氧化物的碱性均随金属元素原子序数的增加而增强。同族元素的氢氧化物，由于金属离子的电子构型和电荷数均相同，其碱性强弱的变化主要取决于离子半径的大小，碱金属、碱土金属氢氧化物的碱性，均随离子半径的增大而增强。

12-6 与同族元素相比，锂、铍有哪些特殊性？

答：一般来说，碱金属元素性质的递变是很有规律的，但锂的半径最小，极化能力强，所以呈现出较特殊的化学性质。锂及其化合物与其他碱金属元素及其化合物在性质上有明显的差别。锂的熔点、硬度高于其他碱金属，而导电性则较弱。锂的某些化学性质也与其他碱金属不一致。锂的化合物也与其他碱金属化合物有性质上的差别。例如 LiOH 红热时分解，而其他 MOH 则不分解；LiCl 易溶于乙醇等有机溶剂，而其他碱金属卤化物则难溶；$LiNO_3$ 热分解生成 Li_2O，而不生成亚硝酸盐；LiH 的热稳定性比其他 MH 高；LiF、Li_2CO_3、Li_3PO_3 难溶于水。

铍及其化合物的性质和ⅡA 族其他金属元素及其化合物也有明显的差异。铍的熔点、沸点比其他碱土金属高，硬度也是碱土金属中最大的，但却有脆性。铍的电负性也较大，有较强的形成共价键的倾向，例如，$BeCl_2$ 属于共价型化合物，而其他碱土金属的氯化物基本上都是离子型的。另外，铍的化合物热稳定性相对较差，易水解。铍的氢氧化物 $Be(OH)_2$ 呈两性，它既能溶于酸，又能溶于碱。

12-7 商品氢氧化钠中常含有碳酸钠，怎样以最简便的方法加以检验？

答：氢氧化钠是强碱，容易吸收空气中的 CO_2，反应生成 Na_2CO_3。检验的方法是取少量商品氢氧化钠溶解，向其中加入饱和 $CaCl_2$ 溶液，若生成白色沉淀，证明 Na_2CO_3 存在。

12-8 钙在空气中燃烧时生成何物？为何将所得产物浸在水中时有大量的热放出并能嗅到氨的气味？试以化学反应式来说明。

答：钙在空气中燃烧可生成 CaO 和 Ca_3N_2（但 Ca 不能直接与 N_2 反应）。

$$2Ca(s) + O_2(g) \xlongequal{点燃} 2CaO(s)$$

$$3Ca(s) + N_2(g) \xrightarrow{点燃} Ca_3N_2(s)$$

所得产物放在水中，放出大量的热是由于 CaO 与 H_2O、Ca_3N_2 与 H_2O 反应的热效应，NH_3

是由 Ca_3N_2 与 H_2O 反应得到。

$$CaO + H_2O \xlongequal{} Ca(OH)_2$$

$$Ca_3N_2 + 6H_2O \xlongequal{} 3Ca(OH)_2 + 2NH_3$$

12-9　列出下列三组物质熔点由高到低的次序：

(1) NaF，NaCl，NaBr，NaI；

(2) BaO，SrO，CaO，MgO；

(3) NaF 和 CaO。

答：题中化合物均为典型的离子型化合物。离子晶体熔点主要由离子键的键能决定，键能越大，熔点越高。

键能和离子电荷及半径有关。电荷高，离子键强。半径大，导致离子间距大，所以键能小；相反，半径小，则键能大。据此可以解释。

(1) NaF，NaCl，NaBr，NaI 中阳离子均为 Na^+，阴离子电荷相同而半径为 $r_{F^-} < r_{Cl^-} < r_{Br^-} < r_{I^-}$，故键能 $E_{NaF} > E_{NaCl} > E_{NaBr} > E_{NaI}$，所以熔点 NaF＞NaCl＞NaBr＞NaI。

(2) BaO，SrO，CaO，MgO 中阴离子均为 O^{2-}，阳离子电荷相同而半径为 $r_{Ba^{2+}} > r_{Sr^{2+}} > r_{Ca^{2+}} > r_{Mg^{2+}}$，故键能 $E_{BaO} < E_{SrO} < E_{CaO} < E_{MgO}$，所以熔点 MgO＞CaO＞SrO＞BaO。

(3) 离子间距离(即离子半径)相近，离子所带电荷越多，熔点越高。如 NaF 和 CaO 的离子间距离相近，但后者的离子所带电荷更多，所以熔点高低顺序为 CaO＞NaF。

第 13 章　硼族元素

13-1　工业上，用苛性钠分解硼矿石（$Mg_2B_2O_5 \cdot H_2O$），然后再通入 CO_2 制备硼砂，试写出制备硼砂的化学反应方程式。

答：工业上，用苛性钠分解硼矿石，反应如下：

$$Mg_2B_2O_5 \cdot H_2O + 2NaOH = 2Mg(OH)_2 + 2NaBO_2$$

再通入 CO_2

$$4NaBO_2 + CO_2 = Na_2B_4O_7 + Na_2CO_3$$

13-2　说明硼砂作焊接剂焊接某些金属时的化学原理。

答：硼砂在焊接金属时作助熔剂（焊接剂），可利用硼砂净化金属表面，硼砂加热至 400～500 ℃可脱水成无水四硼酸钠，在 878 ℃时熔化为玻璃状物，其熔体中含有酸性氧化物 B_2O_3，故能溶解金属氧化物。这种性质可用于焊接金属时清除金属表面上的氧化物。

13-3　如何制备无水 $AlCl_3$？能否用加热脱去 $AlCl_3 \cdot 6H_2O$ 中水的方法制取无水 $AlCl_3$？

答：制备无水 $AlCl_3$ 应该在氯气中燃烧铝来制备，利用化合反应直接生成。

$$2Al + 3Cl_2 \xlongequal{\triangle} 2AlCl_3$$

不能将 $AlCl_3 \cdot 6H_2O$ 加热脱水，因为加热会分解生成 HCl 和 Al_2O_3。

$$AlCl_3 + 3H_2O = Al(OH)_3 + 3HCl$$

$$2Al(OH)_3 = Al_2O_3 + 3H_2O$$

13-4　试从铝和氯的电子结构出发，阐明气态三氯化铝为什么通常以二聚体的形式存在。

答：在气态三氯化铝中，每个铝原子均为 sp^3 杂化，与硼的杂化形式相似，因此各有一条空轨道。氯原子处于以 Al 为中心的四面体的 4 个顶点位置。分子中有桥式氯原子存在，可以认为，位于上面的桥式氯原子在与左边的铝成 σ 键的同时，与右边的铝的空轨道发生配位，形成 σ 配位键。也可以认为氯桥键是一个"三中心四电子键"，左边的铝提供 1 个电子，桥式氯原子提供 3 个电子，包括 1 个未成对的单电子和 1 对孤电子对。

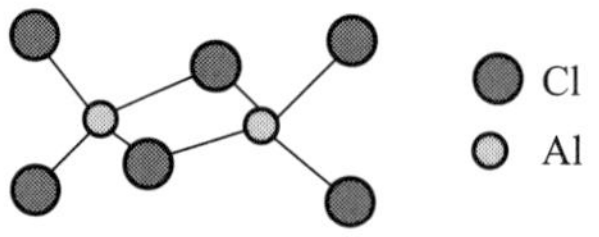

$AlCl_3$ 中的 Al 是缺电子原子，因此 $AlCl_3$ 是典型的路易斯酸，Al 原子存在着空轨道，Cl 原子有孤对电子，因此可以通过配位键形成具有桥式结构的双聚分子 Al_2Cl_6。

13-5　为什么可形成 $[Al(OH)_6]^{3-}$ 和 $[AlF_6]^{3-}$，而不能形成 $[B(OH)_6]^{3-}$ 和 $[BF_6]^{3-}$？

答：Al 原子的电子排布式为：$3s^2 3p^1 3d^0$，有价层空 d 轨道，在空间允许的情况下，最多可以形成含有六个配体的配合物，所以可形成 $[Al(OH)_6]^{3-}$ 和 $[AlF_6]^{3-}$。B 原子的价电子轨道有 2s、2p 轨道，成键时只能用 2s、2p 轨道，而中心 B 原子半径很小，在 B 原子周围容纳较多 F^- 和 OH^-

更加困难。所以配位数不能超过 4，只能生成$[B(OH)_4]^-$和$[BF_4]^-$，不能形成$[B(OH)_6]^{3-}$和$[BF_6]^{3-}$。

13-6　写出或配平下列反应方程式。

(1) Na_3AlO_3 溶液中加入 NH_4Cl，有氨气和乳白色沉淀产生。

(2) BF_3 通入 Na_2CO_3 溶液时，有气体放出。

(3) 向硼砂溶液中加浓 H_2SO_4，析出白色片状晶体。

(4) $B+NaOH+NaNO_3 \longrightarrow$

(5) $B_2O_3+C+Cl_2 \longrightarrow$

(6) $NaBO_2+CO_2+H_2O \longrightarrow$

答：

(1) $Na_3AlO_3+3NH_4Cl \xlongequal{\triangle} Al(OH)_3\downarrow+3NaCl+3NH_3\uparrow$

(2) $2BF_3+CO_3^{2-}+H_2O = 2BF_3OH^-+CO_2\uparrow$

(3) $Na_2B_4O_7\cdot 10H_2O+H_2SO_4 = Na_2SO_4+4H_3BO_3+5H_2O$

(4) $2B+2NaOH+3NaNO_3 \xlongequal{\triangle} 2NaBO_2+3NaNO_2+H_2O$

(5) $B_2O_3+3C+3Cl_2 \xlongequal{\triangle} 2BCl_3+3CO$

(6) $4NaBO_2+CO_2+10H_2O = Na_2B_4O_5(OH)_4\cdot 8H_2O+Na_2CO_3$

13-7　向 $AlCl_3$ 溶液中加入下列物质，各有何反应？

(1) Na_2S 溶液　　(2) 过量 NaOH 溶液

(3) 过量氨水　　(4) Na_2CO_3 溶液

答：(1) $2Al^{3+}+3S^{2-}+6H_2O = 2Al(OH)_3\downarrow+3H_2S\uparrow$

(2) $AlCl_3+4NaOH = NaAlO_2+3NaCl+2H_2O$

(3) $Al^{3+}+3NH_3\cdot H_2O = Al(OH)_3\downarrow+3NH_4^+$

(4) $2Al^{3+}+3CO_3^{2-}+3H_2O = 2Al(OH)_3\downarrow+3CO_2\uparrow$

13-8　Tl(Ⅰ)的哪些化合物的性质和碱金属化合物相似？哪些化合物的性质和 Ag(Ⅰ)盐相似？

答：(1) 可溶性 Tl(Ⅰ)化合物的性质和碱金属化合物相似，只是含结晶水的数目较少或不含结晶水，如 Tl_2CO_3、Tl_2SO_4 都不含结晶水。TlOH 溶液为强碱，与 KOH 相似。Tl^+ 可以代替 K^+ 成矾。

(2) Tl^+ 和 Ag^+ 的半径相似，电荷相同，极化能力相近，因而两者化合物有相似之处。TlX 和 AgX(X 为 Cl、Br、I)皆为难溶物，见光分解。Tl_2S 和 Ag_2S 均为难溶化合物。

13-9　如何使高温灼烧过的 Al_2O_3 转化为可溶性的 Al(Ⅲ)盐？

答：$Al_2O_3+Na_2CO_3 \xlongequal{高温} 2NaAlO_2+CO_2\uparrow$

$Al_2O_3+3K_2S_2O_7 = Al_2(SO_4)_3+3K_2SO_4$

$Al_2O_3+3C+3Cl_2 \xlongequal{\triangle} 2AlCl_3+3CO$

13-10　有的地区用 Al(Ⅲ)化合物除去饮用水中的 F^-。这种方法的根据是什么？

答：铝原子的电子排布式为 $3s^2 3p^1 3d^0$，有价层空 d 轨道，在空间允许的情况下，最多可以形成含有六个配体的配合物，所以可形成 $[AlF_6]^{3-}$。

$$Al^{3+}+6F^{-}=[AlF_6]^{3-}$$

13-11 如何制备单质硼？几种制法各有何特点？

答：(1) 高温下金属还原法

通常所用的金属有 Li、Na、K、Mg、Be、Ca、Zn、Al、Fe 等。用这些金属还原 B_2O_3，相当于用 C 还原 SiO_2。例如：

$$B_2O_3+3Mg \xlongequal{\text{高温}} 3MgO+2B$$

这种方法制备的硼通常是无定形的，而且纯度不够，一般只能达到 95%～98%。

(2) 电解还原法

将 KBF_4 在 800 ℃下，于熔融的 KCl-KF 中电解还原可得到纯度为 95%的粉末状硼，这种方法相对成本较低。

(3) 氢还原法

用氢还原挥发性的硼化物是一种最有效的制备高纯单质硼的方法，所制得的硼纯度可高达 99.9%。

$$2BBr_3+3H_2 \xrightarrow{\text{高温(钨丝)}} 2B+6HBr$$

此反应中的 BBr_3 可以用 BCl_3 代替，而一般不使用 BF_3 和 BI_3。主要因为 BF_3 所需的温度较高(大于 2000 ℃)，而 BI_3 较贵且产物的纯化较困难。

(4) 硼化合物的热分解法

卤化硼热分解可制得晶态的单质硼。

$$2BI_3 \xrightarrow{\text{高温(钽丝)}} 2B+3I_2$$

13-12 请写出 BF_3、BCl_3 的水解反应方程式。两者水解有何不同？

答：

$$BF_3+3H_2O=H_3BO_3+3HF$$

$$BF_3+HF=H[BF_4]$$

$$BCl_3+3H_2O=B(OH)_3+3HCl$$

除了 BF_3 外，其他三卤化硼一般不与相应的氢卤酸加合形成 BX_4^- 离子。这是因为中心 B 原子半径很小，随着卤素原子半径的增大，在 B 原子周围容纳四个较大的原子更加困难。

第 14 章　碳族元素

14-1　如何配制和保存 $SnCl_2$ 溶液？为什么？

答：由于 $SnCl_2$ 的强烈水解和易被氧化性，在配制 $SnCl_2$ 溶液时必须将 $SnCl_2$ 固体溶解在少量 HCl 中，抑制其水解，原理如下

$$SnCl_2 + H_2O \xlongequal{} Sn(OH)Cl\downarrow + HCl$$

为防止 Sn^{2+} 氧化，通常在新制的溶液中加入少量高纯锡粒防止氧化，方程式为

$$Sn^{4+} + Sn \xlongequal{} 2Sn^{2+}$$

其原理与保存 $FeCl_2$ 溶液时加入铁钉是一样的。

14-2　如何鉴定 CO_3^{2-}、SiO_3^{2-}、Sn^{2+}、Pb^{2+}？

答：(1) 加入氯化钙(或硝酸钡、硝酸钙、氯化钡)溶液产生白色沉淀(排除 HCO_3^-)，再加入盐酸产生无色无味气体(排除 SO_3^{2-}，Ag^+，SO_4^{2-})，沉淀溶解，再将产生气体通入澄清石灰水，变混浊(通入过量混浊消失)，则证明有 CO_3^{2-}。

(2) 加入稀硝酸直至过量，产生胶状白色或透明浑浊，则证明有 SiO_3^{2-}。

(3) Sn^{2+} 能将 $HgCl_2$ 还原成白色的氯化亚汞 Hg_2Cl_2 沉淀

$$2HgCl_2 + Sn^{2+} + 4Cl^- \xlongequal{} Hg_2Cl_2(s) + [SnCl_6]^{2-}$$

过量的 $SnCl_2$ 还可以将 Hg_2Cl_2 还原为黑色的单质汞

$$Hg_2Cl_2 + Sn^{2+} + 4Cl^- \xlongequal{} 2Hg + [SnCl_6]^{2-}$$

(4) K_2CrO_4 法鉴定 Pb^{2+}：K_2CrO_4 与 Pb^{2+} 生成黄色 $PbCrO_4$ 沉淀。沉淀可以溶于 NaOH 中，在强酸溶液中沉淀的溶解度增大，在稀醋酸及氨水中沉淀不溶解。所以此方法通常在醋酸溶液中进行。

14-3　如何除去 CO 中的 CO_2 气体？

答：将混合气体通入 NaOH 或澄清石灰水溶液中，除去 CO_2，化学反应方程式为

$$2NaOH + CO_2 \xlongequal{} Na_2CO_3 + H_2O$$

或 $Ca(OH)_2 + CO_2 \xlongequal{} CaCO_3\downarrow + H_2O$

余下的气体通过浓硫酸干燥，即可得到纯净的 CO 气体。

14-4　完成并配平下列反应方程式：

(1) $SiO_2 + Na_2CO_3 \xrightarrow{熔融}$

(2) $Na_2SiO_3 + CO_2 + H_2O \longrightarrow$

(3) $SiO_2 + HF \longrightarrow$

(4) $SiCl_4 + H_2O \longrightarrow$

答：(1) $SiO_2 + Na_2CO_3 \xlongequal{熔融} Na_2SiO_3 + CO_2\uparrow$

(2) $Na_2SiO_3 + CO_2 + H_2O \xlongequal{} H_2SiO_3\downarrow + Na_2CO_3$

(3) $SiO_2 + 4HF(g) \xlongequal{} SiF_4 + 2H_2O$

$SiO_2 + 6HF(aq) = H_2SiF_6 + 2H_2O$

(4) $SiCl_4 + 3H_2O = H_2SiO_3 + 4HCl$

14-5　用化学方法区别下列各对物质：

(1) SnS 与 SnS_2；

(2) $Sn(OH)_2$ 与 $Pb(OH)_2$；

(3) $SnCl_2$ 与 $SnCl_4$。

答：(1) 用 Na_2S 区别 SnS 与 SnS_2。

$SnS_2 + Na_2S = Na_2SnS_3$

硫化亚锡 SnS 不溶于水，不与 Na_2S 反应。

(2) 用 NaClO 区别 $Sn(OH)_2$ 与 $Pb(OH)_2$。

加入 NaClO，有黑色沉淀的是 $Pb(OH)_2$

$Pb(OH)_2 + ClO^- = PbO_2\downarrow + Cl^- + H_2O$

(3)用 $HgCl_2$ 区别 $SnCl_2$ 与 $SnCl_4$。

利用 $SnCl_2$ 的还原性，在两者的水溶液中分别加入 $HgCl_2$，开始有白色沉淀产生，后又逐渐变为黑色者为 $SnCl_2$；$SnCl_4$ 和 $HgCl_2$ 无反应。

$$SnCl_2 + 2HgCl_2 = Hg_2Cl_2\downarrow(白) + SnCl_4$$

$$SnCl_2 + Hg_2Cl_2 = 2Hg\downarrow(黑) + SnCl_4$$

14-6　下列各对离子能否共存于溶液中？不能共存者写出其反应方程式。

(1) Sn^{2+} 和 Fe^{2+}　　(2) Sn^{2+} 和 Fe^{3+}

(3) Pb^{2+} 和 Fe^{3+}　　(4) SiO_3^{2-} 和 NH_4^+

(5) Pb^{2+} 和 $[Pb(OH)_4]^{2-}$　　(6) $[PbCl_4]^{2-}$ 和 $[SnCl_6]^{2-}$

答：(1) 能共存。

(2) 不能。$Sn^{2+} + 2Fe^{3+} = 2Fe^{2+} + Sn^{4+}$

(3) 能共存。

(4) 不能。$SiO_3^{2-} + 2NH_4^+ = 2H_2SiO_3 + 2NH_3$

(5) 能共存。

(6) 能共存。

14-7　碳和硅都是第ⅣA 族元素，为什么碳的化合物有几百万种，而硅的化合物种类却远不及碳的化合物那样多？

答：碳和硅虽然都是第Ⅳ主族元素，但因碳在第二周期而硅在第三周期，原子半径(C：77 pm，Si：118 pm)和电负性(C：2.6，Si：1.9)等性质相差很大。C 原子半径较小而电负性较大，易形成稳定的 σ 单键及 π 键；Si 原子半径较大而电负性较小，难形成 π 键(从碳-碳、硅-硅单键、双键键能比较可知)。因此碳原子有彼此间形成稳定碳链(含单键、双键等)的特性，碳链中的碳原子可以多达 70 多个。碳与氢及其他非金属原子成键键能也较大，也可以形成稳定的键。所以含碳的化合物有几百万种，而硅不具有碳的上述性质，因而化合物的种类远不如碳的多。

14-8　硅胶和分子筛的化学组成有什么不同？它们在吸附性质上有何异同？

答：硅胶是很大比表面积的多孔性固体二氧化硅材料，分子筛是一种具有立方晶格的硅铝酸盐化合物。

硅酸盐和酸混合能形成硅酸凝胶，硅酸凝胶经静置、水洗、烘干和活化后得到硅胶，它是一种优良的极性吸附剂，对水等极性物质有强的吸附作用，其吸附作用发生在表面为物理吸附，并可再生。而分子筛是一类人工合成的不溶性硅铝酸盐，是一类高效吸附剂。特点是比表面积大，孔径均匀，具有很好的机械强度和热稳定性。它们的分子间布满大小相同的空穴，洞口较小，某些液体或气体分子进入洞穴后便被吸附。

14-9　锗单质与 HCl、H_2SO_4 和 HNO_3 各如何作用？写出化学反应方程式。

答：锗与 HCl 不反应；

$$Ge + 4H_2SO_4(浓) = Ge(SO_4)_2 + 2SO_2\uparrow + 4H_2O$$

$$Ge + 4HNO_3(浓) = GeO_2 \cdot H_2O\downarrow + 4NO_2\uparrow + H_2O$$

14-10　以化学反应方程式表示下列物质在溶液中所发生的变化。

(1) $SnCl_2$ 和 $HgCl_2$　　(2) PbO_2 和 H_2O_2

(3) PbO_2 和 SO_2　　(4) PbS 和 H_2O_2

答：(1) $SnCl_2(不足) + 2HgCl_2 = Hg_2Cl_2\downarrow + SnCl_4$

$SnCl_2(足量) + HgCl_2 = Hg\downarrow(黑) + SnCl_4$

(2) $PbO_2 + H_2O_2 = PbO + O_2\uparrow + H_2O$

(3) $PbO_2 + SO_2 = PbSO_4\downarrow$

(4) $PbS + 4H_2O_2 = PbSO_4 + 4H_2O$

14-11　如何分离并检验出下列各溶液中的离子？

(1) Pb^{2+}、Mg^{2+}、Ag^+　　(2) Pb^{2+}、Sn^{2+}、Ba^{2+}

答：(1)

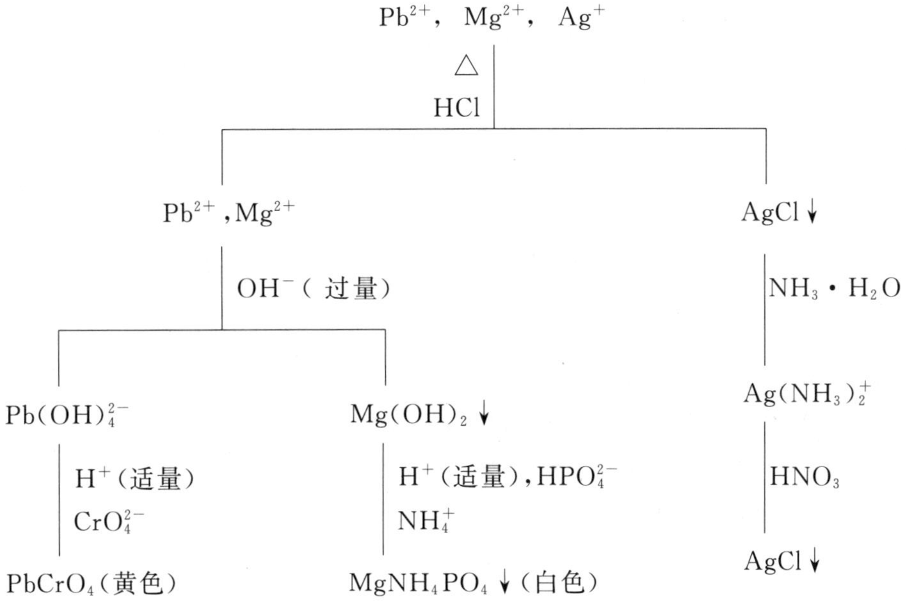

(2)

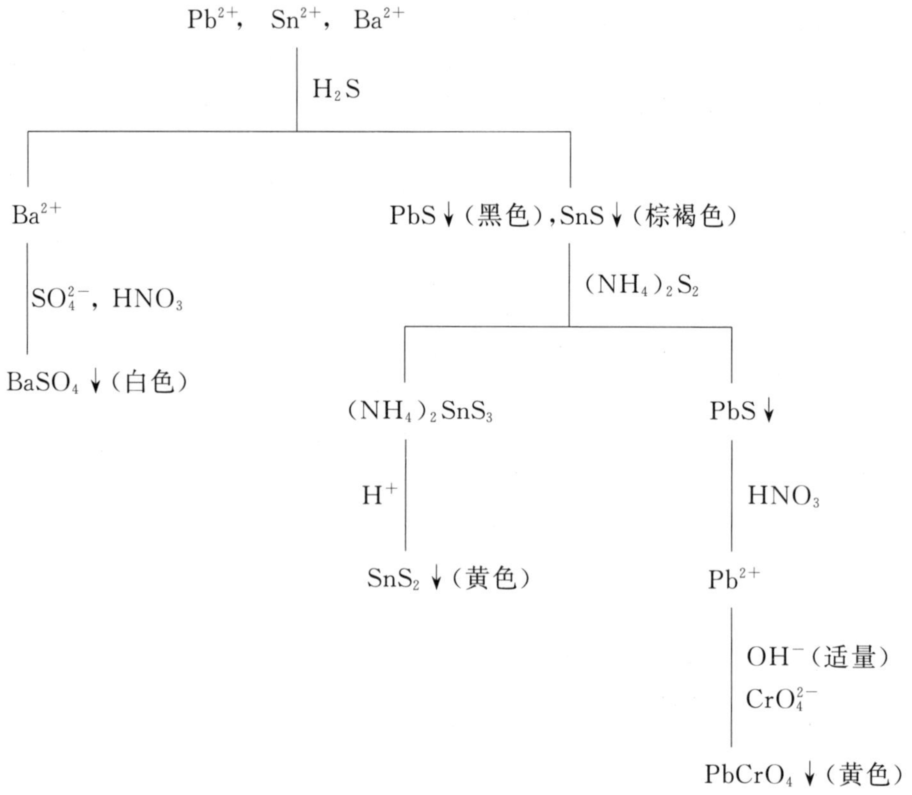

14-12 某一固体 A 难溶于水和盐酸,但溶于稀硝酸,溶解时得无色溶液 B 和无色气体 C,C 在空气中转变为红棕色气体。在 B 溶液中加入盐酸,产生白色沉淀 D,这种白色沉淀难溶于氨水中,但与 H_2S 反应可生成黑色沉淀 E 和滤液 F。沉淀 E 可溶于硝酸中,产生无色气体 C、浅黄色沉淀 G 和溶液 B。请指出从 A 至 G 各为何种物质,并写出有关反应方程式。

答:A. Pb　B. $Pb(NO_3)_2$　C. NO　D. $PbCl_2$

E. PbS　F. HCl　G. S

相关反应方程式:

$$3Pb+8HNO_3 = 3Pb(NO_3)_2+2NO\uparrow+4H_2O$$

$$2NO+O_2 = 2NO_2$$

$$Pb(NO_3)_2+2HCl = PbCl_2\downarrow+2HNO_3$$

$$PbCl_2+H_2S = PbS\downarrow+2HCl$$

$$3PbS+8HNO_3 = 3Pb(NO_3)_2+S\downarrow+2NO\uparrow+4H_2O$$

第 15 章　氮族元素

15-1　总结氮族与同周期的卤素和氧族元素性质的不同。

答:氮族元素价电子构型为 ns^2np^3,主要氧化态有－Ⅲ、＋Ⅲ和＋Ⅴ;电离势和电负性从上到下依次减小。由于氮族元素的电负性均小于同周期相应的ⅦA、ⅥA 族元素,它与卤素或氧、硫反应主要形成氧化态为＋Ⅲ、＋Ⅴ的共价化合物;与氢反应形成氧化态从－Ⅲ到＋Ⅲ的共价型氢化物;因此形成共价化合物是本族元素的特征。

氮族元素(除 N 外)从上到下＋Ⅴ氧化态的稳定性递减,除＋Ⅴ氧化态的磷几乎不具有氧化性外,其余的在酸性介质中都是氧化剂,而 Bi(＋Ⅴ)是最强氧化剂;＋Ⅲ氧化态的稳定性递增,如氮和磷的为还原剂,而 As(＋Ⅲ)、Sb(＋Ⅲ)和 Bi(＋Ⅲ)的化合物都是很弱的还原剂,其中 Bi(＋Ⅲ)几乎不显还原性。氧化态为－Ⅲ的氮族化合物中,除 NH_3 和 NH_4^+ 是弱还原剂外,其他都是很强的还原剂。

15-2　写出氨气与氧气混合,或与 Na、CuO、Mg 等加热下的反应。并说明工业上为什么可用氨气来检查氯气管道是否漏气?

答:氨气与氧气混合　$4NH_3+3O_2 \xlongequal{} 6H_2O+2N_2$

氨气与 Na、CuO、Mg 等加热下的反应

$$2NH_3(g)+2Na \xlongequal{\triangle} 2NaNH_2+H_2$$

$$2NH_3+3CuO \xlongequal{\triangle} 3Cu+N_2+3H_2O$$

$$2NH_3(g)+Mg \xlongequal{\triangle} Mg(NH_2)_2+H_2$$

生产 Cl_2 的化工厂常用浓氨水来检查生产设备和管道是否漏气,管道漏气时,会发生 $3Cl_2+2NH_3 \xlongequal{} N_2+6HCl$ 反应,而产生的 HCl 气遇氨气进一步产生白烟 NH_4Cl,所以如有白烟生成,则证明管道漏氯气。

15-3　以 NH_3 和 H_2O 作用时质子传递的情况,讨论 NH_3、H_2O 和质子之间键能的强弱;为什么醋酸在水中是一弱酸,而在液氨中却是强酸?

答:(1) H_2O 和 NH_3 作用时,质子传递情况为:

$$NH_3+H_2O \rightleftharpoons NH_4^+ +OH^- \quad K=1.8\times10^{-5}$$

它们分别与质子结合生成 H_3O^+ 和 NH_4^+。

H_2O 自偶电离时,质子传递情况为:

$$H_2O+H_2O \rightleftharpoons H_3O^+ +OH^- \quad K=1\times10^{-14}$$

从 K 值看出,NH_3 和 H^+ 结合的键能比 H_2O 和 H^+ 间的键能大。

(2) 由于 H_2O 接受 H^+ 的能力比 NH_3 弱,也就是醋酸与水的结合能力弱于醋酸与氨的结合能力,故醋酸在水中则不能完全电离,表现弱酸性;而醋酸在液氨中几乎完全电离,表现强酸性。

15-4　NH_3 和 NF_3 都是路易斯碱,哪一个碱性强?为什么?

答:因 N 的电负性大于 H,则在 NH_3 中 N 原子相对带负电,容易给出孤对电子,碱性强;而

F 的电负性大于 N，NF_3 中 N 原子相对带正电，难给出电子，所以碱性弱。

15-5 为什么在 N_3^- 中两个 N—N 键有相等的键长，而在 HN_3 中两个 N—N 键的键长却不相等？

答：因在 N_3^- 中 N1－N2 和 N2－N3 间形成了 σ 键和两个 Π_3^4 大 π 键，因此两个 N—N 键有相等的键长。而在 HN_3 中 3 个 N 原子成键情况不同：靠近 H 原子的 N1－N2 间只有 σ 键和 1/2 Π_3^4 键；N2－N3 间不仅有 σ 键、1/2Π_3^4 键，还有 p-p π 键，所以 N2－N3 间的键长比 N1－N2 间的短。

15-6 将下列物质按碱性减弱顺序排序，并解释原因。

$$NH_2OH \quad NH_3 \quad N_2H_4 \quad PH_3 \quad AsH_3$$

答：碱性强弱的顺序为 $NH_3>N_2H_4>NH_2OH>PH_3>AsH_3$。

因 NH_2—NH_2 和 NH_2—OH 中的—NH_2 和—OH 基团均为比 H 强的吸电子基团，且前者小于后者，造成中心 N 原子负电荷密度减小，则给出孤对电子能力减弱，即碱性减弱，所以碱性顺序大小为 $NH_3>N_2H_4>NH_2OH$。从 NH_3 到 AsH_3，随着中心原子半径增大，电负性减小，A－H键极性减弱，稳定性变差，与 H^+ 形成 AH_4^+ 的能力减弱，所以碱性减弱。

15-7 如何去除 $NaNO_3$ 中含有的少量 $NaNO_2$？

答：溶液酸化后加入 H_2O_2 使 NO_2^- 转化为 NO_3^-，反应完后加热使未反应的 H_2O_2 分解：

$$NO_2^- + H_2O_2 = NO_3^- + H_2O$$

15-8 因浓硝酸的还原产物为 NO_2，稀硝酸为 NO 或 N_2O、NH_4^+，是否可得出结论，硝酸浓度越高，氧化性越弱？为什么？

答：不是。实际上的情况是浓硝酸的氧化性最强，随着硝酸浓度的降低，其氧化性逐渐减弱。

判断某物质氧化能力的强弱不是看其本身被还原后产物氧化数的高低，而是看某氧化剂使其他物质（指还原剂）的氧化数升高多少。

例如：

(1) 浓硝酸能使 PbS 中的 S 氧化为 SO_4^{2-}，而稀硝酸只能氧化为单质 S；

(2) 浓硝酸能氧化砷为砷酸，而稀硝酸只能为亚砷酸；

(3) 浓硝酸能氧化 HI 为 HIO_3，而稀硝酸只能为 I_2。

至于浓硝酸的还原产物为 NO_2 可解释为：如硝酸与金属反应，首先产生 HNO_2，因其不稳定立即分解为 NO 和 NO_2，而浓硝酸又可将 NO 氧化为 NO_2，所以浓硝酸与金属反应的产物为 NO_2。

NO_2 在稀硝酸中可发生歧化反应：$3NO_2 + H_2O = NO + 2HNO_3$

该可逆反应随 HNO_3 浓度的增加而向左移动，HNO_3 浓度减小就向右移动。

综上所述：硝酸浓度越高，氧化性越强。

15-9 用三种方法区别 $NaNO_3$ 与 $NaNO_2$。

答：(1) 溶液加酸酸化后加 KI-淀粉溶液，淀粉变蓝的是 NO_2^-，无现象的是 NO_3^-。

$$2NO_2^- + 2I^- + 4H^+ = 2NO + I_2 + 2H_2O$$

(2) 因 NO_2^- 具有而 NO_3^- 无还原性，可用 $KMnO_4$ 溶液，褪色的为 NO_2^-，无现象的是 NO_3^-。

(3) 溶液 pH 为 7 的是 $NaNO_3$，大于 7 的是 $NaNO_2$。

15-10 为什么 NF_3 比 NCl_3 稳定？为什么 NF_3 不水解而 NCl_3 水解？

答:因 F 电负性大,原子半径小;而 Cl 电负性小,原子半径大,则形成的 N－F 键能强于 N－Cl 键,所以 NF_3 比 NCl_3 更稳定。

在 NF_3 中价电子构型为四面体,N 原子采用 sp^3 杂化,N 原子上有一对孤对电子,由于 F 原子电负性较大,NF_3 的碱性显然比 NCl_3 要小得多,因此亲电水解不可能发生,同时 N 是第二周期元素,4 个价轨道均被使用,不可能有空轨道接受亲核试剂的进攻。N—F 键较 N－Cl 键键能大,也导致 NF_3 不水解。卤化物水解过程,除热力学因素外,也与中心原子结构特征,如最大配位数、第几周期元素、有无孤对电子、有无空轨道、发生什么机理水解、水解过程能量变化(即键能大小)等动力学因素有关。

15-11　为什么单质磷的反应活性比氮气的高得多?为什么氮在自然界中以游离态存在,而磷却以化合态存在?

答:因单质磷的 P－P 键键能远小于 N_2 中的 N≡N 键能,所以单质磷具有比 N_2 高得多的反应活性。正是因为 N_2 分子非常稳定,才能在自然界中以游离态存在;而单质磷非常活泼,只能以化合态形式存在。

15-12　NH_3、PH_3、AsH_3 分子中的键角依次为 107°、93.08°、91.8°,请解释这一现象。

答:由杂化轨道理论可知,NH_3 分子中的 N 原子价电子层充满电子,采用 sp^3 杂化,一对孤对电子占据其中一条 sp^3 杂化轨道,因孤对电子的排斥作用大,压迫 H—N—H 键角使其从 109.5°减到 107°。PH_3 中因 P 为第三周期元素,原子半径大,其杂化的有效性减弱,杂化轨道的稳定性也差,所以 H—P—H 键角比未杂化的直角略大,为 93.08°。而 AsH_3 中 As 为第四周期元素,原子半径太大,基本不能进行杂化,直接用 p 轨道参与成键,所以 H—As—H 键角为 91.8°。

15-13　写出 PCl_3、PCl_5、P_4O_6 和 P_4O_{10} 的水解反应方程式。

答:

$PCl_3 + 3H_2O = P(OH)_3 + 3HCl$

$PCl_5 + H_2O$(不足)$= POCl_3 + 2HCl$

$POCl_3 + 3H_2O$(过量)$= H_3PO_4 + 3HCl$

$P_4O_6 + 6H_2O$(冷)$= 4H_3PO_3$

$P_4O_6 + 6H_2O$(热)$= 3H_3PO_4 + PH_3\uparrow$

$P_4O_{10} + 6H_2O = 4H_3PO_4$

15-14　将 $AgNO_3$ 溶液分别加到 PO_4^{3-}、HPO_4^{2-}、$H_2PO_4^-$ 中,得到什么产物?有什么现象?溶液 pH 如何变化?为什么?

答:将 $AgNO_3$ 溶液分别加到 PO_4^{3-}、HPO_4^{2-}、$H_2PO_4^-$ 中,均得到黄色沉淀 Ag_3PO_4。

(1) PO_4^{3-} 离子能发生水解:

$$PO_4^{3-} + H_2O \rightleftharpoons HPO_4^{2-} + OH^-$$

$$HPO_4^{2-} + H_2O \rightleftharpoons H_2PO_4^- + OH^-$$

$$H_2PO_4^- + H_2O \rightleftharpoons H_3PO_4 + OH^-$$

Ag^+ 与 PO_4^{3-} 发生反应:$PO_4^{3-} + 3Ag^+ = Ag_3PO_4\downarrow$,促进 PO_4^{3-} 的水解,因此溶液的 pH 变大。

(2) HPO_4^{2-} 离子既能发生电离又能发生水解:

$$HPO_4^{2-} \rightleftharpoons PO_4^{3-} + H^+$$

$$HPO_4^{2-} + H_2O \rightleftharpoons H_2PO_4^- + OH^-$$

HPO_4^{2-} 水解程度大于电离程度，说明溶液呈碱性；从平衡移动角度分析，生成 Ag_3PO_4 沉淀促进 HPO_4^{2-} 离子的电离，HPO_4^{2-} 溶液 pH 变小，由反应前的弱碱性转变为反应后的弱酸性。

反应的离子方程式为

$$2HPO_4^{2-} + 3Ag^+ \rightleftharpoons Ag_3PO_4 \downarrow + H_2PO_4^-$$

(3) $H_2PO_4^{2-}$ 离子既能发生电离又能发生水解：

$$H_2PO_4^- \rightleftharpoons HPO_4^{2-} + H^+$$

$$H_2PO_4^- + H_2O \rightleftharpoons H_3PO_4 + OH^-$$

$H_2PO_4^-$ 电离后的产物 HPO_4^{2-} 可以进一步发生电离 $HPO_4^{2-} \rightleftharpoons PO_4^{3-} + H^+$，生成 Ag_3PO_4 沉淀促进 $H_2PO_4^-$ 离子的二次电离，$H_2PO_4^-$ 溶液 pH 变小。

15-15 为什么从 H_3PO_4、H_3PO_3 到 H_3PO_2，还原性依次增强？

答：因 H_3PO_2 分子中存在两个 P—H 键，容易断裂，所以还原性最强；H_3PO_3 分子中存在一个 P—H 键，所以还原性比 H_3PO_2 弱；而 H_3PO_4 分子中不存在 P—H 键，不具有还原性。

15-16 请用理论定性解释氮族氢化物从 PH_3 到 BiH_3 其熔沸点、熔(气)化热依次增大，而 NH_3 则反常地增大？

答：对于氮族元素的氢化物，其结构相似，且均为分子组成的物质，从 PH_3 到 BiH_3 随着分子量的增加，其分子体积也增大，分子变形性增大，则色散力依次增加，所以分子间作用力增强，导致分子的熔沸点、熔(气)化热依次增大；而 NH_3 的反常是由于其分子间除正常的分子间作用力外，还增加了氢键作用，所以其熔沸点、熔(气)化热反常地高于 PH_3。

15-17 请写出 NCl_3、PCl_3、$AsCl_3$、$SbCl_3$、$BiCl_3$ 的水解反应方程式。如何配制 $Bi(NO_3)_3$ 或 $SbCl_3$ 的澄清水溶液？

答：$NCl_3 + 3H_2O \rightleftharpoons NH_3 + 3HOCl$

$PCl_3 + 3H_2O \rightleftharpoons H_3PO_3 + 3HCl$

$AsCl_3 + 3H_2O \rightleftharpoons H_3AsO_3 + 3HCl$

$SbCl_3 + H_2O \rightleftharpoons SbOCl \downarrow + 2HCl$

$BiCl_3 + H_2O \rightleftharpoons BiOCl \downarrow + 2HCl$

因 $Bi(NO_3)_3$ 和 $SbCl_3$ 遇水强烈水解产生白色沉淀，且一旦生成沉淀就难以再溶解，所以正确的配制方法是将适量固体溶解在浓度较高的硝酸或盐酸中，即可得到其澄清溶液。

15-18 为什么 As、Sb、Bi 的氧化物或氢氧化物的碱性依次递增，酸性依次递减？

答：因中心离子的离子势 Z/r 值随着 As、Sb、Bi 半径的增大而减小，其对羟基 O—H 上的氧原子的电子云吸引能力逐渐减弱，则 O—H 键的极性会减弱；而该键极性越强，在水中越易解离出 H^+，酸性越强。所以 As、Sb、Bi 的氢氧化物(氧化物原理相似)的碱性依次递增，酸性依次递减。

15-19 如何制备 $NaBiO_3$？指出 $NaBiO_3$ 与 Mn^{2+} 在酸性介质中的反应现象以及反应方程式，并说明介质酸是用硝酸还是盐酸，为什么？

答：在碱性介质中用 $Bi(NO_3)_3$ 与氧化剂如 Cl_2 反应制得：

$$Bi(OH)_3 + Cl_2 + 3NaOH = NaBiO_3 + 2NaCl + 3H_2O$$

$NaBiO_3$ 与 Mn^{2+} 在酸性介质中的反应现象是溶液变紫红色，反应方程式：

$$2Mn^{2+} + 5BiO_3^- + 14H^+ \rightleftharpoons 2MnO_4^- + 5Bi^{3+} + 7H_2O$$

应用硝酸而不能使用盐酸。因 HCl 中的 Cl^- 具有比 Mn^{2+} 更强的还原性，当遇到 BiO_3^- 时，还原性强的 Cl^- 首先与其反应，只有当 Cl^- 完全消耗，且还有 BiO_3^- 过量时，才能与 Mn^{2+} 反应。

$$BiO_3^- + 2Cl^- + 6H^+ = Bi^{3+} + Cl_2 + 3H_2O$$

15-20　如何鉴别 As^{3+}、Sb^{3+} 与 Bi^{3+}？如何分离共存的 As^{3+}、Sb^{3+} 和 Bi^{3+} 三种离子？

答：鉴别：向溶液中加入 Na_2S 溶液，产生黄色沉淀的是 As^{3+}，产生橙红色沉淀的是 Sb^{3+}，产生棕黑色沉淀的是 Bi^{3+}。

分离：先用 S^{2-} 使其以硫化物沉淀形式析出，过滤出的沉淀再加过量 Na_2S，使 As_2S_3 和 Sb_2S_3 溶解，因 Bi_2S_3 不溶而分离出。溶液加浓 HCl 至强酸性，则 As_2S_3 析出而 Sb_2S_3 溶解，过滤得到分离。

15-21　为什么没有 Bi_2S_5、BiI_5 存在？

答：因 Bi(Ⅴ)是强氧化剂，S^{2-} 或者 I^- 是较强还原剂，二者相遇会发生氧化还原反应，所以没有 Bi_2S_5(或 BiI_5)存在。

15-22　向硫代砷酸钠溶液中加入稀盐酸，有何现象发生？写出化学反应方程式。

答：硫代砷酸钠与稀盐酸反应，生成黄色沉淀 As_2S_5 和臭鸡蛋气味的气体 H_2S。

$$2AsS_4^{3-} + 6H^+ = As_2S_5\downarrow + 3H_2S\uparrow$$

15-23　配制三氯化铋的溶液要加酸，往亚砷酸盐溶液中通 H_2S 制备硫化亚砷时也要加酸，砷酸钠和碘化钾反应时还要加酸，上述三个加酸的目的各是什么？请说明理由。

已知：$I_2 + 2e^- = 2I^-$　　$E^\ominus = 0.54\ V$

$3H_3AsO_4 + 2H^+ + 2e^- = H_3AsO_3 + H_2O$　$E^\ominus = 0.56\ V$

答：(1) $BiCl_3$ 溶液在水中会发生水解反应：

$$BiCl_3 + H_2O = BiOCl\downarrow + 2HCl$$

配制 $BiCl_3$ 溶液时酸化的目的是抑制 Bi^{3+} 的水解，防止 BiOCl 沉淀产生。

(2) 亚砷酸盐在强酸性介质中存在着下述平衡：

$$AsO_3^{3-} + 6H^+ = As^{3+} + 3H_2O$$

制备硫化亚砷时酸化的目的是使平衡向右移动，增大溶液中 As^{3+} 浓度，有利于形成 As_2S_3。

$$2AsO_3^{3-} + 3H_2S + 6H^+ = As_2S_3\downarrow + 6H_2O$$

(3) 砷酸钠与碘化钾反应酸化的目的是提高 As(V)的氧化性：

$$H_3AsO_4 + 2I^- + 2H^+ = I_2 + H_3AsO_3 + H_2O$$

该反应在标准状态下 $E^\ominus(H_3AsO_4/H_3AsO_3) = 0.56\ V$，$E^\ominus(I_2/I^-) = 0.54\ V$，自发趋势较小，但在酸性条件下

$$3H_3AsO_4 + 2H^+ + 2e^- = H_3AsO_3 + H_2O$$

As(V)氧化性增强，$E^\ominus$ 增大，平衡向右移动，促使砷酸钠与碘化钾反应更易进行。

第 16 章　氧族元素

16-1　完成下列反应并配平方程式

(1) $HgS+HNO_3+HCl \longrightarrow$

(2) $Na_2SO_3+H_2SO_4$(稀) $\longrightarrow$

(3) $Fe+H_2O(g) \longrightarrow$

(4) $Ag+H_2S \longrightarrow$

(5) $Na_2O_2+H_2SO_4+H_2O \longrightarrow$

(6) $CrO_2^-+H_2O_2+OH^- \longrightarrow$

(7) $Fe(OH)_2+O_2+H_2O \longrightarrow$

(8) $PbS+O_3 \longrightarrow$

(9) $Na_2S_2O_4+O_2+H_2O \longrightarrow$

(10) $S+NaOH \longrightarrow$

(11) $NaHS+NaHSO_3 \longrightarrow$

(12) $NaHSO_3+NaOH \longrightarrow$

(13) $MnO_4^-+SO_3^{2-}+6H^+ \longrightarrow$

(14) $H_2SeO_3+HClO_3 \longrightarrow$

(15) $Mn^{2+}+S_2O_8^{2-}+H_2O \longrightarrow$

(16) $H_2S_3O_6+Cl_2+H_2O \longrightarrow$

(17) $H_2S+SO_2 \longrightarrow$

(18) $Al_2O_3+K_2S_2O_7 \longrightarrow$

(19) $CaSO_4+SiO_2 \longrightarrow$

(20) $Ag_2SO_4 \longrightarrow$

(21) $SeO_2+SO_2+H_2O \longrightarrow$

(22) $TeO_3+HCl \longrightarrow$

答:(1) $3HgS+2HNO_3+12HCl = 3H_2[HgCl_4]+2NO\uparrow+3S\downarrow+4H_2O$

(2) $Na_2SO_3+H_2SO_4$(稀)$= Na_2SO_4+SO_2+H_2O$

(3) $3Fe+4H_2O(g) \xlongequal{高温} Fe_3O_4+4H_2$

(4) $2Ag+H_2S = Ag_2S+H_2\uparrow$

(5) $Na_2O_2+H_2SO_4+10H_2O = Na_2SO_4\cdot 10H_2O+H_2O_2$

(6) $2CrO_2^-+3H_2O_2+2OH^- = 2CrO_4^{2-}+4H_2O$

(7) $4Fe(OH)_2+O_2+2H_2O = 4Fe(OH)_3$

(8) $PbS+2O_3 = PbSO_4+O_2$

(9) $Na_2S_2O_4+O_2+H_2O = NaHSO_3+NaHSO_4$

(10) $3S+6NaOH \xlongequal{\triangle} 2Na_2S+Na_2SO_3+3H_2O$

(11) $2NaHS+4NaHSO_3 = 3Na_2S_2O_3+3H_2O$

(12) $NaHSO_3+NaOH = Na_2SO_3+H_2O$

(13) $2MnO_4^-+5SO_3^{2-}+6H^+ = 2Mn^{2+}+5SO_4^{2-}+3H_2O$

(14) $5H_2SeO_3+2HClO_3 = 5H_2SeO_4+Cl_2+H_2O$

(15) $2Mn^{2+}+5S_2O_8^{2-}+8H_2O = 2MnO_4^-+10SO_4^{2-}+16H^+$

(16) $H_2S_3O_6+4Cl_2+6H_2O = 3H_2SO_4+8HCl$

(17) $2H_2S+SO_2 = 3S\downarrow+2H_2O$

(18) $Al_2O_3+3K_2S_2O_7 \xlongequal{\triangle} Al_2(SO_4)_3+3K_2SO_4$

(19) $2CaSO_4+2SiO_2 = 2CaSiO_3+2SO_2+O_2$

(20) $Ag_2SO_4 \xlongequal{\triangle} Ag_2O+SO_3$

(21) $SeO_2+2SO_2+2H_2O = Se+2SO_4^{2-}+4H^+$

(22) $2TeO_3+8HCl = TeO_2+TeCl_4+2Cl_2+4H_2O$

16-2　写出下列各题的生成物并配平。

(1) Na_2O_2 与过量冷水反应；

(2) PbS 中加入过量 H_2O_2；

(3) Se 和 HNO_3 反应；

(4) H_2S 通入 $FeCl_3$ 溶液中；

(5) 将 Cr_2S_3 投入水中；

(6) 用盐酸酸化多硫化铵溶液；

(7) 在 Na_2CO_3 溶解中通入 SO_2 至溶液的 pH 在 5 左右；

(8) 向 Na_2S_2 溶液中滴加盐酸；

(9) 在 Na_2O_2 固体上滴加几滴热水；

(10) $Ag(S_2O_3)_2^{3-}$ 的弱酸性溶液中通入 H_2S。

答：(1) $Na_2O_2+2H_2O = H_2O_2+2NaOH$

(2) $PbS+4H_2O_2 = PbSO_4+4H_2O$

(3) $3Se+4HNO_3+H_2O = 3H_2SeO_3+4NO$

(4) $H_2S+2FeCl_3 = S+2FeCl_2+2HCl$

(5) $Cr_2S_3+6H_2O = 2Cr(OH)_3+3H_2S$

(6) $(NH_4)_2S_x+2HCl = 2NH_4Cl+(x-1)S+H_2S$

(7) $Na_2CO_3+2SO_2+H_2O = 2NaHSO_3+CO_2$

(8) $Na_2S_2+2HCl = 2NaCl+S+H_2S$

(9) $2Na_2O_2+2H_2O = 4NaOH+O_2$

(10) $2Ag(S_2O_3)_2^{3-}+H_2S+6H^+ = Ag_2S+4S+4SO_2+4H_2O$

16-3　为什么 O_2 为非极性分子而 O_3 却为极性分子？

答：O_2 分子为直线型（一个 σ 键，两个两中心三电子的离域键 Π_2^3），两个氧是等同的且其周围电子密度相同，分子的对称性及正电中心和负电中心能够重合，因而 O_2 分子为非极性分子；

O_3 分子中有三个氧原子，分子为 V 形（两个 σ 键，一个三中心四电子的离域键 Π_3^4），中心氧与端氧在参与形成 Π_3^4 键时提供电子数不同，端氧周围电子密度与中心氧不同，分子的非对称性及氧原子周围电子密度不同造成正电中心与负电中心不重合，因而 O_3 分子具有极性。

16-4 试说明下列情况：

（1）把 H_2S 和 SO_2 气体同时通入 NaOH 溶液中至溶液呈中性，有何结果？

（2）写出以 S 为原料制备以下各种化合物的反应方程式。

$$H_2S、H_2S_2、SF_6、SO_3、H_2SO_4、SO_2Cl_2、Na_2S_2O_4$$

答：（1）先有一些黄色沉淀，后沉淀溶解，最后产物是水、亚硫酸钠、硫化钠。

$$NaOH + SO_2 \xlongequal{} NaHSO_3$$

$$NaOH + H_2S \xlongequal{} NaHS + H_2O$$

$$2NaHS + 4NaHSO_3 \xlongequal{} 3Na_2S_2O_3 + 3H_2O$$

（2）

1）$S + H_2 \xlongequal{} H_2S$

2）$S + H_2 \xlongequal{} H_2S$

$H_2S + S \xlongequal{} H_2S_2$

3）$S + 3F_2 \xlongequal{燃烧} SF_6$

4）$S + O_2 \xlongequal{} SO_2$

$2SO_2 + O_2 \xlongequal{V_2O_5} 2SO_3$

5）$S + O_2 \xlongequal{} SO_2$

$2SO_2 + O_2 \xlongequal{V_2O_5} 2SO_3$

$SO_3 + H_2O \xlongequal{} H_2SO_4$

6）$S + O_2 \xlongequal{} SO_2$

$SO_2 + Cl_2 \xlongequal{FeCl_3} SO_2Cl_2$

7）$S + O_2 \xlongequal{} SO_2$

$SO_2 + NaOH \xlongequal{} NaHSO_3$

$2NaHSO_3 + Zn \xlongequal{} Na_2S_2O_4 + Zn(OH)_2$

16-5 硫代硫酸钠在药剂中常用作解毒剂，可解卤素单质、重金属离子中毒。请说明能解毒的原因，写出有关的反应方程式。

答：硫代硫酸钠在药剂中常用作解毒剂，可解卤素单质中毒，主要是由它的氧化还原性所致：

$$Cl_2 + S_2O_3^{2-} \xlongequal{} Cl^- + SO_4^{2-}$$

$$4Cl_2 + S_2O_3^{2-} + 5H_2O \xlongequal{} 8Cl^- + 2SO_4^{2-} + 10H^+$$

$$I_2 + S_2O_3^{2-} \xlongequal{} I^- + S_4O_6^{2-}$$

硫代硫酸钠在药剂中常用作解毒剂，可解重金属离子中毒，主要是由于 $S_2O_3^{2-}$ 的强配位能力决定的：

$$Ag^+ + 2S_2O_3^{2-} \xlongequal{} [Ag(S_2O_3)_2]^{3-}$$

生成的配离子可溶于水，从体内排出。

16-6　SO_2 与 Cl_2 的漂白机理有什么不同？

答：SO_2 的漂白作用是由于 SO_2 能和一些有机色素结合成为无色的加合物，故有漂白作用，但漂白后生成的无色加合物不稳定，日久会因分解而显出其本来的颜色；而 Cl_2 的漂白作用是由于 Cl_2 可与水反应生成 HClO，HClO 是一种强氧化剂，它分解出的原子氧能氧化有机色素，使其生成无色产物，属于氧化还原作用。

16-7　少量 Mn^{2+} 离子可使 H_2O_2 催化分解，有人提出反应机理可能为：H_2O_2 先把 Mn^{2+} 氧化为 MnO_2，生成的 MnO_2 再把 H_2O_2 分解。试根据有关的电极电势指出以上的机理是否合理？若合理，写出有关的反应式。

答：电极电势

$$H_2O_2 + 2H^+ + 2e^- = 2H_2O \qquad E = 1.77\ V$$

$$MnO_2 + 4H^+ + 2e^- = Mn^{2+} + 2H_2O \qquad E = 1.23\ V$$

$$O_2 + 2H^+ + 2e^- = H_2O_2 \qquad E = 0.68\ V$$

根据 $E(H_2O_2/H_2O) > E(MnO_2/Mn^{2+})$ (1.77 V>1.23 V)，可知以下反应能发生：

$$Mn^{2+} + H_2O_2 = MnO_2 + 2H^+$$

按 $E(MnO_2/Mn^{2+}) > E(O_2/H_2O_2)$(1.23 V>0.68 V)，可知以下反应能发生：

$$MnO_2 + 2H^+ + H_2O_2 = Mn^{2+} + O_2 + 2H_2O$$

所以以上的机理是合理的。总反应为 $2H_2O_2 = O_2 + 2H_2O$

16-8　解释下列实验事实：

(1) O_2 有顺磁性而硫单质没有顺磁性。

(2) H_2S 的沸点比 H_2O 的低，但 H_2S 的酸性却比 H_2O 的强。

(3) 硫的熔、沸点比氧高出很多，但由氟到氯就没有这么大的变化。

(4) H_2SO_3 有良好的还原性，而浓 H_2SO_4 是好的氧化剂，但两者混合时没有反应现象发生。

(5) 把 H_2S 气体通入 $FeSO_4$ 溶液不易产生 FeS 沉淀，若在 $FeSO_4$ 溶液中加入一些碱后通 H_2S 气体，则易得到 FeS 沉淀。

(6) 油画放置久后，为什么会发暗、发黑？

(7) 为什么 $SOCl_2$ 既可做路易斯酸又可做路易斯碱？

答：(1) 氧分子中有单电子存在，而硫分子中无单电子存在。

(2) H_2S 的熔、沸点比 H_2O 的低是由于水分子间有氢键的缘故，而 H_2S 的酸性比 H_2O 的强是由于 H—S 键比 H—O 键弱的缘故。

(3) 由于硫分子间的范德华力远大于氧分子间的，故硫的熔、沸点比氧高出很多；但氟分子间的范德华力与氯分子间的相差不大，故熔、沸点比较相近。

(4) 因为四价的硫和六价的硫间没有中间价态。

(5) 因为在酸性溶液中硫离子的浓度与亚铁离子浓度的乘积小于 FeS 的溶度积，故把 H_2S 气体通入 $FeSO_4$ 溶液不易产生 FeS 沉淀。但若在 $FeSO_4$ 溶液中加入一些碱后，则会促进硫化氢的电离，增大溶液中硫离子的浓度，使溶液中硫离子的浓度与亚铁离子浓度的乘积大于 FeS 的溶度积，故会产生 FeS 沉淀。

(6) 油画放置久后会发暗、变黑，原因是油画中的白色颜料中的 $PbSO_4$ 遇到空气中的 H_2S 后生成 PbS。

$$PbSO_4(白) + H_2S \xlongequal{} PbS(黑) + H_2SO_4$$

(7) $SOCl_2$ 分子的结构为：

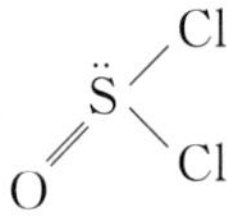

分子中的中心原子 S 有孤对电子，能给出电子对，故可做路易斯碱；同时，分子的中心原子 S 有空的价层 d 轨道，又可以接受电子对，因此 $SOCl_2$ 又可做电子对接受体，为路易斯酸。

16-9 从分子结构角度解释为什么 O_3 比 O_2 的氧化能力强？

答：由分子的结构可知，O_3 为 V 形分子，O_2 为直线形分子。氧分子中 O—O 间的键级为 2，而臭氧分子中 O—O 间形成了单键和 Π_3^4 的大 π 键。O_3 分子中的 O—O 键级为 1.5，O ═O 键级为 2.0，因此 O_3 中 O—O 键级比 O_2 的小，O_3 分子对称性比 O_2 差，因此 O_3 比 O_2 的氧化能力强。

16-10 给出 SO_2、SO_3、O_3 分子中离域大 π 键类型，并指出形成离域大 π 键的条件。

答：SO_2：Π_3^4　　SO_3：Π_4^6　　O_3：Π_3^4

由两个以上的轨道以“肩并肩”的方式重叠形成的键，称为离域 π 键或大 π 键。一般 π 键是由两个原子的 p 轨道叠加而成，电子只能在两个原子之间运动。而大 π 键是由多个原子提供多条同时垂直 σ 键所在平面的 p 轨道，所有的 p 轨道都符合“肩并肩”的条件，这些 p 轨道就叠加而成一个大 π 键，电子就能在这个广泛区域中运动。形成离域 π 键必须具备下面三个条件：第一是参与形成大 π 键的原子必须共平面；第二是每个原子必须提供一条相互平行的 p 轨道；第三是形成大 π 键所提供 p 电子数目必须小于 p 轨道数目的 2 倍（$m < 2n$）。

16-11 已知 O_2F_2 结构与 H_2O_2 相似，但 O_2F_2 中 O—O 键长 121 pm，H_2O_2 中 O—O 键长 148 pm。请给出 O_2F_2 的结构，并解释两个化合物中 O—O 键长不同的原因。

答：O_2F_2 分子结构：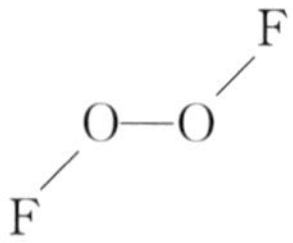

两个 O 为 sp^3 杂化，两个 O 与两个 F 不在同一平面。由于 F 的电负性大于 O，则 O 周围的电子密度降低，使 O 有一定的正电性，两个 O 原子对共用电子对的引力变大。因而 O_2F_2 中 O—O键变短。

16-12 将还原剂 H_2SO_3 和氧化剂浓 H_2SO_4 混合后能否发生氧化还原反应？为什么？

答：不能，因为浓 H_2SO_4 做氧化剂产物为 H_2SO_3，H_2SO_3 做还原剂其氧化型为 H_2SO_4。

16-13 给出 SOF_2、$SOCl_2$、$SOBr_2$ 分子中 S—O 键强度的变化规律，并解释原因。

答：分子中 S—O 键强度：$SOF_2 > SOCl_2 > SOBr_2$。

三个化合物的结构均为三角锥形，S 为中心原子，中心原子上有一对孤对电子。

分子构型为

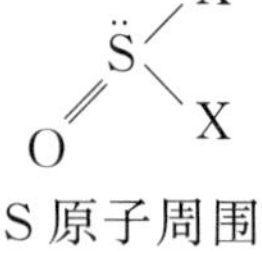

X 电负性越大，吸引电子能力越强，则 S 原子周围的电子密度越低，硫的正电性越高，S 对 O

的极化作用越强，S—O 键共价成分越大，键越短，故 S—O 键越强。

同时，S—O 间存在 d-pπ 反馈 π 键，S 周围电子密度小，吸引氧的反馈电子能力强，S—O 间键越强。元素电负性顺序为 F＞Cl＞Br，因此，分子中 S 周围电子密度为 SOF_2＜$SOCl_2$＜$SOBr_2$，S—O 键强度 SOF_2＞$SOCl_2$＞$SOBr_2$。

16-14　现有五瓶无色溶液分别是 Na_2S、Na_2SO_3、$Na_2S_2O_3$、Na_2SO_4、$Na_2S_2O_8$。试加以确认并写出有关的反应方程式。

答：分别取少量溶液加入稀盐酸，产生的气体能使 $Pb(Ac)_2$ 试纸变黑的溶液为 Na_2S；

产生刺激性气体，但不使 $Pb(Ac)_2$ 试纸变黑的是 Na_2SO_3；

产生刺激性气体，同时有乳白色沉淀生成的溶液是 $Na_2S_2O_3$；

无任何变化的则是 Na_2SO_4 和 $Na_2S_2O_8$，将这两种溶液酸化加入 KI 溶液，有 I_2 生成的是 $Na_2S_2O_8$ 溶液，另一溶液为 Na_2SO_4。

有关反应方程式：

$$S^{2-}+2H^+ = H_2S\uparrow$$

$$H_2S+Pb^{2+} = PbS(黑)\downarrow+2H^+$$

$$SO_3^{2-}+2H^+ = SO_2+H_2O$$

$$S_2O_3^{2-}+2H^+ = SO_2\uparrow+S\downarrow+H_2O$$

$$S_2O_8^{2-}+2I^- = 2SO_4^{2-}+I_2\downarrow$$

16-15　在四个瓶子内分别盛有 $FeSO_4$、$Pb(NO_3)_2$、K_2SO_4、$MnSO_4$ 溶液，怎么用通入 H_2S 和调节 pH 的方法来区分它们？

答：

$$\left.\begin{cases}FeSO_4\\Pb(NO_3)_2\\K_2SO_4\\MnSO_4\end{cases}\right.\xrightarrow{H_2S(饱和)}\begin{cases}PbS\ 黑色\\FeSO_4、K_2SO_4、MnSO_4\xrightarrow{NH_3\cdot H_2O}\begin{cases}Fe(OH)_2\downarrow\ 灰绿色\\Mn(OH)_2\downarrow\ 肉色\\K_2SO_4\end{cases}\end{cases}$$

16-16　影响过氧化氢稳定性的因素有哪些？如何储存过氧化氢溶液？

答：影响 H_2O_2 稳定性的因素有：热，光，介质，重金属离子等。

热的影响：H_2O_2 在低温度和高纯度时较稳定，若受热到 426 K 以上便剧烈分解

$$H_2O_2 = 2H_2O+O_2\uparrow$$

光的影响：波长为 320～380 nm 的光会促进 H_2O_2 的分解。

介质的影响：H_2O_2 在碱性介质中的分解速率远比在酸性介质中快。

重金属离子的影响：Fe^{2+}、Mn^{2+}、Cu^{2+}、Cr^{3+} 等离子都能大大加速 H_2O_2 的分解。

储存：在实验室里，一般常把过氧化氢装在棕色瓶内放在阴凉处。有时加一些稳定剂，如微量的 Na_2SnO_3、$Na_4P_2O_7$ 或 8-羟基喹啉等来抑制所含杂质的催化作用。

16-17　将 $SO_2(g)$ 通入到纯碱溶液中，有无色无味气体 A 逸出，所得溶液经烧碱中和，再加入硫化钠溶液除去杂质，过滤后得溶液 B。将某非金属单质 C 加入 B 溶液中加热，反应后再经过滤、除杂等过程后，得溶液 D。取 3 mL 溶液 D 加入 HCl 溶液，其反应产物之一为沉淀 C。另取 3 mL 溶液 D，加入少许 AgBr(s)，则其溶解，生成配离子 E。再取第三份 3 mL 溶液 D，在其中加入

几滴溴水，溴水颜色消失，再加入 $BaCl_2$ 溶液，得到不溶于稀盐酸的白色沉淀 F。试确定 A～F 的化学式，并写出各步反应方程式。

答：A. CO_2　B. Na_2SO_3　C. S　D. $Na_2S_2O_3$　E. $[Ag(S_2O_3)_2]^{2-}$　F. $BaSO_4$

$$2SO_2+CO_3^{2-}+H_2O = CO_2+2HSO_3^-$$
$$H_2SO_3+2OH^- = SO_3^{2-}+2H_2O$$
$$Na_2SO_3+S \overset{\triangle}{=} Na_2S_2O_3$$
$$S_2O_3^{2-}+2H^+ = SO_2\uparrow+S\downarrow+H_2O$$
$$AgBr+2S_2O_3^{2-} = [Ag(S_2O_3)_2]^{2-}+Br^-$$
$$S_2O_3^{2-}+4Br_2+5H_2O = 2SO_4^{2-}+8Br^-+10H^+$$
$$Ba^{2+}+SO_4^{2-} = BaSO_4\downarrow$$

16-18　将无色钠盐溶于水得无色溶液 A，用 pH 试纸检验知 A 显碱性。向 A 中滴加 $KMnO_4$ 溶液则紫红色褪去，说明 A 被氧化为 B，向 B 中加入 $BaCl_2$ 溶液得不溶于强酸的白色沉淀 C，向 A 中加入稀盐酸有无色气体 D 放出。将 D 通入 $KMnO_4$ 溶液则又得到无色的 B。向含有淀粉的 KIO_3 溶液中滴加少许 A 则溶液立即变蓝，说明有 E 生成。A 过量时蓝色消失得无色溶液 F。请给出 A、B、C、D、E、F 的分子式或离子式。

答：A. $NaHSO_3$　B. SO_4^{2-}　C. $BaSO_4$　D. SO_2　E. I_2　F. I^-

16-19　有一种钠盐 A，溶于水后加入稀盐酸有刺激性气体 B 产生，同时生成乳白色胶态溶液。此溶液加热后又有黄色沉淀 C 析出。气体 B 能使 $KMnO_4$ 溶液褪色。通氯气于 A 溶液中，氯气的黄绿色消失生成溶液 D。D 与可溶性钡盐生成白色沉淀 E。试确定 A、B、C、D、E 各为何物，写出有关的反应方程。

答：A. $Na_2S_2O_3$　B. SO_2　C. S　D. H_2SO_4 或 SO_4^{2-}　E. $BaSO_4$

有关的反应方程式为：

$$S_2O_3^{2-}+2H^+ = SO_2\uparrow+S\downarrow+H_2O$$
$$2MnO_4^-+5SO_2+2H_2O = 2Mn^{2+}+5SO_4^{2-}+4H^+$$
$$S_2O_3^{2-}+4Cl_2+5H_2O = 2SO_4^{2-}+8Cl^-+10H^+$$
$$Ba^{2+}+SO_4^{2-} = BaSO_4\downarrow$$

16-20　向白色固体钾盐 A 中加入酸 B 有紫黑色固体 C 和无色气体 D 生成，C 微溶于水，但易溶于 A 的溶液中得棕黄色溶液 E，向 E 中加入 NaOH 溶液得无色溶液 F。将气体 D 通入 $Pb(NO_3)_2$ 溶液得黑色沉淀 G。若将 D 通入 $NaHSO_3$ 溶液则有乳黄色沉淀 H 析出。回答 A、B、C、D、E、F、G、H 各为何物质。写出有关反应的方程。

答：A. KI　B. H_2SO_4(浓)　C. I_2　D. H_2S　E. KI_3　F. KIO_3+KI　G. PbS　H. S

有关的反应方程式为：

$$8I^-+H_2SO_4(\text{浓})+8H^+ = 4I_2+H_2S\uparrow+4H_2O$$
$$I^-+I_2 = I_3^-$$
$$3I_2+6OH^- = I^-+IO_3^-+3H_2O$$
$$H_2S+Pb^{2+} = PbS\downarrow+2H^+$$
$$HSO_3^-+2H_2S+H^+ = 3S\downarrow+3H_2O$$

第 17 章　卤素

17-1　完成下列反应并配平方程式。

(1) $P+Br_2+H_2O \longrightarrow$

(2) $Cl_2+I_2+H_2O \longrightarrow$

(3) $F_2+4OH^- \longrightarrow$

(4) $KMnO_4+KF+HF+H_2O_2 \longrightarrow$

(5) $MnO_4^-+Cl^-+H^+ \longrightarrow$

(6) $Br^-+BrO_3^-+H^+ \longrightarrow$

(7) $NO_2^-+I^-+H^+ \longrightarrow$

(8) $P+H_2O+I_2 \longrightarrow$

(9) $Cl_2+HgO \longrightarrow$

(10) $Cl_2O_6+KOH \longrightarrow$

(11) $Cl_2+Ag_2O+H_2O \longrightarrow$

(12) $HClO_3 \longrightarrow$

(13) $NaBrO_3+XeF_2+H_2O \longrightarrow$

(14) $H_5IO_6+Mn^{2+} \longrightarrow$

(15) $MnO_2+HSCN \longrightarrow$

(16) $OCN^-+O_3 \longrightarrow$

(17) $Cu^{2+}+CN^- \longrightarrow$

(18) $CNO^-+OH^-+Cl_2 \longrightarrow$

答:(1) $2P+3Br_2+6H_2O = 2H_3PO_3+6HBr\uparrow$

(2) $5Cl_2+I_2+6H_2O = 2IO_3^-+10Cl^-+12H^+$

(3) $2F_2+4OH^- = 4F^-+O_2+2H_2O$

(4) $2KMnO_4+2KF+10HF+3H_2O_2 = 2K_2MnF_6+8H_2O+3O_2$

(5) $2MnO_4^-+10Cl^-+16H^+ \xlongequal{\triangle} 2Mn^{2+}+5Cl_2\uparrow+8H_2O$

(6) $5Br^-+BrO_3^-+6H^+ = 3Br_2+3H_2O$

(7) $2NO_2^-+2I^-+4H^+ = I_2+2NO+2H_2O$

(8) $2P+6H_2O+3I_2 = 2H_3PO_3+6HI\uparrow$

(9) $2Cl_2+2HgO = HgCl_2 \cdot HgO+Cl_2O$

(10) $Cl_2O_6+2KOH = KClO_3+KClO_4+H_2O$

(11) $2Cl_2+Ag_2O+H_2O = 2AgCl\downarrow+2HClO$

(12) $8HClO_3 = 3O_2+2Cl_2+4HClO_4+2H_2O$

(13) $NaBrO_3+XeF_2+H_2O = NaBrO_4+Xe+2HF$

(14) $5H_5IO_6 + 2Mn^{2+} = 2MnO_4^- + 5HIO_3 + 6H^+ + 7H_2O$

(15) $MnO_2 + 4HSCN = (SCN)_2 + Mn(SCN)_2 + 2H_2O$

(16) $2OCN^- + 3O_3 = CO_3^{2-} + CO_2\uparrow + N_2\uparrow + 3O_2\uparrow$

(17) $2Cu^{2+} + 6CN^- = 2[Cu(CN)_2]^- + (CN)_2$

(18) $2CNO^- + 4OH^- + 3Cl_2 = 2CO_2 + N_2 + 6Cl^- + 2H_2O$

17-2 写出下列物质间的反应方程式：

(1) 氯气与热的碳酸钾；

(2) 常温下，液溴与碳酸钠溶液；

(3) 将氯气通入 KI 溶液中，呈黄色或棕色后，再继续通入氯气至无色；

(4) 碘化钾晶体加入浓硫酸，并微热。

答：(1) $3K_2CO_3 + 3Cl_2 \xlongequal{\triangle} KClO_3 + 5KCl + 3CO_2$

(2) $3Na_2CO_3 + 3Br_2 \xlongequal{\text{常温}} NaBrO_3 + 5NaBr + 3CO_2$

(3) $6KI + 3Cl_2 = 6KCl + 3I_2$；$5Cl_2 + I_2 + 6H_2O = 2HIO_3 + 10HCl$

(4) $8KI + 5H_2SO_4(\text{浓}) = 4I_2 + H_2S + 4H_2O + 4K_2SO_4$

17-3 用食盐为基本原料，制备下列各物质：

(1) Cl_2；(2) NaClO；(3) $KClO_3$；(4) $KClO_4$

答：(1) $2NaCl + 2H_2O \xlongequal{\text{电解}} 2NaOH + H_2\uparrow + Cl_2\uparrow$

(2) $Cl_2 + 2NaOH(\text{冷}) = NaClO + NaCl + H_2O$

(3) $3Cl_2 + 6KOH = KClO_3 + 5KCl + 3H_2O$

(4) $4KClO_3 \xlongequal{\triangle} KCl + 3KClO_4$

17-4 试从(1) CaF_2 制备 F_2；

(2) KCl 制备 $KClO_3$；

(3) I_2 制备 HIO_3；

(4) 从海水中制 Br_2。

答：(1)

$$CaF_2(\text{萤石}) + H_2SO_4(\text{浓}) = CaSO_4 + 2HF\uparrow$$

$$HF + KOH = KF + H_2O$$

$$KF + 2HF \xlongequal{\text{熔融，电解}} KF + F_2\uparrow + H_2\uparrow$$

(2)

$$2KCl + 2H_2O \xlongequal{\text{电解}} 2KOH + Cl_2\uparrow + H_2\uparrow$$

(阴极)(阳极)

$$3Cl_2 + 6KOH(\text{热}) = 2KClO_3 + 5KCl + 3H_2O\uparrow$$

(3) 用 Cl_2 氧化 I_2 成 HIO_3，反应为

$$I_2 + 5Cl_2 + 6H_2O = 2HIO_3 + 10HCl$$

(4) 首先通入氯气，使 Br^- 成为单质溴

$$2Br^- + Cl_2 = 2Cl^- + Br_2$$

用空气将溴吹出并用碱吸收使其歧化

$$3Na_2CO_3 + 3Br_2 = 5NaBr + NaBrO_3 + 3CO_2$$

浓缩后在酸性介质中生成单质溴

$$5Br^- + BrO_3^- + 6H^+ = 3Br_2 + 3H_2O$$

17-5　电解制氟时，为何不用 KF 的水溶液？液态氟化氢为什么不导电，而氟化钾的无水氟化氢溶液却能导电？

答：因为 F_2 具有高还原电位[$E^\ominus(F_2/F^-)=2.87\ V$]，与水能发生剧烈的化学反应，因此，制备单质 F_2 不能用 KF 水溶液。

电解制氟的反应方程式是：$2KHF_2 = 2KF + H_2\uparrow + F_2\uparrow$

液态 HF 分子中，没有自由移动的离子，故而不能导电；而在 KF 的无水 HF 溶液中，该物质可发生强的电离作用，产生正负离子，存在 K^+、HF_2^-，从而导电。本质上，无水氟化氢是溶剂，氟化钾是溶解于氟化氢的溶质，该体系是非水 HF 溶剂（也是类水溶剂）的电解质溶液。

17-6　三氟化氮 NF_3（沸点 −129 ℃）不显路易斯碱性，而相对分子质量较低的化合物 NH_3（沸点 −33 ℃）却是一种人所共知的路易斯碱。请说明它们挥发性差别如此之大的原因并说明二者碱性不同的原因。

答：(a) NH_3 有较高的沸点。因为氨气分子间存在较强的氢键，使其不易挥发，因而沸点较 NF_3 高。

(b) NH_3 的碱性强于 NF_3。从结构式来看，它们均为三角锥形，表观上 N 均有一对孤对电子，但 NF_3 分子中，由于 F 原子半径较大，空间位阻作用使它很难再配合路易斯酸。另外，F 原子的电负性较大，强吸电子能力削弱了中心原子 N 的负电性，同质子等路易斯酸结合的能力减小；NH_3 中 N 周围的电子密度较 NF_3 的 N 要大很多，故碱性强。

17-7　下列哪些氧化物是酸酐：OF_2、Cl_2O_7、ClO_2、Cl_2O、Br_2O 和 I_2O_5？若是酸酐，写出由相应的酸或其他方法得到酸酐的反应。

答：Cl_2O_7 是高氯酸（$HClO_4$）的酸酐，Br_2O 是 HBrO 的酸酐，ClO_2 是亚氯酸和氯酸的酸酐，$C1_2O$ 是次氯酸的酸酐，I_2O_5 是碘酸的酸酐。

相应的酸或其他方法得到酸酐的反应：

$$2HIO_3 = I_2O_5 + H_2O$$

$$2Cl_2 + 2HgO = HgCl_2 \cdot HgO + Cl_2O\uparrow$$

$$2ClO_3^- + 2Cl^- + 4H^+ = 2ClO_2 + Cl_2 + 2H_2O$$

$$2HClO_4 = Cl_2O_7 + H_2O$$

$$2HIO_3 = I_2O_5 + H_2O\uparrow$$

17-8　回答下列问题：

(1) 比较高氯酸、高溴酸、高碘酸的酸性和它们的氧化性；

(2) 比较氯酸、溴酸、碘酸的酸性和它们的氧化性。

解：(1) 酸性：$HClO_4 > HBrO_4 > HIO_4$，这可以从离子势的大小得到证明，其中 $\varphi^{\frac{1}{2}}$ 分别为 0.519、0.424、0.374，$\varphi^{\frac{1}{2}}$ 越大，则含氧酸的酸性越强。

氧化性可以从相关电对的标准电极电势判断：$E^\ominus(BrO_4^-/BrO_3^-) > E^\ominus(H_5IO_6/IO_3^-) > E^\ominus(ClO_4^-/ClO_3^-)$，氧化性的顺序为 $HBrO_4 > H_5IO_6 > HClO_4$。

(2) 酸性 $HClO_3 > HBrO_3 > HIO_3$；氧化性 $HBrO_3 > HClO_3 > HIO_3$。

17-9 根据价层电子对互斥理论，推测下列分子或离子的空间构型。

$$ICl_2^-, ClF_3^-, ICl_4, IF_5, TeCl_6, ClO_4^-$$

答：

化学式	价层电子对数	孤对电子对数	价层电子对的空间排布	分子或离子的空间构型
ICl_2^-	5	3	三角双锥	直线形
ClF_3^-	5	2	三角双锥	丁形
ICl_4	6	2	八面体	平面四方形
IF_5	6	1	八面体	四方锥
$TeCl_6$	5	1	三角双锥	变四面体
ClO_4^-	4	0	四面体	四面体

17-10 比较下列各组化合物酸性的递变规律，并解释之。

(1) H_3PO_4，H_2SO_4，$HClO_4$；

(2) $HClO$，$HClO_2$，$HClO_3$，$HClO_4$；

(3) $HClO$，$HBrO$，HIO。

答：(1) $H_3PO_4 < H_2SO_4 < HClO_4$，这是因为电负性 Cl>S>P，所以对与 O 组成的共价键的电子吸收强弱为 Cl>S>P，从而使得 Cl—O—H，S—O—H，P—O—H 结构中的氢也按此顺序被解离，即酸性的强弱为 $H_3PO_4 < H_2SO_4 < HClO_4$。

(2) $HClO < HClO_2 < HClO_3 < HClO_4$，这是因为在这些酸中，氯的化合价分别为＋1、＋3、＋5、＋7，化合价越高，对氧的结合越强，从而相应减少 O—H 的强度，即酸性越强。

(3) $HClO > HBrO > HIO$，这是因为在这些酸中，I^+ 的离子半径最大，Br^+ 次之，Cl^+ 最小。半径越小，与氧的结合越强，而 O—H 也越弱，所以 HClO 的酸性最强，HIO 最弱。

17-11 在三支试管中分别盛有 NaCl，NaBr，NaI 溶液。如何鉴别它们？

答：

$$\left.\begin{matrix}Cl^-\\Br^-\\I^-\end{matrix}\right\}\xrightarrow[HNO_3]{AgNO_3\ \text{溶液}}\left\{\begin{matrix}AgCl\ \text{白色沉淀}\longrightarrow\text{可溶于稀氨水}\\AgBr\ \text{淡黄色沉淀}\longrightarrow\text{可溶于}\ Na_2S_2O_3\ \text{溶液}\\AgI\ \text{黄色沉淀}\end{matrix}\right.$$

17-12 AlF_3(s)不溶于 HF(l)中，但当 NaF 加到 HF(l)中，AlF_3 就可以溶解；然而再把 BF_3 加入 AlF_3 的 NaF-HF(l)的溶液中，AlF_3 又沉淀出来。试解释之。

答：在 HF(l)中自由 F^- 离子浓度低，AlF_3 难以形成 AlF_6^{3-}，所以 AlF_3 难溶于 HF(l)中。当 NaF 加入 HF(l)中，F^- 离子浓度大大增加，发生 $AlF_3 + 3F^- \xlongequal{} AlF_6^{3-}$ 反应而溶于溶液中。但加入 BF_3 后，会发生 $3BF_3 + AlF_6^{3-} \xlongequal{} AlF_3 + 3BF_4^-$ 反应，即 BF_3(路易斯酸)把 AlF_6^{3-}(酸碱加合物)中的 F^-(路易斯碱)夺走，使 AlF_3 又沉淀出来。

17-13 氟在本族元素中有哪些特殊性？氟化氢和氢氟酸有哪些特性？

答：(1) 由于 F 的半径特别小，故 F_2 的离解能特别小，F^- 的水合热比其他卤素离子高。

(2) 除单质外，氟的氧化态呈－1价，不呈正氧化态(其他卤素有多种氧化态)；氟有特别强的氧化性。

(3) 氟的电子亲和能比氯小(从氯到碘又逐渐减小)。

(4) F的键能因孤对电子的影响而小于Cl。

(5) 同其他的HX在室温时是双原子气体相比，氟化氢是一种由氢键引起的聚合多原子气体$(HF)_x$。与同族其他元素的氢化物相比，由于氟化氢分子间存在强的氢键，其熔点、沸点、气化热和热力学稳定性都特别高。HF的高介电常数、低黏度和宽的液态范围，使它是各种类型化合物的一种极好溶剂。许多M和M的离子型化合物在HF中溶解后由于易离解而得到高效导电的溶液。XeF，HSOF，SF及MF(M：Mo、W、U、Re、Os)在HF中可溶解但不离解。

(6) 氟化氢的水溶液即氢氟酸。同其他氢卤酸是强酸相比，氢氟酸的酸性较弱；与其他弱酸相似，HF浓度越稀，其电离常数越大。但是，随着HF浓度的增加，体系的酸度增大。当浓度5 $mol \cdot L^{-1}$时，氢氟酸便是一种相当强的酸。

(7) 无论HF(g)，还是氢氟酸，都可同SiO_2作用，生成气态SiF_4，其他HX无此性质。

(8) AgF为易溶于水的化合物。

(9) F_2与水反应产物复杂。

(10) HFO跟HClO、HBrO、HIO不同，不是酸。

(11) 氟化物的溶解度与其他卤化物明显不同，如NaF溶解度较小，而其他NaX易溶；又如CaF_2难溶，而其他CaX_2易溶。

17-14　通Cl_2于消石灰中，可得漂白粉，而在漂白粉溶液中加入盐酸可产生Cl_2，试用电极电势说明这两个现象。

答：Cl_2通入消石灰是在碱性介质中作用的，又因为$E^\ominus(Cl_2/Cl^-) > E^\ominus(ClO^-/Cl_2)$，所以$Cl_2$在碱性条件下易发生歧化反应。而在漂白粉溶液中加入盐酸后，酸性条件中$E^\ominus(HClO/Cl_2) > E^\ominus(Cl_2/Cl^-)$，故而使$HClO + Cl^- + H^+ \longrightarrow Cl_2 + H_2O$反应能够向右进行。

17-15　试解释下列现象：

(1) I_2溶解在CCl_4中得到紫色溶液，而I_2在乙醚中却是红棕色。

(2) I_2难溶于水却易溶于KI中。

(3) 溴能从含碘离子的溶液中取代出碘，碘又能从溴酸钾溶液中取代出溴。

(4) $AlCl_3$的熔点只有463K，而AlF_3的熔点高达1563 K。

(5) NH_4F只能储存在塑料瓶中。

(6) I_2易溶于CCl_4、KI溶液。

答：(1) CCl_4为非极性溶剂，I_2溶在CCl_4中后仍为分子状态，显示出I_2单质在蒸气时的紫色。而乙醚为极性溶剂，I_2溶于乙醚时与溶剂间有溶剂合作用，形成的溶剂合物不再呈其单质蒸气的颜色，而呈红棕色。

(2) I_2以分子状态存在，在水中歧化部分很少，按相似相溶的原则，非极性的I_2在水中溶解度很小。但I_2在KI溶液中与I^-相互作用生成I_3^-离子，I_3^-离子在水中的溶解度很大，因此，I_2易溶于KI溶液。

(3) $E^\ominus(Br_2/Br^-) > E^\ominus(I_2/I^-)$，因此$Br_2$能从$I^-$溶液中置换出$I_2$。

$$Br_2 + 2I^- \longrightarrow 2Br^- + I_2$$

$E^{\ominus}(BrO_3^-/Br_2) > E^{\ominus}(IO_3^-/I_2)$，因此，$I_2$ 能从 $KBrO_3$ 溶液中置换出 Br_2。

$$2BrO_3^- + I_2 = Br_2 + 2IO_3^-$$

(4) 查表知元素的电负性，Al^- 为 1.61，F^- 为 3.98，Cl^- 为 3.16；电负性差，AlF_3 为 2.37，$AlC1_3$ 为 1.55。

一般认为，电负性差大于 1.7 的二元素组成的化合物为离子化合物，小于 1.7 则二元素组成的化合物为共价化合物。可见 AlF_3 为典型的离子化合物，其熔点很高；而 $AlCl_3$ 为共价化合物，其熔点较低。

(5) NH_4F 水解生成 NH_3 和 HF：

$$NH_4F + H_2O = NH_3 \cdot H_2O + HF$$

HF 和 SiO_2 反应，使玻璃容器被腐蚀：

$$SiO_2 + 4HF = SiF_4 \uparrow + 2H_2O$$

因而 NH_4F 只能储存在塑料瓶中。

(6) I_2 是非极性分子，易溶于非极性溶剂 CCl_4（相似相溶）。I_2 和 KI 作用生成多卤离子 I_3^-。

17-16 多卤化物的热分解规律是？为什么氟一般不易存在于多卤化物中？

答：(a) 多卤化物热分解时生成的产物中的卤化物晶格能尽可能大。如 $CsBrCl_2$ 热分解产物为 CsCl 和 BrCl，而不是 CsBr 和 Cl_2。

(b) 氟一般不易存在于多卤化物中，也就是说，有氟参加的多卤化物稳定性差。其原因在于 F^- 半径特别小，电负性大，多卤化物分解产物 MF 晶格能特别大，远比多卤化物稳定。

17-17 通过 $(CN)_2$ 和 Cl_2 的性质比较，说明拟卤素的基本性质。

答：(1) 游离状态都有挥发性。

(2) 与氢形成酸，除氢氰酸外多数酸性较强。

(3) 与金属化合成盐。

(4) 与碱、水作用也和卤素相似。

(5) 形成与卤素类似的络合物。

(6) 拟卤离子与卤离子一样也具有还原性。

17-18 以反应式表示下列反应过程并注明反应条件：

(1) 用过量 $HClO_3$ 处理 I_2；

(2) 氯气长时间通入 KI 溶液中；

(3) 氯水滴入 KBr、KI 混合液中。

答：(1) 紫黑色或棕色的 I_2 消失，并有 Cl_2 气体生成。

$$2HClO_3 + I_2 = 2HIO_3 + Cl_2$$

(2) 先有 I_2 生成，溶液由无色变黄、变橙、变棕直至析出紫黑色沉淀，最后紫黑色沉淀消失得无色溶液。

$$Cl_2 + 2KI = 2KCl + I_2$$

$$5Cl_2 + I_2 + 6H_2O = 2HIO_3 + 10HCl$$

(3) 溶液先变黄或橙，又变浅至近无色，最后又变黄或橙。

$$Cl_2 + 2KI = 2KCl + I_2$$

$$5Cl_2 + I_2 + 6H_2O = 2HIO_3 + 10HCl$$

$$Cl_2 + 2KBr = 2KCl + Br_2$$

17-19　漂白粉长期暴露于空气中为什么会失效？

答：漂白粉中的有效成分是 $Ca(ClO)_2$，在空气中易吸收 CO_2 生成 HClO

$$Ca(ClO)_2+CO_2+H_2O = CaCO_3+2HClO$$

HClO 不稳定，易分解放出 O_2。

$$2HClO = 2HCl+O_2$$

此外，生成的 HCl 与 HClO 作用产生 Cl_2 放出也消耗漂白粉的有效成分。

$$HCl+HClO = H_2O+Cl_2$$

漂白粉中往往含有 $CaCl_2$ 杂质，吸收 CO_2 的 $Ca(ClO)_2$ 也与 $CaCl_2$ 作用。

$$Ca(ClO)_2+2CO_2+CaCl_2 = 2CaCO_3+2Cl_2$$

17-20　Fe^{3+} 可以被 I^- 还原为 Fe^{2+}，并生成 I_2。但如果在含有 Fe^{3+} 的溶液中加入氟化钠，然后再加入 KI 就没有 I_2 生成。解释上述现象。

答：由于二价铁与三价铁电对的电极电势高于碘单质与碘离子的，所以 Fe^{3+} 可以被 I^- 还原为 Fe^{2+}，并生成 I_2。但当加入氟化钠后，三价铁离子与氟离子形成稳定的六氟合铁配离子，大大地降低了三价铁离子的浓度，使二价铁与三价铁电对的电极电势低于碘单质与碘离子的，所以反应就不能发生。

17-21　三瓶白色固体失去标签，它们分别是 KClO、$KClO_3$ 和 $KClO_4$，用什么方法加以鉴别？

答：取少量固体，加水溶解，如果溶液呈碱性，可知是次氯酸盐，因为三种酸根中，次氯酸根是最强的碱，水解后呈碱性。若在碱性溶液中加入稀 H_2SO_4 酸化后，在光照下能分解出 O_2，则可证实是次氯酸盐。

$$ClO^-+H^+ = HClO$$

$$2HClO = 2HCl+O_2\uparrow$$

如果水溶液呈酸性，可知不是次氯酸盐。取少量固体，加入少量 MnO_2 稍热，若有 O_2 放出，可知是氯酸盐。

$$2HClO_3 = 2HCl+3O_2\uparrow$$

如果没有上述实验现象，则可能是高氯酸盐。可往该固体的水溶液中加入含 K^+ 试剂，有 $KClO_4$ 白色沉淀出现（加入酒精现象更明显），可证实是高氯酸盐。

17-22　将易溶于水的钠盐 A 与浓硫酸混合后微热得无色气体 B。将 B 通入酸性高锰酸钾溶液后有气体 C 生成。将 C 通入另一钠盐 D 的水溶液中则溶液变黄、变橙，最后变为棕色，说明有 E 生成，向 E 中加入氢氧化钠溶液得无色溶液 F，当酸化该溶液时又有 E 出现。请给出 A，B，C，D，E，F 的化学式。

答：A. NaCl；B. HCl；C. Cl_2；D. NaBr；E. Br_2；F. NaBr 和 $NaBrO_3$。

17-23　A 和 B 均为白色的钠盐晶体，都溶于水，A 的水溶液呈中性，B 的水溶液呈碱性。A 溶液与 $FeCl_3$ 溶液作用，溶液呈棕色。A 溶液与 $AgNO_3$ 溶液作用，有黄色沉淀析出。晶体 B 与浓盐酸反应，有黄绿色气体产生，此气体同冷 NaOH 溶液作用，可得到含 B 的溶液。向 A 溶液中开始滴加 B 溶液时，溶液呈红棕色；若继续滴加过量的 B 溶液，则溶液的红棕色消失。试判断白色晶体 A 和 B 各为何物？写出有关的反应方程式。

答：A. NaI；B. NaClO。

有关的反应方程式：

$$2NaI + 2FeCl_3 = 2NaCl + 2FeCl_2 + I_2$$

$$NaI + AgNO_3 = AgI\downarrow + NaNO_3$$

$$ClO^- + Cl^- + 2H^+ = Cl_2\uparrow + H_2O$$

$$Cl_2 + 2NaOH = NaClO + NaCl + H_2O$$

$$2I^- + ClO^- + H_2O = I_2 + Cl^- + 2OH^-$$

$$I_2 + 5ClO^- + 2OH^- = 2IO_3^- + 5Cl^- + H_2O$$

17-24 有一种白色固体，可能是 KI、CaI_2、KIO_3、$BaCl_2$ 中的一种或两种的混合物，试根据下述实验判别白色固体的组成：将白色固体溶于水得到无色溶液，向此溶液加入少量的稀 H_2SO_4 后，溶液变黄并有白色沉淀，遇淀粉立即变蓝；向蓝色溶液加入 NaOH 到碱性后，蓝色消失而白色并未消失。

答：白色固体为 CaI_2，KIO_3 的混合物。

17-25 有一固体物质，其难溶于水而能溶于稀的 NaOH 溶液。将该溶液酸化，溶液转为红棕色，在此溶液中加入过量氯水，得到无色透明溶液。在该透明溶液中再加入过量碘化钾，红棕色又出现，再加入亚硫酸钠后，红棕色褪去得无色溶液。在该溶液中滴入氯化钡溶液，有白色沉淀产生，该沉淀不溶于稀盐酸。根据上述现象，推测原固体物质是什么，并写出有关反应方程式。

答：固体物质为单质 $I_2(s)$。

(1) $3I_2 + 6NaOH = 5NaI + NaIO_3 + 3H_2O$

(2) $5NaI + NaIO_3 + 3H_2SO_4 = 3I_2 + 3H_2O + 3Na_2SO_4$

(3) $I_2 + 5Cl_2 + 6H_2O = 10HCl + 2HIO_3$

(4) $HIO_3 + 5HI = 3I_2 + 3H_2O$

$KIO_3 + 5KI + 3H_2SO_4 = 3I_2 + 3K_2SO_4 + 3H_2O$

(5) $I_2 + Na_2SO_3 + H_2O = Na_2SO_4 + 2HI$

(6) $Na_2SO_4 + BaCl_2 = BaSO_4\downarrow + 2NaCl$

第 18 章　铜族和锌族

18-1　完成并配平下列反应方程式。

(1) $Ag_2S + CuCl \longrightarrow$

(2) $AgBr + S_2O_3^{2-} \longrightarrow$

(3) $[Cu(NH_3)_2]^+ + O_2 + NH_3 + H_2O \longrightarrow$

(4) $CuS + CN^- \longrightarrow$

(5) $AsH_3 + Ag^+ + H_2O \longrightarrow$

(6) $[Ag(NH_3)_2]^+ + HCHO + OH^- \longrightarrow$

(7) $AuCl_3 + HCl \longrightarrow$

(8) $Hg + HNO_3$(稀) $\longrightarrow$

(9) $HgS + HCl + HNO_3 \longrightarrow$

(10) $Hg_2Cl_2 + SnCl_2 \longrightarrow$

答:(1) $Ag_2S + 2CuCl = 2Ag + CuS + CuCl_2$

(2) $AgBr + 2S_2O_3^{2-} = [Ag(S_2O_3)_2]^{3-} + Br^-$

(3) $4[Cu(NH_3)_2]^+ + O_2 + 8NH_3 + 2H_2O = 4[Cu(NH_3)_4]^{2+} + 4OH^-$

(4) $2CuS + 10CN^- = 2[Cu(CN)_4]^{3-} + (CN)_2\uparrow + 2S^{2-}$

(5) $AsH_3 + 6Ag^+ + 3H_2O = 6Ag\downarrow + AsO_3^{3-} + 9H^+$

(6) $2[Ag(NH_3)_2]^+ + HCHO + 2OH^- = HCOONH_4 + 2Ag\downarrow + 3NH_3 + H_2O$

(7) $AuCl_3 + HCl = H[AuCl_4]$

(8) $3Hg + 8HNO_3$(稀)$= 3Hg(NO_3)_2 + 2NO\uparrow + 4H_2O$

(9) $3HgS + 12HCl + 2HNO_3 = 3H_2[HgCl_4] + 3S\downarrow + 2NO\uparrow + 4H_2O$

(10) $Hg_2Cl_2 + SnCl_2 = 2Hg + SnCl_4$

18-2　试回答以下问题:

(1) 实验证明,硫化铜与硫酸铁在细菌作用下,在潮湿多雨的夏季,成为硫酸和硫酸盐而溶解于水,这就是废石堆渗沥水,矿坑水成为重金属酸性废水的主要原因,试写出配平的化学方程式。

(2) 从金矿中提取金,传统的、也是效率极高的方法是氰化法。氰化法提金是因为在氧存在下氰化物盐类可以溶解金。试写出配平的化学方程式。

(3) 实验室中所用的 CuO 是黑色粉末。在使用电烙铁时,其头部是一铜制的烙铁头,长期使用,表面被氧化,但脱落下来的氧化膜却是红色的,试说明原因。

答:(1) $CuS + 4Fe_2(SO_4)_3 + 4H_2O \xlongequal{细菌} CuSO_4 + 8FeSO_4 + 4H_2SO_4$

(2) $4Au + 8NaCN + 2H_2O + O_2 = 4Na[Au(CN)_2] + 4NaOH$

(3) 因为 Cu_2O 比 CuO 稳定,在加热条件下总是生成红色的 Cu_2O。

18-3 将锌粒投入 $CuSO_4$ 溶液后，常常可以观察到这样的现象。锌粒表面有黑色粉状物生成，并出现少量气泡。静止 2～3 小时，黑色粉状物大量增加。经过滤后得到的部分黑色粉状物用蒸馏水洗涤 5～6 次，至少量洗液中滴入过量氨水无颜色变化止。晾干黑色粉状物后进一步实验：取少量黑色粉状物于试管中，滴加适量的稀盐酸即出现紫红色粉状物，并伴有极少量的气泡，溶液显淡黄绿色。吸取淡黄绿色溶液少许至另一洁净试管中，加入过量氨水，生成蓝色溶液。请问黑色粉状物的组成是什么？生成黑色粉状物的原因是什么？如欲在锌与 $CuSO_4$ 溶液的反应中观察到表面析出的紫红色铜，应采取什么措施？

答：黑色粉状物的组成为铜、氧化铜以及少量锌粉。铜为锌与硫酸铜置换反应之产物，硫酸铜溶液因 Cu^{2+} 水解而呈酸性，一部分锌遇 H^+ 生成 H_2，有少量的锌从表面脱落未反应而与铜粉混杂；随着 H_2 的放出，溶液的 pH 增大，析出的 $Cu(OH)_2$ 也不断增多，并分解成黑色的 CuO 粉末。欲在锌与 $CuSO_4$ 溶液的反应中观察到表面析出的紫红色铜，应抑制水解，采用直接将硫酸铜晶体溶于水制成的饱和溶液与锌粉反应，即可观察到紫红色的铜析出。

18-4 选择合适的物质，分别将下列各种微溶盐溶解：

(1) CuCl；(2) AgBr；(3) CuS；(4) HgI_2；(5) $HgNH_2Cl$。

答：(1) HCl；(2) $S_2O_3^{2-}$；(3) CN^-；(4) I^-；(5) $S_2O_3^{2-}$。

18-5 用简单的方法将下列物质分离：

(1) Hg_2Cl_2、$HgCl_2$；(2) $CuSO_4$、$CdSO_4$；(3) $Hg(NO_3)_2$、$Pb(NO_3)_2$；

(4) $Cu(NO_3)_2$、$AgNO_3$；(5) $ZnCl_2$、$SnCl_2$。

答：(1) 加水，升汞不溶。

(2) 溶于水后加入盐酸，使得 pH=0，通入 H_2S，则形成 CuS 沉淀。

(3) 溶于水后加入过量的 NaOH，Hg^{2+} 生成 HgO 沉淀而 Pb^{2+} 则形成 $Pb(OH)_4^{2-}$ 而溶解。

(4) 加 HCl，使 Ag^+ 形成沉淀。

(5) $ZnCl_2$、$SnCl_2$ 溶于水后加入过量氨水，Sn^{2+} 生成 $Sn(OH)_2$ 沉淀而 Zn^{2+} 生成 $[Zn(NH_3)_4]^{2+}$ 溶解。

18-6 定影过程中是用 $Na_2S_2O_3$ 溶液溶解胶片上未曝光的 AgBr，但将胶片在用久了的定影液中定影，胶片会“发花”，为什么？

答：用久了的定影液中 $Na_2S_2O_3$ 大部分已与 AgBr 反应生成 $Ag(S_2O_3)_2^{3-}$，$Na_2S_2O_3$ 浓度较低，溶解 AgBr 的能力下降，胶片上有些 AgBr 不能溶解而造成胶片“发花”。

18-7 焊接铁皮时，为什么常用氯化锌溶液处理铁皮表面？

答：氯化锌溶解度很大，溶后生成一羟基二氯合锌酸：

$$ZnCl_2 + H_2O \xlongequal{} H[ZnCl_2(OH)]$$

$$FeO + 2H[ZnCl_2(OH)] \xlongequal{} Fe[ZnCl_2(OH)]_2 + H_2O$$

很有效地溶解一开始就有的金属氧化物和高温乙炔焰生成的金属氧化物，保护金属表面。

18-8 为什么 HgS 不溶于 HCl、HNO_3 和 $(NH_4)_2S$ 中而能溶于王水或 Na_2S 中？

答：HgS 的溶度积极小，在强酸或氧化性酸中均不溶解，但可以与王水反应生成 $[HgCl_4]^{2-}$ 促进溶解，因而 HgS 可溶于王水：

$$3HgS + 8H^+ + 2NO_3^- + 12Cl^- \xlongequal{} 3[HgCl_4]^{2-} + 3S\downarrow + 2NO\uparrow + 4H_2O$$

Na_2S 溶液中有足量的 S^{2-}，HgS 与 Na_2S 反应可生成可溶性的 $[HgS_2]^{2-}$：

$$HgS+S^{2-} \longrightarrow [HgS_2]^{2-}$$

因为 HgS 溶度积常数太小，所以 HgS 不溶于 HCl 中。HgS 与 HNO_3 反应生成难溶的 $Hg(NO_3)_2$-HgS，故 HgS 不溶于 HNO_3。$(NH_4)_2S$ 溶液水解为 HS^-，则 S^{2-} 浓度很低，使得 HgS 不溶。

18-9　在 398 K 时会发生如下反应：$Hg_2Cl_4(g)$ (A) + $Al_2Cl_6(g)$ (B) $\longrightarrow$ $2HgAlCl_5(g)$ (C)，试画出(A)、(B)、(C)的结构式。

答：　A：　B：　C：

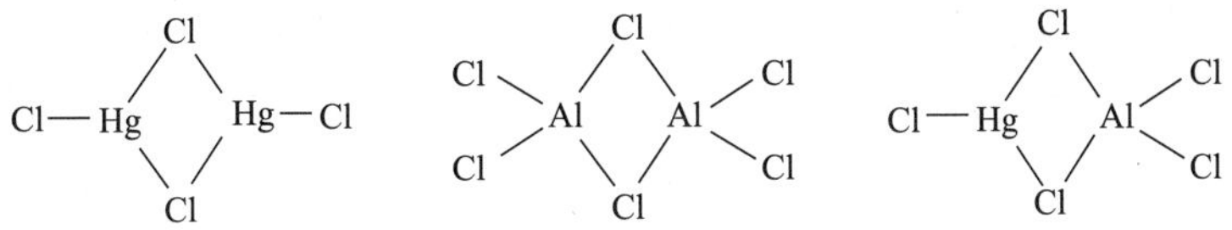

18-10　金与浓硝酸反应时需要加(浓)盐酸，试说明加(浓)盐酸的作用是什么？写出相应的反应方程式。

答：加(浓)盐酸，pH 降低，$E(NO_3^-/NO)$升高，硝酸的氧化性增强；另外 Au^{3+} 与 Cl^- 配位，生成$[AuCl_4]^-$，所以 $E(Au^{3+}/Au)$电位降低，Au 还原性增强，有利于实现下面的反应：

$$Au+4HCl+HNO_3 \longrightarrow H[AuCl_4]+NO\uparrow + 2H_2O$$

18-11　给出下列过程的实验现象和相关的反应式。

(1) 向$[Cu(NH_3)_4]^{2+}$溶液中滴加盐酸；

(2) 向$[CuCl_4]^{2-}$溶液中滴加 KI 溶液，再加入适量的 Na_2SO_3 溶液；

(3) 向 $AgNO_3$ 溶液中滴加少量 $Na_2S_2O_3$ 溶液；

(4) 向 $Hg(NO_3)_2$ 溶液中滴加 KI 溶液。

答：(1) $2[Cu(NH_3)_4]^{2+}+2HCl+2H_2O \longrightarrow Cu(OH)_2 \cdot CuCl_2\downarrow +4NH_4^+ +4NH_3$

盐酸过量时，沉淀溶解得蓝色溶液：

$$Cu(OH)_2 \cdot CuCl_2+2HCl+6H_2O \longrightarrow 2[Cu(H_2O)_4]^{2+}+4Cl^-$$

若溶液浓度较大，盐酸也较浓，则最后溶液中$[CuCl_4]^{2-}$与$[Cu(H_2O)_4]^{2+}$浓度相当，溶液显绿色。

$$[Cu(H_2O)_4]^{2+}(\text{蓝}) + 4Cl^- \longrightarrow [CuCl_4]^{2-}(\text{黄}) + 4H_2O$$

(2) 生成的 CuI 与 I_2 混在一起，沉淀为黄色，当加入 Na_2SO_3 后，沉淀转为白色。

$$2[CuCl_4]^{2-} + 4I^- \longrightarrow 2CuI\downarrow + I_2 + 8Cl^-$$

$$I_2+Na_2SO_3+H_2O \longrightarrow 2HI+Na_2SO_4$$

(3) 先有白色沉淀生成：$2Ag^+ + S_2O_3^{2-} \longrightarrow Ag_2S_2O_3\downarrow$

放置后白色沉淀逐渐变黄、变棕、最后变黑：

$$Ag_2S_2O_3+H_2O \longrightarrow Ag_2S+H_2SO_4$$

(4) 先有红色沉淀生成，KI 过量沉淀则溶解：

$$Hg^{2+}+2I^- \longrightarrow HgI_2\downarrow$$

$$HgI_2+2I^- \longrightarrow [HgI_4]^{2-}$$

$[HgI_4]^{2-}$ 为无色溶液。

18-12 解释下列现象：(1) Cu^{2+} 在水溶液中比 Cu^{+} 更稳定；(2) Ag^{+} 比较稳定；(3) 金易形成＋Ⅲ氧化态化合物。

答：(1) Cu^{+} 为 $3d^{10}$ 结构，比 Cu^{2+} 的 $3d^{9}$ 结构稳定。Cu^{+} 再失去 1 个 3d 电子形成气态离子 Cu^{2+} 需要更高的能量，因而 Cu^{+} 很难再失去 1 个电子，说明高温、干燥状态下 Cu^{+} 化合物更为稳定，例如 $2CuCl_2(s) \xlongequal{773\ K} 2CuCl(s) + Cl_2(g)$。在水溶液中 Cu^{2+} 的电荷高、半径小，与水的结合力强于 Cu^{+}，Cu^{2+} 的水合热高于 Cu^{+}，因此在水溶液中 Cu^{2+} 化合物更为稳定。例如 $Cu_2O + H_2SO_4 \xlongequal{} CuSO_4 + Cu + H_2O$。

(2) Ag^{+}、Ag^{2+} 半径都较大，水化能也小，但 Ag 的第二电离能大，所以 Ag^{+} 稳定。

(3) Au 的离子半径较大，易失去 3 个电子形成 d^{8} 平面正方形结构，具有较高晶体场稳定化能。

18-13 当向蓝色的 $CuSO_4$ 溶液中逐滴加入氨水时，观察到先生成蓝色沉淀，而后沉淀又逐渐溶解成深蓝色溶液，向深蓝色溶液中通入 SO_2 气体，又生成白色沉淀[晶体中含有一种呈三角锥体和一种呈正四面体的离(分)子]，将白色沉淀加入稀硫酸中，又生成红色粉末和 SO_2 气体，同时溶液呈蓝色。请写出上述反应的方程式。

答：(1) $CuSO_4$ 溶液中加入氨水，不能像加入强碱那样，生成氢氧化铜，而是生成浅蓝色的碱式硫酸铜沉淀：

$$2Cu^{2+} + SO_4^{2-} + 2OH^{-} \xlongequal{} Cu_2(OH)_2SO_4 \downarrow$$

继续加入氨水，碱式硫酸铜沉淀即行溶解，生成深蓝色的铜氨络离子：

$$Cu_2(OH)_2SO_4 + 8NH_3 \xlongequal{} 2[Cu(NH_3)_4]^{2+} + SO_4^{2-} + 2OH^{-}$$

(2) 溶液中通入 SO_2 气体，即形成亚硫酸：$SO_2 + H_2O \xlongequal{} H_2SO_3$

亚硫酸是个二元酸，可以生成两种盐：正盐和酸式盐。所有的亚硫酸酸式盐都易溶于水；除碱金属的亚硫酸正盐外，其他正盐都微溶于水，故断定通入 SO_2 生成的白色沉淀是＋1 价铜的亚硫酸正盐 Cu_2SO_3。

$$SO_2 + H_2O + 2[Cu(NH_3)_4]^{2+} \xlongequal{} Cu_2SO_3 + 2NH_4^{+} + 6NH_3$$

(3) 将白色沉淀加入稀硫酸中，生成 SO_2 气体：

$$Cu_2SO_3 + H_2SO_4 \xlongequal{} Cu_2SO_4 + H_2O + SO_2 \uparrow$$

溶解在水中的 O_2 将 Cu_2SO_4 在酸性条件下氧化：

$$3Cu_2SO_4 + O_2 + H_2SO_4 \xlongequal{} 4CuSO_4 + Cu_2O \downarrow + H_2O$$

$CuSO_4$ 溶液显蓝色，Cu_2O 显红色。

18-14 在某混合溶液中有 Ag^{+}，Ba^{2+}，Fe^{3+}，Zn^{2+} 和 Cd^{2+} 等 5 种离子。画出它们的分离流程图，注明条件与现象，并鉴定它们的存在。

答：见图 18-1。

18-15 $HgCl_2$ 溶液中在有 NH_4Cl 存在时，加入氨水时，为什么得不到白色沉淀 $HgNH_2Cl$?

答：NH_4Cl 存在时，抑制了 NH_2^{-} 的生成，同时 $HgNH_2Cl$ 溶解度较大，因而不能生成 $HgNH_2Cl$沉淀。

$$HgCl_2 + 4NH_3 \xlongequal{} [Hg(NH_3)_4]^{2+} + 2Cl^{-}$$

18-16 汞与次氯酸(物质的量之比 1∶1)发生反应，得到 2 种反应产物，其一是水。写出该

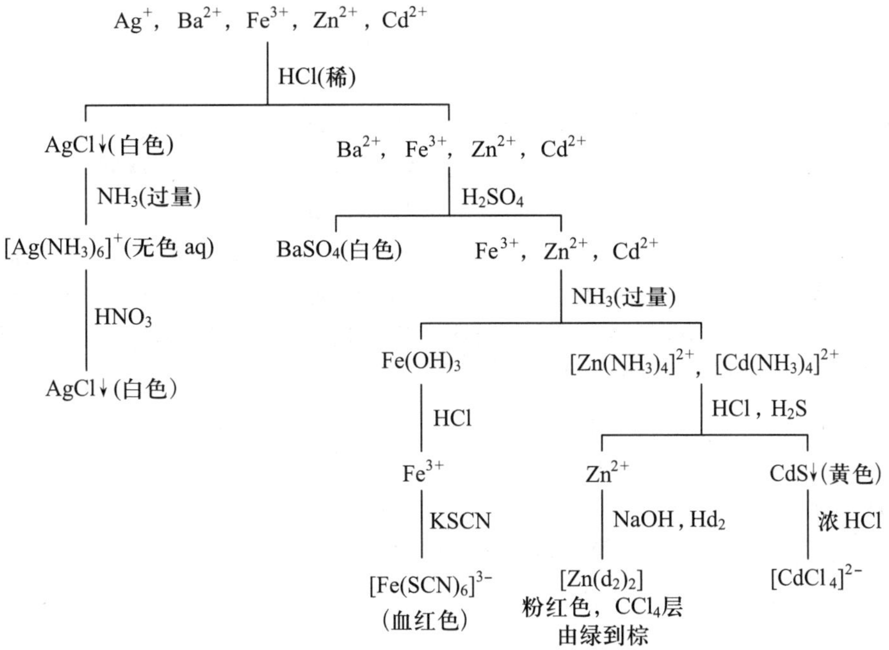

图 18-1

反应的方程式以及反应得到的含汞产物的中文名称。

答:汞与次氯酸的反应的方程式为:$2Hg + 2HClO = Hg_2OCl_2 + H_2O$

反应得到的含汞产物的中文名称为碱式氯化汞(或氯氧化汞)。Hg_2OCl_2 也可写成 $HgO \cdot HgCl_2$ 或 $HgCl_2 \cdot HgO$。

18-17　CuCl、AgCl、Hg_2Cl_2 都是难溶于水的白色粉末,试区别这三种金属氯化物。

答:首先分别加入 $NH_3 \cdot H_2O$,溶解为无色溶液的是 AgCl;先溶解为无色溶液,然后变为蓝色溶液的是 CuCl;沉淀不溶,转变为灰黑色沉淀的是 Hg_2Cl_2。

$$AgCl + 2NH_3 = [Ag(NH_3)_2]^+ + Cl^-$$

$$CuCl + 2NH_3 = [Cu(NH_3)_2]^+ + Cl^-$$

$$4[Cu(NH_3)_2]^+ + O_2 + 8NH_3 + 2H_2O = 4[Cu(NH_3)_4]^{2+} + 4OH^-$$

$$Hg_2Cl_2 + 2NH_3 = Hg\downarrow(黑) + HgNH_2Cl\downarrow(白) + NH_4Cl$$

18-18　将少量某种钾盐溶液 A 加到一硝酸盐溶液 B 中,生成黄绿色沉淀 C。将少量 B 加到 A 中,则生成无色溶液 D 和灰黑色沉淀 E。将 D 和 E 分离后,在 D 中加入无色硝酸盐 F,可生成金红色沉淀 G。F 与过量的 A 反应则生成 D。F 与 E 反应又生成 B。试确定各字母所代表的物质,写出有关的反应方程式。

答:A. KI;B. $Hg_2(NO_3)_2$;C. Hg_2I_2;D. $[HgI_4]^{2-}$;E. Hg;F. $Hg(NO_3)_2$;G. HgI_2。

有关反应:

$$Hg_2^{2+} + 2I^- = Hg_2I_2\downarrow(黄绿色)$$

$$Hg_2^{2+} + 4I^- = [HgI_4]^{2-} + Hg$$

$$[HgI_4]^{2-}+Hg^{2+}=\!=\!=2HgI_2(\text{金红色})$$

$$Hg^{2+}+4I^- =\!=\!=[HgI_4]^{2-}$$

$$Hg^{2+}+Hg=\!=\!=Hg_2^{2+}$$

18-19 有一黑色固体化合物 A,它不溶于水、稀醋酸和氢氧化钠,却易溶于热盐酸中,生成一种绿色溶液 B,如溶液 B 与铜丝一起煮沸,逐渐变棕黑得到溶液 C。溶液 C 若用大量水稀释,生成白色沉淀 D。D 可溶于氨水中,生成无色溶液 E。若暴露于空气中,则迅速变成蓝色溶液 F。往溶液 F 中加入 KCN 时,蓝色消失,生成溶液 G。往溶液 G 中加入锌粉,则生成红棕色沉淀 H。H 不溶于稀的酸和碱,可溶于热硝酸生成蓝色溶液 I。往溶液 I 中慢慢加入 NaOH 溶液生成蓝色胶冻沉淀 J。将 J 过滤、取出。然后强热,又生成原来化合物 A。试判断上述各字母所代表的物质,并写出相应的各化学反应方程式。

答:A. CuO;B. $CuCl_2$;C. $HCuCl_2$;D. $CuCl$;E. $[Cu(NH_3)_2]^+$;

F. $[Cu(NH_3)_4]^{2+}$;G. $[Cu(CN)_4]^{2-}$;H. Cu;I. $Cu(NO_3)_2$;J. $Cu(OH)_2$。

相应的各化学反应方程式:

$$CuO+2HCl=\!=\!=CuCl_2+H_2O$$

$$CuCl_2+Cu+2HCl=\!=\!=2HCuCl_2$$

$$HCuCl_2=\!=\!=CuCl\,(\text{白色})\downarrow+HCl$$

$$CuCl+2NH_3\cdot H_2O=\!=\!=[Cu(NH_3)_2]^+ +Cl^- +2H_2O$$

$$4NH_3\cdot H_2O+2[Cu(NH_3)_2]^+ +O_2=\!=\!=2[Cu(NH_3)_4]^{2+}+4OH^- +2H_2O$$

$$[Cu(NH_3)_4]^{2+}+4CN^- +4H_2O=\!=\!=[Cu(CN)_4]^{2-}+4NH_3\cdot H_2O$$

$$[Cu(CN)_4]^{2-}+Zn=\!=\!=[Zn(CN)_4]^{2-}+Cu$$

$$3Cu+8HNO_3(\text{稀})\xlongequal{\triangle}3Cu(NO_3)_2+2NO\uparrow+4H_2O$$

$$Cu^{2+}+2OH^- =\!=\!=Cu(OH)_2\downarrow$$

$$Cu(OH)_2\xlongequal{\triangle}CuO+H_2O$$

18-20 无色晶体 A 溶于水后加入盐酸得白色沉淀 B。分离后将 B 溶于 $Na_2S_2O_3$ 溶液得无色溶液 C。向 C 中加入盐酸得白色沉淀混合物 D 和无色气体 E。E 与碘水作用后转化为无色溶液 F。向 A 的水溶液中滴加少量 $Na_2S_2O_3$ 溶液立即生成白色沉淀 G,该沉淀由白变黄、变橙、变棕最后转化为黑色,说明有 H 生成。请给出 A、B、C、D、E、F、G、H 所代表的化合物或离子,并给出相关的反应方程式。

答:A. $AgNO_3$;B. $AgCl$;C. $Ag(S_2O_3)_2^{3-}$;D. $AgCl+S$;

E. SO_2;F. H_2SO_4;G. $Ag_2S_2O_3$;H. Ag_2S。

相关的反应方程式:

$$Ag^+ +Cl^- =\!=\!=AgCl\downarrow$$

$$AgCl+2S_2O_3^{2-}=\!=\!=Ag(S_2O_3)_2^{3-}+Cl^-$$

$$Ag(S_2O_3)_2^{3-}+Cl^- +4H^+ =\!=\!=AgCl\downarrow+2S\downarrow+2SO_2+2H_2O$$

$$SO_2+I_2+2H_2O=\!=\!=H_2SO_4+2HI$$

$$2Ag^+ +S_2O_3^{2-}=\!=\!=Ag_2S_2O_3\downarrow$$

$$Ag_2S_2O_3+H_2O=\!=\!=Ag_2S\downarrow+H_2SO_4$$

第 19 章　铬族和锰族

19-1　完成并配平下列反应方程式

(1) $FeCr_2O_4 + Na_2CO_3 + O_2 \longrightarrow$

(2) $Cr_2O_3 + OH^- + H_2O \longrightarrow$

(3) $Mn^{2+} + NaBiO_3 + H^+ \longrightarrow$

(4) $Cr^{3+} + MnO_4^- + H_2O \longrightarrow$

(5) $(NH_4)_2MoO_4 + H^+ \longrightarrow$

(6) $BaCrO_4 + HNO_3 \longrightarrow$

(7) $K_2Cr_2O_7 + KCl + H_2SO_4 \longrightarrow$

(8) $Na_2WO_4 + HCl \longrightarrow$

(9) $MnO_2 + KOH + KClO_3 \longrightarrow$

(10) $5H_2C_2O_4 + 2MnO_4^- + 6H^+ \longrightarrow$

答:(1) $4FeCr_2O_4 + 8Na_2CO_3 + 7O_2 = 2Fe_2O_3 + 8Na_2CrO_4 + 8CO_2$

(2) $Cr_2O_3 + 2OH^- + 3H_2O = 2[Cr(OH)_4]^-$

(3) $2Mn^{2+} + 5NaBiO_3 + 14H^+ = 2MnO_4^- + 5Bi^{3+} + 7H_2O + 5Na^+$

(4) $10Cr^{3+} + 6MnO_4^- + 11H_2O = 5Cr_2O_7^{2-} + 6Mn^{2+} + 22H^+$

(5) $(NH_4)_2MoO_4 + 2H^+ = H_2MoO_4 + 2NH_4^+$

(6) $2BaCrO_4 + 4HNO_3 = H_2Cr_2O_7 + 2Ba(NO_3)_2 + H_2O$

(7) $K_2Cr_2O_7 + 4KCl + 3H_2SO_4 \xlongequal{\triangle} 2CrO_2Cl_2 + 3K_2SO_4 + 3H_2O$

(8) $Na_2WO_4 + 2HCl = H_2WO_4 + 2NaCl$

(9) $3MnO_2 + 6KOH + KClO_3 = 3K_2MnO_4 + 3H_2O + KCl$

(10) $5H_2C_2O_4 + 2MnO_4^- + 6H^+ = 2Mn^{2+} + 10CO_2 + 8H_2O$

19-2　选择最合适的方法实现下列反应：

(1) 制备氯化铼；

(2) 溶解 WO_3。

答:(1) 制备氯化铼:将铼与氯气直接加热制备。

$$2Re + 5Cl_2 \xlongequal{\triangle} 2ReCl_5$$

(2) 溶解 WO_3:将 WO_3 加入碱性溶液中。

$$WO_3 + 2NaOH = Na_2WO_4 + H_2O$$

$$WO_3 + Na_2CO_3 = Na_2WO_4 + CO_2\uparrow$$

19-3　试以钼和钨为例说明何谓同多酸？何谓杂多酸？举例说明。

答:由同种元素的简单含氧酸分子脱水缩合形成的酸称为同多酸。V,Cr,Mo,W,B,Si,P,As 等的含氧酸都易形成同多酸。如:$H_6Mo_7O_{24}$,$H_2Mo_3O_{10}$,$H_6W_6O_{21}$,$H_{10}W_{12}O_{41}$。

由两种不同元素的含氧酸分子脱水缩合形成的多酸称为杂多酸。如：$H_4[SiMo_{12}O_{40}]$，$H_4[BW_{12}O_{40}]$，$H_4[AsMo_{12}O_{40}]$，$H_3[PMo_{12}O_{40}]$。

19-4 回答下列各问题：

(1) 在生成 $PbCrO_4$ 黄色沉淀的体系中，酸度不能太高也不能太低。为什么？

(2) 用硝酸酸化的 $NaBiO_3$ 慢慢滴入 $MnCl_2$ 溶液中，先出现紫色，然后紫色又逐渐变成棕色，试用方程式解释之。

答：(1) 酸性太高，则 $2CrO_4^{2-}+2H^+ \longequal Cr_2O_7^{2-}+H_2O$，$PbCrO_4$ 沉淀溶解。

酸性太低，则 $PbCrO_4+4OH^- = CrO_4^{2-}+[Pb(OH)_4]^{2-}$，$PbCrO_4$ 沉淀也溶解。

(2) 出现紫色，是生成了 MnO_4^- 离子：

$$2Mn^{2+}+5BiO_3^-+14H^+ = 2MnO_4^-+5Bi^{3+}+7H_2O$$

后又变成棕色，是生成了 MnO_2：

$$2MnO_4^-+3Mn^{2+}+2H_2O = 5MnO_2+4H^+$$

19-5 Re 的双核簇状化合物$[Re_2Cl_8]^{2-}$的合成如下面方程式所示：

$$2ReO_4^- \xrightarrow[HCl]{H_3PO_2} [Re_2Cl_8]^{2-}$$

(1) 合成过程中 Re 的氧化数发生了怎样的变化？

(2) 解释合成该簇状化合物时，为什么要求金属原子的氧化态要有这样的变化？

(3) 用价键理论说明 Re 原子采取的杂化类型和 Re—Cl 键、Re—Re 键的成键的情况。

(4) 试说明该簇合物的磁性。

答：(1) 合成过程中 Re 的氧化数由 Re(Ⅶ)⟶ Re(Ⅲ)。

(2) 低氧化态意味着过渡金属原子具有更多的$(n-1)$d 电子，能提供金属 Re 原子之间形成多重键所需的 d 电子。

(3) 在$[Re_2Cl_8]^{2-}$中，Re—Re 之间距离为 224 pm，远小于金属晶体中 Re—Re 的键长 271.4 pm。$[Re_2Cl_8]^{2-}$的结构如图所示，每个 Re(Ⅲ)的周围有处于近正方形 4 个顶点位置的 Cl^- 与之配位，中心 Re(Ⅲ)采用 dsp^2 杂化轨道与配体 Cl^- 成键，形成的每个 $ReCl_4$ 单元各自位于 xOy 平面内。但两个 $ReCl_4$ 单元间 Cl 的斥力，使得 Cl—Cl 之间的距离略大于 Re—Re 之间的距离，即 Re 略偏离 4 个 Cl 组成的正方形的中心而相距更近些。

中心 Re 参与杂化的 d 轨道是 $d_{x^2-y^2}$，其余 4 个 d 轨道在两个 $ReCl_4$ 单元相结合用于 Re—Re 之间形成四重键。Re—Cl 键为 σ 键。

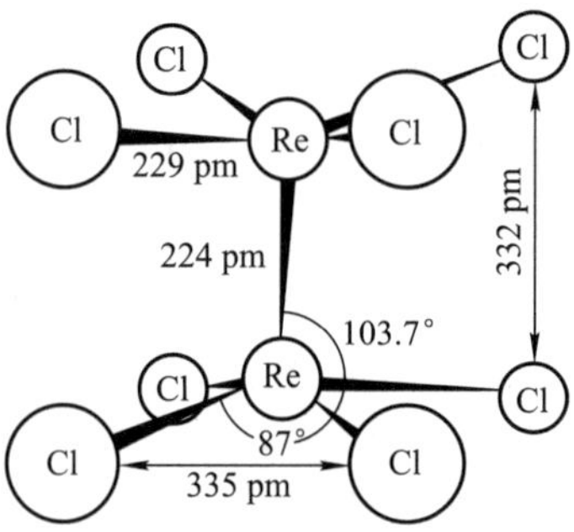

(4) 抗磁性。

19-6　从重铬酸钾出发制备：(1)铬酸钾，(2)三氧化二铬，(3)三氧化铬，(4)三氯化铬。写出反应方程式。

答：(1) $K_2Cr_2O_7 + 2KOH \xlongequal{} 2K_2CrO_4 + H_2O$

(2) $K_2Cr_2O_7 + S \xlongequal{} Cr_2O_3 + K_2SO_4$

(3) $K_2Cr_2O_7 + 2HNO_3$(浓)$\xlongequal{} 2KNO_3 + 2CrO_3 + H_2O$

(4) $K_2Cr_2O_7 + 14HCl$(浓)$\xlongequal{} 2KCl + 2CrCl_3 + 3Cl_2\uparrow + 7H_2O$

19-7　根据所述实验现象，写出相应的化学反应方程式：

(1) 加热时如同火山爆发；

(2) 在硫酸铬溶液中，逐渐加入氢氧化钠溶液，开始生成灰蓝色沉淀，继续加碱，沉淀又溶解，再向所得溶液中滴加溴水，直到溶液的绿色转化为黄色；

(3) 向用硫酸酸化了的重铬酸钾溶液中通入硫化氢时，溶液由橙红色变为绿色，同时有浅黄色沉淀析出；

(4) 往 $K_2Cr_2O_7$ 溶液中加入 $BaCl_2$ 溶液时有黄色沉淀产生，将该沉淀溶解在浓盐酸溶液中时得到一种绿色溶液；

(5) 重铬酸钾与硫一起加热得到绿色固体。

答：(1) $(NH_4)_2Cr_2O_7 \xlongequal{\triangle} Cr_2O_3 + N_2\uparrow + 4H_2O$

(2) $Cr^{3+} + 3OH^- \xlongequal{} Cr(OH)_3\downarrow$

$Cr(OH)_3 + OH^- \xlongequal{} [Cr(OH)_4]^-$

$8OH^- + 2[Cr(OH)_4]^- + 3Br_2 \xlongequal{} 2CrO_4^{2-} + 6Br^- + 8H_2O$

(3) $8H^+ + Cr_2O_7^{2-} + 3H_2S \xlongequal{} 2Cr^{3+} + 3S\downarrow + 7H_2O$

(4) $H_2O + Cr_2O_7^{2-} + 2Ba^{2+} \xlongequal{} 2BaCrO_4\downarrow + 2H^+$

$2BaCrO_4 + 16HCl$(浓)$\xlongequal{} 2CrCl_3 + 3Cl_2\uparrow + 2BaCl_2 + 8H_2O$

(5) $K_2Cr_2O_7 + S \xlongequal{\triangle} Cr_2O_3 + K_2SO_4$

19-8　取不纯的软锰矿 0.3060 g，用 60 mL 0.054 mol·L^{-1} 草酸溶液和稀硫酸处理，剩余的草酸用 10.62 mL $KMnO_4$ 溶液除去，1 mL $KMnO_4$ 溶液消耗 1.025 mL 草酸溶液。试计算软锰矿中含 MnO_2 的质量分数。

解：根据题意知：

$$MnO_2 + H_2C_2O_4 + H_2SO_4 \xlongequal{} MnSO_4 + 2CO_2 + 2H_2O$$

1 mL $KMnO_4$ 溶液相当于 1.025 mL 的 $H_2C_2O_4$ 溶液，则余下草酸的量：$(10.62\times1.025\times10^{-3}\times0.054)$ mol

$H_2C_2O_4$ 与 MnO_2 反应的量为$[(60-10.62\times1.025)\times10^{-3}\times0.054]$ mol

相当于 MnO_2 为：$(60-10.62\times1.025)\times10^{-3}\times0.054$ mol

质量分数为：$\dfrac{(60-10.62\times1.025)\times10^{-3}\times0.054}{0.3060}\times87\times100\%=75\%$

19-9　选择最合适的制备路线和实验条件以辉钼矿为原料制备金属钼。

答：将辉钼矿的精砂在 820～920 K 时焙烧：$2MoS_2 + 7O_2 \xlongequal{} 2MoO_3 + 4SO_2$

用氨水浸出可溶性的钼酸铵溶液：$MoO_3 + 2NH_3 \cdot H_2O \longequal (NH_4)_2MoO_4 + H_2O$

热分解钼酸铵：$(NH_4)_2MoO_4 \xlongequal{\triangle} MoO_3 + 2NH_3 + H_2O$

用 H_2 还原：$MoO_3 + 3H_2 = Mo + 3H_2O$

19-10　Tc_2O_7 与 Re_2O_7 的结构有何不同？

答：Tc_2O_7 由 2 个 TcO_4 四面体共用一个氧原子，Tc—O—Tc 链是直线；而 Re_2O_7 由 ReO_4 四面体和 ReO_6 八面体共角交替无限地排列。

19-11　在含有 CrO_4^{2-} 离子和 Cl^- 离子(它们的浓度均为 $1.0\times10^{-3}\ mol \cdot L^{-1}$)的混合溶液中逐滴地加入 $AgNO_3$ 溶液，问何种物质先沉淀，两者能否分离开？

已知：$K_{sp}(Ag_2CrO_4)=9\times10^{-12}$，$K_{sp}(AgCl)=1.56\times10^{-10}$。

解：根据题意知：$2Ag^+ + CrO_4^{2-} = Ag_2CrO_4\downarrow$，$Ag^+ + Cl^- = AgCl\downarrow$

$$K_{sp}(Ag_2CrO_4)=[c_1(Ag^+)]^2c(CrO_4^{2-})=9\times10^{-12}$$

$$K_{sp}(AgCl)=c_2(Ag^+)\,c(Cl^-)=1.56\times10^{-10}$$

因为 $c(CrO_4^{2-})=c(Cl^-)=1.0\times10^{-3}\ mol\cdot L^{-1}$

所以 $c_1(Ag^+)=9.49\times10^{-5}\ mol\cdot L^{-1}$

$c_2(Ag^+)=1.56\times10^{-7}\ mol\cdot L^{-1}$

$c_2(Ag^+)<c_1(Ag^+)$

故 AgCl 先沉淀出来，当出现 Ag_2CrO_4 沉淀时：

$$c(Cl^-)=\frac{K_{sp}(AgCl)}{c(Ag^+)}=\frac{1.56\times10^{-10}}{9.49\times10^{-5}}=1.64\times10^{-6}\ mol\cdot L^{-1}$$

$R=\dfrac{1.0\times10^{-3}-1.64\times10^{-6}}{1.0\times10^{-3}}=0.998$，可基本分离。

19-12　如何将 Ag_2CrO_4、$BaCrO_4$、$PbCrO_4$ 固体混合物分离开？

答：

$$\left.\begin{matrix}Ag_2CrO_4\\BaCrO_4\\PbCrO_4\end{matrix}\right\}\xrightarrow{\text{氨水}}\begin{cases}[Ag(NH_3)_2]^+\ \text{溶液}\\ \left.\begin{matrix}BaCrO_4\\PbCrO_4\end{matrix}\right\}\xrightarrow{\text{过量 NaOH}}\begin{cases}BaCrO_4\\ [Pb(OH)_3]^-\ \text{溶液}\end{cases}\end{cases}$$

19-13　解释下列实验现象：

(1) 向 $K_2Cr_2O_7$ 与 H_2SO_4 溶液中加入 H_2O_2，再加入乙醚并摇动，乙醚层为蓝色，水层逐渐变绿。

(2) 向 $BaCrO_4$ 固体加浓盐酸时无明显变化，经加热后溶液变绿。

(3) 向 $K_2Cr_2O_7$ 溶液中滴加 $AgNO_3$ 溶液，有砖红色沉淀析出，再加入 NaCl 溶液并煮沸，沉淀变为白色。

答：(1) 生成的 CrO_5 显蓝色。CrO_5 在乙醚中分解较慢，在水中分解却较快，因此乙醚层为蓝色；分解后生成的 Cr^{3+} 在水层，因而水层逐渐变绿。

$$Cr_2O_7^{2-} + 4H_2O_2 + 2H^+ = 2CrO_5 + 5H_2O$$

$$4CrO_5 + 12H^+ = 4Cr^{3+} + 7O_2\uparrow + 6H_2O$$

(2) $BaCrO_4$ 与浓盐酸反应较慢；加热时反应速率较快，同时 Cr(Ⅵ)氧化能力增强，反应产物

Cr^{3+} 为绿色。

$$2BaCrO_4 + 2H^+ = Cr_2O_7^{2-} + 2Ba^{2+} + H_2O$$

$$Cr_2O_7^{2-} + 6Cl^- + 14H^+ = 2Cr^{3+} + 3Cl_2\uparrow + 7H_2O$$

(3) $K_2Cr_2O_7$ 与 $AgNO_3$ 生成溶解度较小的 $Ag_2Cr_2O_4$(砖红色),加入 NaCl 后沉淀转化为溶解度更小的 AgCl。

$$Cr_2O_7^{2-} + 4Ag^+ + H_2O = 2Ag_2CrO_4\downarrow + 2H^+$$

$$Ag_2CrO_4 + 2Cl^- = 2AgCl\downarrow + CrO_4^{2-}$$

19-14 试比较 Cr^{3+} 和 Al^{3+} 在化学性质上的相同点与不同点。

答:Cr^{3+} 和 Al^{3+} 有效核电荷相近,因而二者有如下相同点:

(1) 氢氧化物都具有两性,易溶于 NaOH 溶液:

$$Cr(OH)_3 + OH^- = Cr(OH)_4^-$$

$$Al(OH)_3 + OH^- = Al(OH)_4^-$$

(2) 盐都易水解,生成氢氧化物沉淀:

$$2CrCl_3 + 3Na_2S + 6H_2O = 2Cr(OH)_3\downarrow + 3H_2S + 6NaCl$$

$$2AlCl_3 + 3Na_2S + 6H_2O = 2Al(OH)_3\downarrow + 3H_2S + 6NaCl$$

(3) 都易生成矾:

铬钾矾 $KCr(SO_4)_2 \cdot 12H_2O$

明矾 $KAl(SO_4)_2 \cdot 12H_2O$

Cr^{3+} 电子构型为 $3d^34s^0$,Al^{3+} 电子构型为 $2s^22p^63s^0$。由于二者的电子构型不同,Cr^{3+} 有 d 轨道和 d 电子,而 Al^{3+} 无 d 轨道且处于稳定结构,Cr^{3+} 和 Al^{3+} 在化学性质上有许多不同之处。

(1) 生成配合物能力不同。Cr^{3+} 易生成配合物,如$[Cr(NH_3)_6]^{3+}$,$[Cr(CN)_6]^{3-}$ 等;而 Al^{3+} 生成配合物能力较差。

(2) 还原能力不同。Al^{3+} 为稳定结构,无还原性,而 Cr^{3+} 在碱性和酸性介质中都有还原性。

$$2Cr^{3+} + 3H_2O_2 + 10OH^- = 2CrO_4^{2-} + 8H_2O$$

$$10Cr^{3+} + 6MnO_4^- + 11H_2O = 5Cr_2O_7^{2-} + 6Mn^{2+} + 22H^+$$

(3) Cr^{3+} 化合物一般都有颜色,而 Al^{3+} 化合物一般无颜色,如$[Cr(H_2O)_6]^{3+}$ 为紫色、$[Cr(NH_3)_6]^{3+}$ 黄色、$[Cr(H_2O)_4Cl_2]^+$ 绿色。

19-15 铬的某化合物 A 是橙红色溶于水的固体,将 A 用浓盐酸处理产生黄绿色刺激性气体 B 和生成暗绿色溶液 C。在 C 中加入 KOH 溶液先生成蓝色沉淀 D,继续加入过量 KOH 溶液则沉淀消失,变成绿色溶液 E。在 E 中加入 H_2O_2 加热则生成黄色溶液 F,F 用稀酸酸化,又变为原来的化合物 A 的溶液。问 A、B、C、D、E、F 各是什么物质,写出每一步变化的反应方程式。

答:A. $K_2Cr_2O_7$　　B. Cl_2　　C. $CrCl_3$

D. $Cr(OH)_3$　　E. $Cr(OH)_4^-$　　F. K_2CrO_4

相关的化学反应方程式:

$$K_2Cr_2O_7 + 14HCl(浓) = 2CrCl_3 + 2KCl + 3Cl_2\uparrow + 7H_2O$$

$$CrCl_3 + 3KOH = 3KCl + Cr(OH)_3\downarrow$$

$$Cr(OH)_3 + OH^- = Cr(OH)_4^-$$

$$2OH^- + 2Cr(OH)_4^- + 3H_2O_2 = 2CrO_4^{2-} + 8H_2O$$

$$2CrO_4^{2-} + 2H^+ = Cr_2O_7^{2-} + H_2O$$

19-16 某绿色固体 A 可溶于水，其水溶液中通入 CO_2 即得棕黑沉淀 B 和紫红色溶液 C。B 与浓 HCl 溶液共热时放出黄绿色气体 D，溶液近乎无色，将此溶液和溶液 C 混合，即得沉淀 B。将气体 D 通入 A 溶液，可得 C。试判断 A 是哪种钾盐。写出有关反应方程式。

答：A 是 K_2MnO_4。

$$\underset{A}{3MnO_4^{2-}} + 2CO_2 = \underset{B}{MnO_2}\downarrow + \underset{C}{2MnO_4^-} + 2CO_3^{2-}$$

$$\underset{B}{MnO_2} + 4HCl(浓) = MnCl_2 + \underset{D}{Cl_2}\uparrow + 2H_2O$$

$$3Mn^{2-} + 2MnO_4^- + 2H_2O = 5MnO_2\downarrow + 4H^+$$

$$Cl_2 + 2MnO_4^{2-} = 2MnO_4^- + 2Cl^-$$

19-17 向一含有三种阴离子的混合溶液中滴加 $AgNO_3$ 溶液至不再有沉淀生成为止。过滤，当用稀硝酸处理沉淀时，砖红色沉淀溶解得到橙红色溶液，但仍有白色沉淀。滤液呈紫色，用硫酸酸化后，加入 Na_2SO_3，则紫色逐渐消失。指出上述溶液中含哪三种阴离子，并写出有关反应方程式。

答：上述溶液中含有的三种阴离子为 MnO_4^-，CrO_4^{2-}，Cl^-。

相关的化学反应方程式：

$$CrO_4^{2-} + 2Ag^+ = Ag_2CrO_4\downarrow$$

$$Ag^+ + Cl^- = AgCl\downarrow$$

$$2Ag_2CrO_4 + 2H^+ = Cr_2O_7^{2-} + H_2O + 4Ag^+$$

$$2MnO_4^- + 5SO_3^{2-} + 6H^+ = 2Mn^{2+} + 3H_2O + 5SO_4^{2-}$$

19-18 有一锰的化合物不溶于水且为很稳定的黑色粉末状物质 A，该物质与浓硫酸反应得到淡红色溶液 B，且有无色气体 C 放出。向 B 溶液中加入强碱得到白色沉淀 D。此沉淀易被空气氧化成棕色物质 E。若将 A 与 KOH、$KClO_3$ 一起混合熔融可得一绿色物质 F，将 F 溶于水并通入 CO_2，则溶液变成紫色 G，且又析出 A。试问 A、B、C、D、E、F、G 各为何物，并写出相应的方程式。

答：A. MnO_2　　B. $MnSO_4$　　C. O_2　　D. $Mn(OH)_2$

E. $MnO(OH)_2$　　F. K_2MnO_4　　G. $KMnO_4$

相应的方程式：

$$2MnO_2 + 2H_2SO_4 = 2MnSO_4 + O_2\uparrow + 2H_2O$$

$$Mn^{2+} + 2OH^- = Mn(OH)_2\downarrow$$

$$2Mn(OH)_2 + O_2 = 2MnO(OH)_2$$

$$3MnO_2 + 6KOH + KClO_3 = 3K_2MnO_4 + KCl + 3H_2O$$

$$3K_2MnO_4 + 2CO_2 = 2KMnO_4 + MnO_2\downarrow + 2K_2CO_3$$

19-19 有一种橙红色晶体 A，加热分解可得一种墨绿色化合物 B、一种化学惰性的气体单质 C 及一种最常见化合物。B 既可溶于强碱，得到一种深绿色溶液 D，又可溶于盐酸，得到绿色溶液 E。灼烧过的 B 不能溶于酸、碱溶液。D 与 H_2O_2 反应，得到黄色溶液 F，溶液酸化，转变成橙红色溶液。试问 A、B、C、D、E、F 各为何物，并写出相应的方程式。

答：A. $(NH_4)_2Cr_2O_7$　　B. Cr_2O_3　　C. N_2　　D. $NaCrO_2$ 或 $Na[Cr(OH)_4]$

E. $CrCl_3$　　F. Na_2CrO_4

相关化学反应方程式如下：

$$(NH_4)_2Cr_2O_7 \xlongequal{\triangle} Cr_2O_3 + N_2\uparrow + 4H_2O$$

$$Cr_2O_3 + 2NaOH = 2NaCrO_2 + H_2O$$

$$Cr_2O_3 + 6HCl = 2CrCl_3 + 3H_2O$$

$$2CrO_2^- + 3H_2O_2 + 2OH^- = 2CrO_4^{2-} + 4H_2O$$

$$2CrO_4^{2-} + 2H^+ = Cr_2O_7^{2-} + H_2O$$

第 20 章　铁系元素和铂系元素

20-1　完成下列反应并配平方程式。

(1) $Fe+HNO_3$(热、浓) $\longrightarrow$

(2) $FeC_2O_4 \longrightarrow$

(3) $Fe_3O_4+KHSO_4+O_2 \longrightarrow$

(4) $Co(OH)_2+Br_2+NaOH \longrightarrow$

(5) $Ni(OH)_2+NaOCl+H_2O \longrightarrow$

(6) $Co+HNO_3+H_2SO_4 \longrightarrow$

(7) $Fe(OH)SO_4+Fe_2(OH)_4SO_4+Na_2SO_4+H_2O \longrightarrow$

(8) $K_3[Fe(C_2O_4)_3] \longrightarrow$

(9) $Pb+HNO_3$(浓) $\longrightarrow$

(10) $OsO_4+HCl+KCl \longrightarrow$

(11) $H_2[PtCl_6]+NH_4Cl \longrightarrow$

(12) $IrF_5+H_2 \longrightarrow$

答:(1) $Fe+6HNO_3$(热、浓)$=Fe(NO_3)_3+3NO_2\uparrow+3H_2O$

(2) $3FeC_2O_4 \xlongequal{160\ ℃} Fe_3O_4+4CO\uparrow+2CO_2\uparrow$

(3) $4Fe_3O_4+36KHSO_4+O_2 \xlongequal{熔融} 6Fe_2(SO_4)_3+18H_2O+18K_2SO_4$

(4) $2Co(OH)_2+Br_2+2NaOH=2Co(OH)_3\downarrow+2NaBr$

(5) $2Ni(OH)_2+NaOCl+H_2O=2Ni(OH)_3\downarrow+NaCl$

(6) $2Co+2HNO_3+2H_2SO_4=2CoSO_4+NO_2\uparrow+NO\uparrow+3H_2O$

(7) $2Fe(OH)SO_4+2Fe_2(OH)_4SO_4+Na_2SO_4+2H_2O=Na_2Fe_6(SO_4)_4(OH)_{12}\downarrow+H_2SO_4$

(8) $2K_3[Fe(C_2O_4)_3]=2FeC_2O_4+2CO_2\uparrow+3K_2C_2O_4$

(9) $Pb+4HNO_3$(浓)$=Pb(NO_3)_2+2NO_2\uparrow+2H_2O$

(10) $OsO_4+8HCl+2KCl=K_2OsCl_6+4H_2O+2Cl_2$

(11) $H_2[PtCl_6]+2NH_4Cl=(NH_4)_2[PtCl_6]+2HCl$

(12) $2IrF_5+H_2=2IrF_4+2HF$

20-2　解释下列问题:

(1) 钴(Ⅲ)盐不稳定而其配离子稳定,钴(Ⅱ)盐则相反。

(2) 通常情况下 I_2 不能氧化 Fe^{2+},但在 KCN 存在下,I_2 能氧化 Fe^{2+}。

(3) $CoCl_2$ 与 NaOH 作用所得到沉淀久置后再加浓 HCl 有氯气产生。

(4) 向$[Co(NH_3)_6]SO_4$ 溶液中滴加浓盐酸,溶液由棕黄转为粉红色,并进一步变为蓝色。

答:(1) 由于 Co^{3+} 电荷高,极化能力强,为强氧化剂,不稳定,在酸性溶液中易被还原为

Co^{2+}，因而 Co^{3+} 的简单盐不稳定，而 Co^{2+} 简单盐稳定。但它们形成配合物后，$3d^6$ 电子构型的 Co^{3+} 在八面体场中 t_{2g} 轨道全充满，e_g 轨道全空，分裂能大，晶体场稳定化能很大，因而配离子很稳定；而 $3d^7$ 电子构型的 Co^{2+} 在八面体场中，高能量的 e_g 轨道上有一个电子，该电子能量高极易失去，因而配离子很不稳定。

(2) 因为 $E^{\ominus}(I_2/I^-) < E^{\ominus}(Fe^{3+}/Fe^{2+})$，所以 I_2 不能氧化 Fe^{2+}。但在 KCN 存在时，Fe^{2+} 生成了 $[Fe(CN)_6]^{4-}$ 配离子，而 $E^{\ominus}\{[Fe(CN)_6]^{3-}/[Fe(CN)_6]^{4-}\} < E^{\ominus}(I_2/I^-)$，所以，此时 I_2 能将 $[Fe(CN)_6]^{4-}$ 氧化为 $[Fe(CN)_6]^{3-}$。

(3) $2NaOH + CoCl_2 = Co(OH)_2\downarrow$（粉红）$+ 2NaCl$

$4Co(OH)_2 + O_2 + 2H_2O = 4Co(OH)_3$（棕褐色）

$Co(OH)_3$ 是强氧化剂，能发生如下反应：

$$2Co(OH)_3 + 6HCl = 2CoCl_2 + Cl_2\uparrow + 6H_2O$$

(4) $[Co(NH_3)_6]^{2+} + 6H^+ + 6H_2O = [Co(H_2O)_6]^{2+}$（粉红色）$+ 6NH_4^+$

$[Co(H_2O)_6]^{2+} + 4Cl^- = [CoCl_4]^{2-}$（蓝色）$+ 6H_2O$

20-3　依据铂的化学性质指出铂器皿中是否能进行有下述各试剂参与的化学反应：

(1) Na_2CO_3　(2) 王水　(3) $HCl + H_2O_2$　(4) $NaOH + Na_2O_2$

(5) HF　(6) SiO_2　(7) $Na_2CO_3 + S$　(8) $NaHSO_4$

答：(1) 能进行。

(2) 不能进行。$3Pt + 4HNO_3 + 18HCl = 3H_2PtCl_6 + 4NO\uparrow + 8H_2O$

(3) 不能进行。$Pt + 2H_2O_2 + 6HCl = H_2PtCl_6 + 4H_2O$

(4) 不能进行。$Pt + 2Na_2O_2 = PtO_2 + 2Na_2O$

(5) 能进行。

(6) 能进行。

(7) 不能进行。$Pt + 2S = PtS_2$

(8) 能进行。

20-4　如何分离并鉴定溶液中的 Fe^{3+} 和 Co^{2+}？

答：利用 Co^{2+} 可形成 $[Co(NH_3)_6]^{2+}$ 配合物，Fe^{2+} 和 Fe^{3+} 均不形成氨的配合物，而将二者分开。将混合溶液溶于过量的含有 NH_4Cl 的氨水溶液中，待沉淀完全后过滤。生成红棕色沉淀的是 Fe^{3+}，没有沉淀的是 Co^{2+}。沉淀溶于稀盐酸得到 Fe^{3+}，滤液中的 $[Co(NH_3)_6]^{2+}$ 加入盐酸可以得到水合 Co^{2+}。

$$Fe^{3+} + 3NH_3\cdot H_2O = Fe(OH)_3\downarrow + 3NH_4^+$$
$$Co^{2+} + 6NH_3\cdot H_2O = [Co(NH_3)_6]^{2+} + 6H_2O$$
$$Fe(OH)_3 + 3HCl = FeCl_3 + 3H_2O$$
$$[Co(NH_3)_6]^{2+} + 6H^+ + 6H_2O = [Co(H_2O)_6]^{2+} + 6NH_4^+$$

20-5　由 Co^{3+}、NH_3 和 Cl^- 组成的配合物，从 11.67 g 该配合物中沉淀出 Cl^- 离子，需要 8.5 g $AgNO_3$；分解同样量的该配合物可得到 4.48 dm^3 氨气（标准状况）。已知该配合物的相对分子质量为 233.4，求其化学式，并指出其内界和外界组成。

解：配合物的内界配体与配原子的结合稳定，不易分解，而外界的反荷离子易在溶液中分离。因此，Ag^+ 可同外界 Cl^- 生成 AgCl 沉淀，而若内界含有 Cl^-，不能与 Ag^+ 反应。

$$n_{配合物}=\frac{m}{M}=\frac{11.67\ \text{g}}{233.4\ \text{g}\cdot\text{mol}^{-1}}=0.05\ \text{mol}，即\ n(Co^{3+})=0.05\ \text{mol}$$

$$n(Cl^-)=n(Ag^+)=\frac{8.5\ \text{g}}{170\ \text{g}\cdot\text{mol}^{-1}}=0.05\ \text{mol}$$

标准状况下，1 mol 任何理想气体的体积为 22.4 dm^3，

所以 $n(NH_3)=\dfrac{4.48\ \text{dm}^3}{22.4\ \text{dm}^3\cdot\text{mol}^{-1}}=0.2\ \text{mol}$

在 Co^{3+} 的配合物中，配位数为 6，所以它的化学式是 $[Co^{III}(NH_3)_4Cl_2]Cl$，$AgNO_3$ 所沉淀的 Cl^- 离子是外界的 Cl^-，其量仅为全部 Cl^- 物质的量的 1/3。

20-6 为什么 $K_4[Fe(CN)_6]\cdot 3H_2O$ 可由 $FeSO_4$ 溶液与 KCN 混合直接制备，而 $K_3[Fe(CN)_6]$ 却不能由 $FeCl_3$ 溶液与 KCN 直接制备？那如何制备 $K_3[Fe(CN)_6]$？

答：由 $FeSO_4$ 溶液与 KCN 混合后经过重结晶直接制备 $K_4[Fe(CN)_6]\cdot 3H_2O$。由于 Fe^{3+} 有氧化性，能够将 CN^- 氧化成易挥发的有毒产物 $(CN)_2$，同时 Fe^{3+} 还被还原，制备产物中含有 $K_4[Fe(CN)_6]\cdot 3H_2O$，得不到纯净的 $K_3[Fe(CN)_6]$ 晶体。可采用在溶液中将 $K_4[Fe(CN)_6]$ 氧化的方法制备 $K_3[Fe(CN)_6]$。

$$Fe^{2+}+6CN^-+4K^++3H_2O = K_4[Fe(CN)_6]\cdot 3H_2O$$

$$2K_4[Fe(CN)_6]+H_2O_2 = 2K_3[Fe(CN)_6]+2KOH$$

20-7 如何提纯含有少量金属 Fe 和 Co 杂质的金属 Ni？

答：将含有杂质的 Ni 与 CO 共热。至 50～100 ℃时，发生反应，生成液态物质 $Ni(CO)_4$。在这种温度和压力下，Fe 和 Co 不与 CO 反应。

$$Ni+4CO \xlongequal{50\sim100\ ℃} Ni(CO)_4$$

将 $Ni(CO)_4$ 加热至 200 ℃，分解得到纯度很高的 Ni。

$$Ni(CO)_4 \xlongequal{200\ ℃} Ni+4CO$$

20-8 利用杂化轨道理论分析说明 $Os_2(CO)_9$ 的结构、成键情况以及稳定性，并画出简图，$Os_2(CO)_9$ 的结构如下图所示。

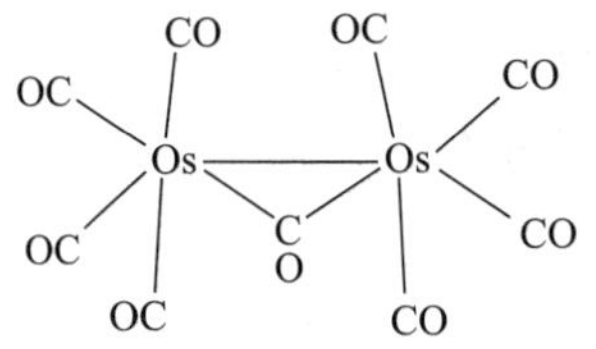

答：每个 Os 均为 d^2sp^3 杂化，如下图所示：

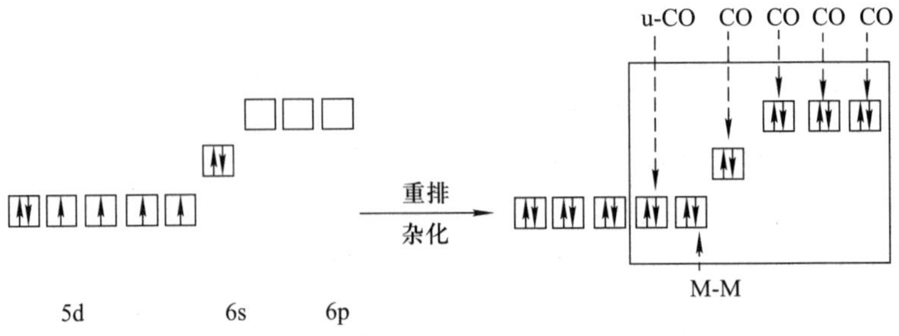

4 个空的杂化轨道与 4 个端羰基配位，1 个单电子的 d^2sp^3 杂化轨道与酮式羰基配位，另一个单电子的杂化轨道与 Os 成金属-金属键。故每个 Os 均处于正八面体的配位环境中。

每个 Os 的价层的电子数为：d 轨道和 s 轨道 8e；4 个端羰基 4×2e，1 个酮式羰基 1e；M－M 键 1e，符合 18 电子规则，故二聚形式的 $Os_2(CO)_9$ 是稳定的。

20-9　如何同时鉴定溶液中的 Fe^{3+}、Co^{2+} 和 Ni^{2+}？

答：Fe^{3+} 的鉴定：在酸性溶液中加入 KSCN 溶液，若生成血红色溶液，则为 Fe^{3+}；亦可用黄血盐 $K_4[Fe(CN)_6]$ 鉴定，与 Fe^{3+} 生成深蓝色普鲁士蓝沉淀。

$$Fe^{3+} + 6SCN^- \xlongequal{} [Fe(SCN)_6]^{3-}$$

$$K^+ + Fe^{3+} + [Fe(CN)_6]^{4-} \xlongequal{} KFe^{II}[Fe^{III}(CN)_6]\downarrow$$

Co^{2+} 的鉴定：利用 Fe^{3+} 与 F^- 的配合物稳定性高于 SCN^- 原理，在溶液中加入掩蔽剂 NaF，然后加入高浓度 KSCN 固体和丙酮，生成天蓝色溶液。

$$Fe^{3+} + 6F^- \xlongequal{} [FeF_6]^{3-}$$

$$Co^{2+} + 4SCN^- \xlongequal{\text{丙酮}} [Co(SCN)_4]^{2-}$$

Ni^{2+} 的鉴定：向 Ni^{2+} 的氨水溶液中加入丁二酮肟(DMG)，生成鲜红色沉淀。

$$[Ni(NH_3)_6]^{2+} + 2DMG \xlongequal{} Ni(DMG)_2 + 2NH_4^+ + 4NH_3$$

20-10　根据下列各组配离子化学式后面括号内所给出的条件，确定它们各自的中心离子的价层电子排布和配合物的磁性，推断其为内轨型配合物，还是外轨型配合物，比较每组配合物的相对稳定性。

(1) $[Fe(en)_3]^{3+}$(高自旋)，$[Fe(CN)_6]^{3-}$(低自旋)；

(2) $[CoF_6]^{3-}$(高自旋)，$[Co(en)_3]^{3+}$(低自旋)。

答：(1) $[Fe(en)_3]^{3+}$：$t_{2g}^3e_g^2$，顺磁性，外轨型，稳定性低；$[Fe(CN)_6]^{3-}$：$t_{2g}^5e_g^0$，顺磁性，内轨型，稳定性高。

(2) $[CoF_6]^{3-}$：$t_{2g}^4e_g^2$，顺磁性，外轨型，稳定性低；$[Co(en)_3]^{3+}$：$t_{2g}^6e_g^0$，反磁性，内轨型，稳定性高。

20-11　请解释：$[Ni(NH_3)_4]^{2+}$ 和 $[NiCl_4]^{2-}$ 为四面体结构，磁性为顺磁性；而 $[Pt(NH_3)_4]^{2+}$ 和 $[PtCl_4]^{2-}$ 为平面四边形结构，磁性为反磁性。

答：Ni^{2+} 和 Pt^{2+} 电子构型均为 d^8。按照配合物价键理论，对于 Ni^{2+} 来说，NH_3 和 Cl^- 均为弱配体，不能使 Ni^{2+} 的 d 轨道电子重排，Ni^{2+} 只能采取 sp^3 杂化，故配合物 $[Ni(NH_3)_4]^{2+}$ 和 $[NiCl_4]^{2-}$ 为四面体结构，此外，d 轨道含单电子，所以为顺磁性。

Pt 为高周期元素，d 轨道伸展较远，与配体形成较强的配位键，所以对于 Pt^{2+} 来说，NH_3 和 Cl^- 可以起到强配体的作用，使 Pt^{2+} 的 d 轨道电子重排，Pt^{2+} 采取 dsp^2 杂化，故配合物 $[Pt(NH_3)_4]^{2+}$ 和 $[PtCl_4]^{2-}$ 为平面四边形结构，由于不含单电子，所以为反磁性。

20-12　Fe^{2+} 和 Fe^{3+} 分别与同种强场配体或弱场配体形成八面体配合物时，Fe^{2+} 和 Fe^{3+} 的 d 电子在 e_g 和 t_{2g} 轨道上如何分布？其磁矩(B. M.)分别为多少？

解：利用晶体场理论及配合物的磁性计算公式计算磁矩：

$$\mu = \sqrt{n(n+2)}\ (n\ \text{为成单电子数})$$

与同种强场配体形成的配合物为低自旋配合物：

Fe^{2+}：$t_{2g}^6e_g^0$，无成单电子，$\mu=0$ B. M.；Fe^{3+}：$t_{2g}^5e_g^0$，含 1 个单电子，$\mu=1.73$ B. M.

与同种弱场配体形成的配合物为高自旋配合物：

Fe^{2+}：$t_{2g}^4e_g^2$，含 4 个单电子，$\mu=4.9$ B. M.；Fe^{3+}：$t_{2g}^3e_g^2$，含 5 个单电子，$\mu=5.9$ B. M.

20-13 指出下列离子的颜色，并说明其显色机理：

$[Ti(H_2O)_6]^{3+}$，VO_4^{3-}，CrO_4^{2-}，MnO_4^{2-}，$[Fe(H_2O)_6]^{3+}$，$[Fe(H_2O)_6]^{2+}$，$[CoCl_4]^{2-}$，$[Ni(NH_3)_6]^{2+}$

答：$[Ti(H_2O)_6]^{3+}$：紫色；VO_4^{3-}：淡黄色；CrO_4^{2-}：黄色；MnO_4^{2-}：绿色；$[Fe(H_2O)_6]^{3+}$：淡紫色；$[Fe(H_2O)_6]^{2+}$：淡绿色；$[CoCl_4]^{2-}$：天蓝色；$[Ni(NH_3)_6]^{2+}$：蓝色。

配合物离子常因 d-d 跃迁显色，而含氧酸根离子常因电荷迁移而显色：$[Ti(H_2O)_6]^{3+}$、$[Fe(H_2O)_6]^{3+}$、$[Fe(H_2O)_6]^{2+}$、$[CoCl_4]^{2-}$、$[Ni(NH_3)_6]^{2+}$ 由 d-d 跃迁而显色；VO_4^{3-}、CrO_4^{2-}、MnO_4^{2-} 由电荷迁移而显色。

20-14 试计算 $E^\ominus\{[Fe(CN)_6]^{3-}/[Fe(CN)_6]^{4-}\}$。

已知 $E^\ominus(Fe^{3+}/Fe^{2+})=0.771$ V，$[Fe(CN)_6]^{3-}$ 的 $K_{1稳}=1.0\times10^{42}$，$[Fe(CN)_6]^{4-}$ 的 $K_{2稳}=1.0\times10^{35}$。

解：根据题意知

$$Fe^{3+}+6CN^- \xlongequal{} [Fe(CN)_6]^{3-}$$

$$K_{1稳}=\frac{c\{[Fe(CN)_6^{3-}]\}}{c(Fe^{3+})[c(CN^-)]^6}，可知\ c(Fe^{3+})=\frac{1}{K_{1稳}\cdot[c(CN^-)]^6}$$

$$Fe^{2+}+6CN^- \xlongequal{} [Fe(CN)_6]^{4-}$$

$$K_{2稳}=\frac{c\{[Fe(CN)_6^{4-}]\}}{c(Fe^{2+})[c(CN^-)]^6}，可知\ c(Fe^{2+})=\frac{1}{K_{2稳}\cdot[c(CN^-)]^6}$$

所以

$$\begin{aligned}E^\ominus\{[Fe(CN)_6]^{3-}/[Fe(CN)_6]^{4-}\}&=E^\ominus(Fe^{3+}/Fe^{2+})+0.059\lg\left[\frac{c(Fe^{3+})}{c(Fe^{2+})}\right]\\&=0.771+0.059\lg\frac{\dfrac{1}{K_{1稳}\cdot[c(CN^-)]^6}}{\dfrac{1}{K_{2稳}\cdot[c(CN^-)]^6}}\\&=0.771+0.059\lg\frac{K_{2稳}}{K_{1稳}}\\&=0.771+0.059\lg\frac{1.0\times10^{35}}{1.0\times10^{42}}\\&=0.358\ \text{V}\end{aligned}$$

20-15 已知 $E^\ominus(Co^{3+}/Co^{2+})=1.95$ V，$E^\ominus\{[Co(NH_3)_6]^{3+}/[Co(NH_3)_6]^{2+}\}=0.10$ V，$E^\ominus(Br_2/Br^-)=1.0775$ V，$K_f^\ominus\{[Co(NH_3)_6]^{3+}\}=1.58\times10^{35}$。

(1) 计算 $K_f^\ominus\{[Co(NH_3)_6]^{2+}\}$；

(2) 写出 $[Co(NH_3)_6]^{2+}$ 与 Br_2(l)反应的离子方程式，计算 25℃时该反应的标准平衡常数。

解：(1) 根据 Nernst 方程可得：

$$E^{\ominus}\{[Co(NH_3)_6]^{3+}/[Co(NH_3)_6]^{2+}\}=E^{\ominus}(Co^{3+}/Co^{2+})-0.059\lg\frac{K_f^{\ominus}\{[Co(NH_3)_6]^{3+}\}}{K_f^{\ominus}\{[Co(NH_3)_6]^{2+}\}}$$

$$0.10=1.95-0.059\lg\frac{1.58\times10^{35}}{K_f^{\ominus}\{[Co(NH_3)_6]^{2+}\}}$$

$$K_f^{\ominus}\{[Co(NH_3)_6]^{2+}\}=8.9\times10^{3}$$

(2) 离子方程式为

$$2[Co(NH_3)_6]^{2+}+Br_2(l)=\!=\!=2[Co(NH_3)_6]^{3+}+2Br^-$$

$$E^{\ominus}=E^{\ominus}(Br_2/Br^-)-E^{\ominus}\{[Co(NH_3)_6]^{3+}/[Co(NH_3)_6]^{2+}\}=1.0775\ V-0.10\ V=0.9775\ V$$

$$E^{\ominus}=\frac{0.059}{2}\lg K^{\ominus}=0.9775\ V$$

所以 $K^{\ominus}=1.1\times10^{33}$

可见，形成配离子后，Co^{3+} 比 Co^{2+} 更稳定。

20-16　解释下列配位单元稳定性不同的原因。

(1) $[HgI_4]^{2-}>[HgCl_4]^{2-}$

(2) $[Ni(EDTA)]^{2-}>[Ni(NH_3)_4]^{2+}$

(3) $[Fe(EDTA)]^{-}>[Fe(EDTA)]^{2-}$

(4) $[Hg(CN)_4]^{2-}>[Cd(CN)_4]^{2-}$

(5) $[Ag(S_2O_3)_2]^{3-}>[Ag(NH_3)_2]^{+}$

答：(1) 配体电负性小的配合物稳定，因此 $[HgI_4]^{2-}>[HgCl_4]^{2-}$。

(2) 形成螯合物的配合物稳定，尤其是生成多个五元、六元环的配合物，因此 $[Ni(EDTA)]^{2-}>[Ni(NH_3)_4]^{2+}$。

(3) 中心离子的价态高的配合物稳定，因此 $[Fe(EDTA)]^{-}>[Fe(EDTA)]^{2-}$。

(4) 中心原子或离子所在周期数高的配合物稳定，因此 $[Hg(CN)_4]^{2-}>[Cd(CN)_4]^{2-}$。

(5) 符合“软亲软，硬亲硬”原则的化合物稳定，因此 $[Ag(S_2O_3)_2]^{3-}>[Ag(NH_3)_2]^{+}$。

20-17　银白色金属 M，在较高温度和压力下，同 CO 作用生成淡黄色液体 A，A 在高温下分解为 M 和 CO。M 的一种红色化合物晶体 B 俗称赤血盐，具有顺磁性，B 在碱性溶液中能把 Cr(Ⅲ)氧化为 CrO_4^{2-}，而本身被还原为 C。溶液 C 可被氯气氧化为 B。固体 C 在高温下可分解，其分解产物为碳化物 D，以及剧毒的钾盐 E 和化学惰性气体 F。碳化物 D 经硝酸处理可得 M^{3+} 离子，M^{3+} 离子碱化后与 NaClO 溶液反应可得紫色溶液 G，G 溶液酸化后立即变成 M^{3+} 并放出气体 H。

(1) 试写出 M、A～H 所表示的物质的化学式；

(2) 写出下列的离子方程式：

a. B 在碱性条件下，氧化 Cr(Ⅲ)；

b. M^{3+} 碱化后，与 NaClO 溶液的反应；

c. G 溶液酸化的反应。

答：(1) M. Fe；A. $Fe(CO)_5$；B. $K_3[Fe(CN)_6]$；C. $K_4[Fe(CN)_6]$；D. FeC_2；

E. KCN；F. N_2；G. Na_2FeO_4；H. O_2

(2) a. $3[Fe(CN)_6]^{3-}+Cr(OH)_3+5OH^-=\!=\!=3[Fe(CN)_6]^{4-}+CrO_4^{2-}+4H_2O$

b. $2Fe(OH)_3+3ClO^-+4OH^- \longrightarrow 2FeO_4^{2-}+3Cl^-+5H_2O$

c. $4FeO_4^{2-}+20H^+ \longrightarrow 4Fe^{3+}+3O_2+10H_2O$

20-18 灰黑色化合物 A 溶于浓盐酸形成粉红色溶液，并放出气体 B，从溶液中析出粉红色物质 C，C 受热脱水转化为蓝色物质 D；将 C 的浓溶液用醋酸酸化并加入亚硝酸钾，获得绿色物质 E，并有无色无味气体放出。向 D 中加入 NH_4Cl 和 H_2O_2，并通入 NH_3，则析出黄色晶体 F；D 加入氨水中，生成粉红色沉淀 G；当通入气体 B 时，G 转化为黑棕色沉淀 H。H 在盐酸中与氯化亚锡作用生成 C 的粉红色溶液。试写出 A～H 所表示的物质的化学式及相关反应方程式。

答：A. Co_2O_3；B. Cl_2；C. $CoCl_2 \cdot 6H_2O$；D. $CoCl_2$；E. $K_3Co(NO_2)_6$；

F. $Co(NH_3)_6Cl_3$；G. $Co(OH)_2$；H. $Co(OH)_3$。

相关化学反应方程式如下：

$$Co_2O_3+6HCl+9H_2O \longrightarrow 2CoCl_2 \cdot 6H_2O+Cl_2$$

$$CoCl_2 \cdot 6H_2O \xlongequal{\triangle} CoCl_2+6H_2O$$

$$CoCl_2+7KNO_2+2HAc \longrightarrow K_3Co(NO_2)_6+NO+2KAc+2KCl+H_2O$$

$$2CoCl_2+2NH_4Cl+10NH_3+H_2O_2 \longrightarrow 2Co(NH_3)_6Cl_3+2H_2O$$

$$CoCl_2+2NH_3 \cdot H_2O \longrightarrow Co(OH)_2+2NH_4Cl$$

$$2Co(OH)_2+Cl_2+2OH^- \longrightarrow 2Co(OH)_3+2Cl^-$$

$$2Co(OH)_3+SnCl_2+6HCl \longrightarrow 2CoCl_2+SnCl_4+6H_2O$$

20-19 金属 M 溶于稀 HCl 时生成氯化物，金属正离子的磁矩为 5.0 B.M.。在无氧操作下，MCl_2 溶液遇 NaOH 溶液，生成一白色沉淀 A。A 接触空气，就逐渐变绿，最后变为棕色沉淀 B。灼烧 B 生成了棕红色粉末 C，C 经不彻底还原生成了铁磁性的黑色物质 D。B 溶于稀 HCl 生成溶液 E，它能使 KI 溶液氧化为 I_2。若向 B 的浓 NaOH 悬浮液中通入 Cl_2 气体可得一紫红色溶液 F，加入 $BaCl_2$ 会沉淀出红棕色固体 G，G 是一种强氧化剂。

(1) 确定金属 M 及 A～G。

(2) 写出相关反应方程式。

(3) 金属 M 单质可形成一系列的配合物，并且有如下转换反应：

$M(CO)_5+$ 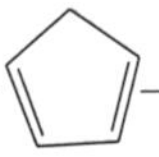 $\xrightarrow{-nCO}$ H $\xrightarrow{-CO}$ I $\xrightarrow[\text{二聚}]{-H}$ J，试确定 H、I、J 的结构式。

答：(1) M. Fe； A. $Fe(OH)_2$； B. $Fe(OH)_3$； C. Fe_2O_3；

D. Fe_3O_4； E. $FeCl_3$； F. Na_2FeO_4； G. $BaFeO_4$。

(2)
$$Fe+2HCl \longrightarrow FeCl_2+H_2\uparrow$$

$$FeCl_2+2NaOH \longrightarrow Fe(OH)_2\downarrow+2NaCl$$

$$4Fe(OH)_2+O_2+2H_2O \longrightarrow 4Fe(OH)_3$$

$$2Fe(OH)_3 \xlongequal{\triangle} Fe_2O_3+3H_2O$$

$$3Fe_2O_3+CO \xlongequal{\triangle} 2Fe_3O_4+CO_2$$

$$Fe_2O_3+6HCl \longrightarrow 2FeCl_3+3H_2O$$

$$2FeCl_3 + 3KI = 2FeCl_2 + 2KCl + KI_3$$

$$Fe(OH)_2 + 6NaOH + 2Cl_2 = Na_2FeO_4 + 4NaCl + 4H_2O$$

$$Na_2FeO_4 + BaCl_2 = BaFeO_4\downarrow + 2NaCl$$

(3)

H:

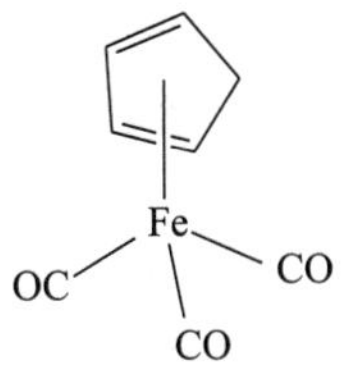

I:

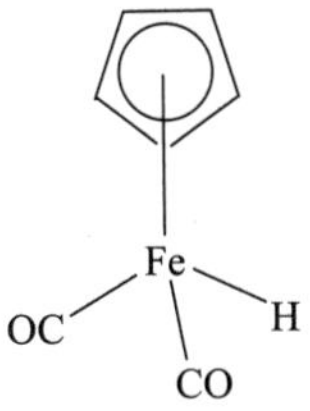

J:

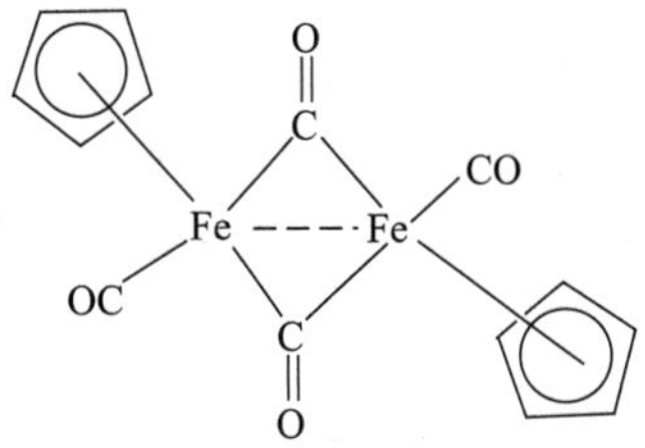

20-20　黑色过渡金属氧化物 A 溶于盐酸后得到绿色溶液 B 和气体 C；C 能使润湿的 KI-淀粉试纸变蓝；B 与 NaOH 溶液反应生成苹果绿色沉淀 D；D 可溶于氨水得到蓝色溶液 E，再加入丁二酮肟乙醇溶液则生成鲜红色沉淀。试确定 A～E 所代表的物质，写出有关的反应方程式。

答：A. Ni_2O_3；B. $NiCl_2$；C. Cl_2；D. $Ni(OH)_2$；E. $[Ni(NH_3)_6]^{2+}$。

$$Ni_2O_3 + 6HCl = 2NiCl_2 + Cl_2\uparrow + 3H_2O$$

$$Ni^{2+} + 2OH^- = Ni(OH)_2\downarrow$$

$$Ni(OH)_2 + 6NH_3 = [Ni(NH_3)_6]^{2+} + 2OH^-$$

$$[Ni(NH_3)_6]^{2+} + 2DMG = Ni(DMG)_2\downarrow + 2NH_4^+ + 4NH_3$$

第 21 章 钛族和钒族

21-1 完成并配平下列反应方程式。

(1) $TiCl_3 + Na_2CO_3 + H_2O \longrightarrow$

(2) $TiOSO_4 + Zn + H_2SO_4 \longrightarrow$

(3) $NH_4VO_3 \xrightarrow{\triangle}$

(4) $V_2O_5 + HCl$(浓) $\longrightarrow$

(5) $V_2O_5 + H_2C_2O_4 + H_2SO_4 \longrightarrow$

(6) $V_2O_5 + NaOH \longrightarrow$

答:(1) $2TiCl_3 + 3Na_2CO_3 + 3H_2O = 2Ti(OH)_3 \downarrow + 6NaCl + 3CO_2$

(2) $2TiOSO_4 + Zn + 2H_2SO_4 = Ti_2(SO_4)_3 + ZnSO_4 + 2H_2O$

(3) $2NH_4VO_3 \overset{\triangle}{=} V_2O_5 + 2NH_3 + H_2O$

(4) $V_2O_5 + 6HCl$(浓)$= 2VOCl_2 + Cl_2 + 3H_2O$

(5) $V_2O_5 + H_2C_2O_4 + 2H_2SO_4 = 2VOSO_4 + 2CO_2 + 3H_2O$

(6) $V_2O_5 + 6NaOH = 2Na_3VO_4 + 3H_2O$

或 $V_2O_5 + 2NaOH = 2NaVO_3 + H_2O$

21-2 为什么打开装有 $TiCl_4$ 试剂的玻璃瓶时会冒白烟?写出相关反应的方程式。

答:$TiCl_4$ 遇潮湿的空气发生水解,生成的 HCl 遇水蒸气凝结成小颗粒,呈雾状,即所谓的"白烟"。

$$TiCl_4 + 3H_2O = H_2TiO_3 + 4HCl$$

21-3 当钛溶解于稀盐酸时,生成含钛(Ⅲ)离子的紫色溶液。该溶液在室温下迅速使酸化的高锰酸钾水溶液脱色。写出相关的离子反应方程式。

答:

$$2Ti + 6H^+ = 2Ti^{3+} + 3H_2$$

$$5Ti^{3+} + MnO_4^- + H_2O = 5TiO^{2+} + Mn^{2+} + 2H^+$$

21-4 试分析 $Ti(H_2O)_6^{2+}$、$Ti(H_2O)_6^{3+}$、$Ti(H_2O)_6^{4+}$、$Zr(H_2O)_6^{2+}$ 离子中,哪些离子在溶液中不能存在?为什么?

答:(1) $Ti(H_2O)_6^{2+}$ 离子不存在。

因为 $E = E^\ominus(TiO_2/Ti^{2+}) = -0.5\ V$,$Ti^{2+}$ 的还原性很强,很容易被氧化成高价态,例如:

$$Ti^{2+} + H_2O = TiO^{2+} + H_2$$

(2) $Ti(H_2O)_6^{4+}$ 离子不存在。

由于 Ti^{4+} 具有较高的正电荷和较小的半径(61 pm),电荷/半径的值大,因此 Ti^{4+} 离子有很强的极化能力,在水中发生水解:

$$Ti^{4+} + 3H_2O = H_2TiO_3 + 4H^+$$

所以在水溶液中不存在简单的水合离子 $Ti(H_2O)_6^{4+}$。

(3) $Zr(H_2O)_6^{2+}$ 离子不存在。

因为锆生成低氧化态的趋势很小，这一点和 d 区各族元素一样，在族中自上而下，高氧化态趋于稳定，低氧化态不稳定。

21-5　为什么锆和铪元素以及它们的化合物在物理、化学性质上非常相似？是否能够简单地分离它们？

答：由于镧系收缩的结果，使镧系的各过渡元素的原子半径都相应地缩小，使同族第三过渡元素的原子半径与第二过渡元素的原子半径相近。特别是锆和铪是ⅣB 族第二、第三过渡元素，原子半径非常相近，Zr 原子半径为 160 pm，Hf 为 159 pm，所以在性质上极为相似，分离困难。

21-6　解释下列实验现象。

(1) 冷却浓的 $TiCl_3$ 溶液析出的 $TiCl_3 \cdot 6H_2O$ 晶体为紫色，用乙醚萃取 $TiCl_3$ 溶液在一定条件下析出的 $TiCl_3 \cdot 6H_2O$ 晶体为绿色。

(2) $TiCl_3$ 溶液与 $CuCl_2$ 溶液反应后加水稀释有白色沉淀析出。

(3) 向酸性的 $VOSO_4$ 溶液中滴加 $KMnO_4$ 溶液，溶液由蓝色变黄。

答：(1) $TiCl_3 \cdot 6H_2O$ 有两种异构体，$[Ti(H_2O)_6]Cl_3$ 为紫色，$[Ti(H_2O)_5Cl]Cl_2 \cdot H_2O$ 为绿色。

(2) Ti^{3+} 还原能力强，可以将 Cu^{2+} 还原为 Cu^+ 而生成白色 CuCl 沉淀，反应为

$$Ti^{3+} + Cu^{2+} + Cl^- + H_2O \xlongequal{} TiO^{2+} + CuCl\downarrow + 2H^+$$

(3) $MnO_4^- + 5VO^{2+} + H_2O \xlongequal{} Mn^{2+} + 5VO_2^+ + 2H^+$

21-7　给出实验现象和反应方程式。

(1) 向 $TiCl_4$ 溶液中加入浓盐酸和金属锌后充分反应。

(2) 向前面反应后的溶液中缓慢加入 NaOH 溶液至溶液呈碱性。

(3) 将(2)的沉淀过滤出来，用硝酸将其溶解后再加入稀碱。

答：(1) 溶液变为紫色，有 $TiCl_3$ 生成

$$2TiCl_4 + Zn \xlongequal{} 2TiCl_3 + ZnCl_2$$

(2) 有紫色沉淀生成

$$TiCl_3 + 3NaOH \xlongequal{} Ti(OH)_3\downarrow + 3NaCl$$

(3) 沉淀被硝酸氧化后得到无色溶液

$$3Ti(OH)_3 + 7HNO_3 \xlongequal{} 3TiO(NO_3)_2 + NO\uparrow + 8H_2O$$

再加入 NaOH 后得白色沉淀

$$TiO^{2+} + 2OH^- + H_2O \xlongequal{} Ti(OH)_4\downarrow$$

21-8　化合物 A 为无色液体。A 在潮湿的空气中冒白烟。取 A 的水溶液加入 $AgNO_3$ 溶液则有不溶于硝酸的白色沉淀 B 生成，B 易溶于氨水。取锌粒投入 A 的盐酸溶液中，最终得到紫色溶液 C。向 C 中加入 NaOH 溶液至碱性则有紫色沉淀 D 生成。将 D 洗净后置于稀硝酸中得无色溶液 E。将溶液 E 加热得白色沉淀 F。请给出各字母所代表的物质。

答：A. $TiCl_4$；B. AgCl；C. $TiCl_3$；D. $Ti(OH)_3$；E. $TiO(NO_3)_2$；F. TiO_2 或 H_2TiO_3。

21-9　白色化合物 A 在煤气灯上加热转为橙色固体 B 并有无色气体 C 生成。B 溶于硫酸得到黄色溶液 D。向 D 中滴加适量 NaOH 溶液又析出橙黄色固体 B，NaOH 过量时 B 溶解得无色溶液 E。向 D 中通入 SO_2 得蓝色溶液 F，F 可使酸性高锰酸钾溶液褪色。将少量 C 通入 $AgNO_3$

溶液有棕褐色沉淀 G 生成，通入过量的 C 后沉淀 G 溶解得无色溶液 H。请给出各字母所代表的物质并给出相关的反应方程式。

答：A. NH_4VO_3；B. V_2O_5；C. NH_3；D. $(VO_2)_2SO_4$；E. $NaVO_3$；F. $VOSO_4$；G. Ag_2O，H. $Ag(NH_3)_2^+$。

相关反应化学方程式如下：

$$2NH_4VO_3 \xlongequal{\triangle} V_2O_5 + 2NH_3\uparrow + H_2O$$

$$V_2O_5 + H_2SO_4 = (VO_2)_2SO_4 + H_2O$$

$$(VO_2)_2SO_4 + 2NaOH = V_2O_5\downarrow + Na_2SO_4 + H_2O$$

$$V_2O_5 + 2NaOH = 2NaVO_3 + H_2O$$

$$(VO_2)_2SO_4 + SO_2 = 2VOSO_4$$

$$10VOSO_4 + 2KMnO_4 + 2H_2O = 5(VO_2)_2SO_4 + 2MnSO_4 + K_2SO_4 + 2H_2SO_4$$

$$2AgNO_3 + 2NH_3 + H_2O = Ag_2O\downarrow + 2NH_4NO_3$$

$$Ag_2O + 4NH_3 + H_2O = 2[Ag(NH_3)_2]OH$$

第 22 章　镧系元素和锕系元素

22-1　什么叫做"镧系收缩"？讨论出现这种现象的原因和它对第 6 周期中镧系后面各个元素的性质所产生的影响。

答：镧系元素的原子半径和离子半径，其总的趋势是随着原子序数的增大而缩小，这种现象称为"镧系收缩"。由于镧系收缩的存在，使镧后面的元素铪（Hf）、钽（Ta）、钨（W）等原子和离子半径，分别与同族上一周期的锆（Zr）、铌（Nb）、钼（Mo）等几乎相等，造成 Zr-Hf、Nb-Ta、Mo-W 化学性质非常相似，以致难以分离。另外，在Ⅷ族九种元素中，铁系元素（Fe、Co、Ni）性质相似，轻铂系元素（Ru、Rh、Pd）和重铂系元素（Os、Ir、Pt）性质相似，而铁系元素与铂系元素性质差别较大，这也是镧系收缩造成的结果。镧系收缩的另一结果是使钇（Y^{3+}）离子半径正好处于镧系正三价离子的范围之内，与 Er^{3+} 的半径（88.1 pm）十分接近，因而在自然界中钇常同镧系元素共生，成为稀土元素的一员。

22-2　镧系元素三价离子中，为什么 La^{3+}、Gd^{3+} 和 Lu^{3+} 等是无色的，而 Pr^{3+} 和 Sm^{3+} 等却有颜色？

答：镧系元素离子的颜色主要由 4f 轨道中的电子的跃迁，即 f-f 跃迁所引起。当 4f 轨道未充满时，可以出现多种能级，不同能级间的跃迁就会产生对电磁辐射的吸收。镧系元素离子的颜色与 f 轨道中的未成对电子数有关。La^{3+}、Gd^{3+} 和 Lu^{3+} 分别为 f^0、f^7、f^{14} 离子，其 4f 轨道为全空、半充满和全充满的稳定结构，遇到可见光时，没有电子激发或者电子很难被激发，所以这些离子是无色。而其他具有 $4f^n$（$n=2,3,4,5,9,10,11,12$）电子的离子都显示不同的颜色，这里面就包括 Pr^{3+}（$4f^2$）和 Sm^{3+}（$4f^5$）离子。

22-3　镧系元素的特征氧化态为＋3，为什么铈、镨、铽、镝常呈现＋4 氧化态，而钐、铕、铥、镱却能呈现＋2 氧化态？

答：镧系中有些元素还存在着除＋3 以外的稳定氧化态，即铈、镨、铽、镝常呈现＋4 氧化态，而钐、铕、铥、镱却能呈现＋2 氧化态。这是因为它们的离子价电子结构保持或接近全空、半满或全充满的稳定状态。

22-4　为什么镧系元素形成的简单配位化合物多半是离子型的？试讨论镧系配位化合物的稳定性规律及其原因。

答：Ln^{3+} 离子比较大，而且又是稀有气体型结构的离子。因此，Ln^{3+} 离子与配位体之间的相互作用以静电作用为主，所形成的配位键主要是离子型，所以镧系元素形成的简单配位化合物多半是离子型的。镧系配位化合物的稳定性较低，无论在数量上还是在种类上都大大不如 d 区过渡元素。原因有以下几点：① Ln^{3+} 离子的基态具有稀有气体原子的外层电子构型（$5s^2 5p^6$），内层 4f 轨道被有效地屏蔽起来，受外部原子影响很小。因此，4f 轨道同配体轨道之间的相互作用很弱，4f 轨道难以参与成键，只有能量较高的外层轨道参与成键。此时配位场稳定化能很小，因此镧系配位化合物的稳定性较低。② Ln^{3+} 离子比较大，这也造成形成的配位键极其不稳定。③从金属离子的酸碱性来看，Ln^{3+} 属于"硬酸"，所以，在形成配位化合物时，Ln^{3+} 离子优先同"硬碱"氟、氧配位原子成键。在水溶液中，以氮、硫或卤素(F^-除外)作为配位原子的配位化合物是不稳定的，因为这些原子竞争不过水分子，它们的配位化合物必须在非水介质中合成。这样只有配合能力很强的配体，特别是螯合剂才能与Ln^{3+}形成稳定的配合物。

22-5 为什么镧系元素彼此之间在化学性质上的差别比锕系元素小得多？

答：镧系元素的价电子层结构 $4f^{0\sim14}5d^{0\sim2}6s^2$，镧系元素的最外两个电子层对 4f 轨道有较强的屏蔽作用，所以尽管 4f 亚层上的电子数不同，但是对镧系元素的化学性质影响很小，故 15 种镧系元素的化学性质十分相似。锕系元素的价电子层结构为 $5f^{0\sim14}6d^{0\sim2}7s^2$，类似于镧系元素的价电子层结构，不同的是锕系元素中有更多的电子填充了 6d 轨道，这说明 5f 与 6d 轨道的能量更接近，而镧系元素中的 4f 与 5d 的能量则相差较大。这是因为 5f 轨道的能量和在空间的伸展范围都比 4f 轨道大的缘故。这样锕系元素的 5f 电子比镧系元素的 4f 电子更容易参与形成化学键。5f 亚层上的电子数不同，对锕系元素的化学性质是有影响的，所以锕系元素的化学性质存在一定的差别。

22-6 根据铀的氧化物的性质，完成并配平下列方程式：

(1) $UO_3 \xrightarrow{973\ K,\triangle}$

(2) $UO_3 + HF(aq) \longrightarrow$

(3) $UO_3 + HNO_3(aq) \longrightarrow$

(4) $UO_3 + NaOH(aq) \longrightarrow$

(5) $UO_3 + SF_4 \xrightarrow{573\ K}$

(6) $UO_2(NO_3)_2 \xrightarrow{623\ K}$

答：(1) $3UO_3 \xrightarrow{973\ K,\triangle} U_3O_8 + \frac{1}{2}O_2$

(2) $UO_3 + 2HF(aq) \longrightarrow UO_2F_2 + H_2O$

(3) $UO_3 + 2HNO_3(aq) \longrightarrow UO_2(NO_3)_2 + H_2O$

(4) $2UO_3 + 2NaOH(aq) + 5H_2O \longrightarrow Na_2U_2O_7 \cdot 6H_2O$(黄色)

(5) $UO_3 + 3SF_4 \xrightarrow{573\ K} UF_6 + 3SOF_2$

(6) $2UO_2(NO_3)_2 \xrightarrow{623\ K} 2UO_3 + 4NO_2 + O_2$

22-7 锕系元素和镧系元素同是 f 区元素，为什么锕系元素的氧化态种类较镧系多？

答：这是由锕系元素的价电子层结构决定的。锕系前半部分元素中的 5f 电子与核的作用比镧系元素的 4f 电子弱，使 f 电子发生 5f→6d 跃迁所需的能量比镧系中 4f→5d 跃迁所需的能量要小，因此不仅可以把 6d 和 7s 轨道上的电子作为价电子给出，也可以使 5f 轨道上的电子作为价电子参与成键，形成高价稳定态。